"十二五"职业教育国家规划教材

经全国职业教育教材审定委员会审定

SQL Server

数据库应用技术
（第2版）

主　编　王　冰　费志民

副主编　王艳红　张　倩
　　　　刘晓玲　刘　博

参　编　尤凤英　李　娟
　　　　李　娜

北京理工大学出版社

BEIJING INSTITUTE OF TECHNOLOGY PRESS

内 容 简 介

本书以企业真实开发项目"在线书店系统"为载体,按照项目为导向、任务驱动的模式编写,详细介绍了 Microsoft SQL Server 2008 数据库管理系统的基本知识及在实际项目中的应用。全书共分 8 个学习情境,每个学习情境又分为若干个任务,每个任务都按照"任务说明""基本知识""任务实施""任务拓展训练"的顺序编排内容。

本书将在线书店系统数据库的设计与实现分解为若干个任务,融入各个学习情境,由浅入深、循序渐进地讲述了 SQL Server 2008 概述、数据库设计的基础知识、数据库的创建与管理、数据表的创建与管理、索引的创建与管理和数据完整性、数据查询和视图、Transact - SQL 程序设计基础、存储过程与触发器、数据库的日常维护与安全管理等内容。

本书结构清晰、示例丰富、图文并茂、通俗易懂,介绍基本知识的同时注重培养读者使用和管理 SQL Server 2008 的能力,适合作为高等职业院校计算机及其相关专业的教材,也可作为从事相关专业的工作人员和数据库技术爱好者的参考用书。

图书在版编目(CIP)数据

SQL Server 数据库应用技术/王冰,费志民主编 . —2 版 . —北京:北京理工大学出版社,2014.6(2023.1重印)

ISBN 978 - 7 - 5640 - 9296 - 2

Ⅰ.①S… Ⅱ.①王… ②费… Ⅲ.①关系数据库系统 - 高等学校 - 教材 Ⅳ.①TP311.138

中国版本图书馆 CIP 数据核字(2014)第 115636 号

出版发行 / 北京理工大学出版社有限责任公司

社　　址 / 北京市海淀区中关村南大街 5 号

邮　　编 / 100081

电　　话 / (010)68914775(总编室)

　　　　　　82562903(教材售后服务热线)

　　　　　　68944723(其他图书服务热线)

网　　址 / http://www.bitpress.com.cn

经　　销 / 全国各地新华书店

印　　刷 / 唐山富达印务有限公司

开　　本 / 787 毫米 × 1092 毫米　1/16

印　　张 / 19.25　　　　　　　　　　　　　　责任编辑 / 张慧峰

字　　数 / 445 千字　　　　　　　　　　　　文案编辑 / 张慧峰

版　　次 / 2014 年 6 月第 2 版　2023 年 1 月第 11 次印刷　　责任校对 / 周瑞红

定　　价 / 56.00 元　　　　　　　　　　　　责任印制 / 李志强

前　言

随着信息技术的发展,面对大量复杂的信息数据的管理,我们离不开数据库,现在数据库应用系统已经应用到各行各业。Microsoft SQL Server 是 Microsoft 公司推出的优秀的数据库管理系统,为用户提供了一个安全、可靠、高效的开发平台,能够广泛地应用于企业数据管理和商业智能,尤其在电子商务、数据仓库等应用中起到了重要的作用。

本书以 SQL Server 2008 作为数据库开发管理平台,以 ASP. NET(C#) 作为前台开发工具,以企业真实开发项目"在线书店系统"作为教学引导案例贯穿整个教材的教学内容。书中介绍了数据库的运行环境、配置,数据库的创建与管理,数据库对象的创建与管理,数据库的应用与设计开发等。本书打破传统教材的编写模式,以中小型网上书店——在线书店系统的设计开发过程为载体,遵循高职院校学生学习认知规律,基于以项目为导向、任务驱动的教学理念,以培养学生职业能力为目的进行内容的组织与编排。

本书首先对在线书店系统做了概述,对系统的主要功能模块做了简单介绍。通过读者自己对在线书店系统的操作使用,可以增强其对数据库应用系统的认识,提高学习数据库的积极性。全书共分 8 个学习情境,每个学习情境又分为若干个任务。每个任务都按照任务驱动的模式编写,按照"任务说明""基本知识""任务实施""任务拓展训练"的顺序编排内容。在"任务说明"部分提出在线书店系统中的实际工作任务和任务目标,要解决该任务所需要的基本知识会在"基本知识"部分给出详尽的讲解,"任务实施"部分给出具体解决方案,最后进行"任务拓展训练",培养学生的知识应用能力。学习情境 8 给出了在线书店系统的具体实现。

在第一版的基础上,本书的编写团队对教材进行了全面的修订。修订后的教材以 SQL Server 2008 作为数据库开发管理平台,还进一步完善了"在线书店系统"。

本书由济南职业学院的王冰和山西财贸职业技术学院的费志民担任主编,济南职业学院的王艳红、张倩、刘晓玲、刘博担任副主编,济南职业学院尤凤英、李娟、李娜共同参编。在本书的编写过程中,得到了济南职业学院许文宪教授、王秀红主任、山东商业职业技术学院徐红教授、北京首跃科技有限公司王圣平总经理的大力支持和帮助,在此表示衷心地感谢。其中项目概述由李娜、李娟编写;学习情境 1 由李霞编写;学习情境 2、学习情境 6、学习情境 8 由王艳红、张倩、刘博联合编写;学习情境 3 由张晶编写;学习情境 4 由费志民编写;学习情境 5 由王冰编写;学习情境 7 由刘晓玲编写。

由于编者水平有限,书中难免存在错误和遗漏之处,恳请广大读者批评指正。

编　者

目 录

在线书店系统

在线书店系统作为教学引导案例项目贯穿了教材始终,通过对在线书店系统的了解和操作,读者可以进一步了解数据库在实际项目应用中的地位和作用,进而提高学习数据库知识和 SQL Server 2008 数据库管理系统的积极性。下面对在线书店系统做一简单介绍。

一 系统简介

随着电子商务的迅速发展,网上购物已经成为人们生活的一部分,越来越多的商家都建立了自己的网上店铺,人们足不出户就可以购买自己需要的商品。本书所用案例"在线书店系统"是一个针对中小型书店开发的,基于 B/S 模式的网络购物网站平台,前台网站开发采用 ASP. NET(C#) 作为技术开发工具,后台数据库管理采用 Microsoft SQL Server 2008 数据库管理系统。

本系统中,用户只需要通过浏览器就可以访问书店网站,按照分类浏览、热卖排行及新书推荐等方式可以浏览查看自己喜欢的图书;如果想购买图书,必须注册登录成为该网站的注册用户;用户购买图书时必须放入购物车,最终形成订单。商家可以对用户信息、图书信息、用户购书订单信息进行管理。

二 系统功能模块

系统的主要功能模块如图 0 - 1 所示。

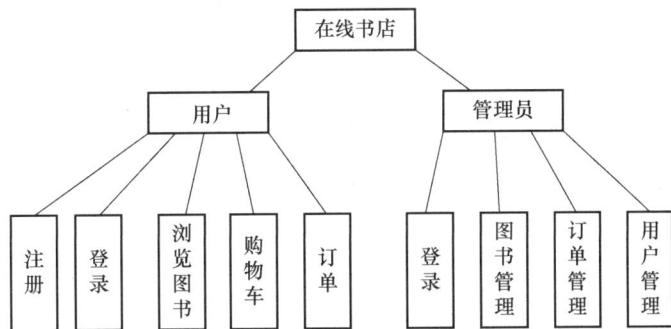

图 0 - 1 系统功能模块

三 网站主要功能介绍

1. 网站首页

在线书店网站首页运行情况如图 0 - 2 所示。

图 0 - 2　网站首页

在网站首页中,用户可以看到热卖排行、新书推荐等板块,单击可以查看图书详细信息。通过网站左侧和上方的导航栏还可以按照图书分类来浏览图书。如果用户想购买图书,必须成为网站的注册用户。已注册用户可以通过右上角的【请登录】登录网站,未注册用户可以通过右上角【注册账户】进行注册。注册用户可以进行图书购买、查看订单等。非注册用户只能浏览图书信息。

用户所看到的图书信息都来自于网站后台数据库中的图书表,导航栏看到的图书分类信息来自于网站后台数据库中的图书类别表。学习情境 3 和学习情境 4 将讲述怎样利用 SQL Server 2008 进行建库、建表,以及怎样对它们进行管理等。

2. 登录在线书店

单击网站首页右上角的【请登录】可以登录网站,登录界面如图 0 - 3 所示。

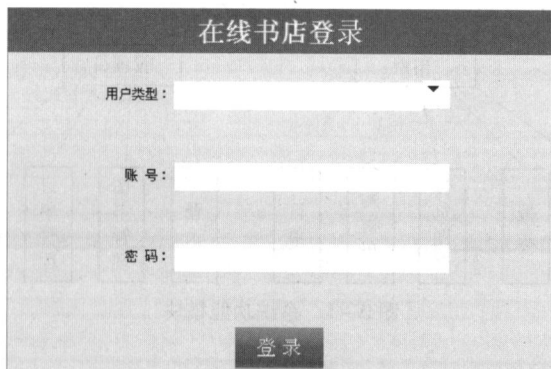

图 0 - 3　登录界面

用户类型分为普通用户和管理员,用户选择合适的类型并输入正确的账号和密码,就可以登录到在线书店网站。普通用户登录的是网站首页,管理员登录的是管理界面。

普通用户的用户账号和密码保存在网站后台数据库的用户表中。管理员的账号和密码保存在网站后台数据库的管理员表中。

3. 图书高级搜索

单击首页上方的[高级搜索]按钮，进入“图书高级搜索”界面，如图0－4所示。

此界面中，用户可以通过书名、作者、出版社、书号、类别、定价以及上架时间等一种或多种条件进行图书检索，查找自己感兴趣的图书。

图书信息保存于网站后台数据库的图书表中。图书搜索是系统按照用户输入的关键字内容到图书表中去检索相应的图书，搜索功能可以通过学习情境5中的查询语句来实现。

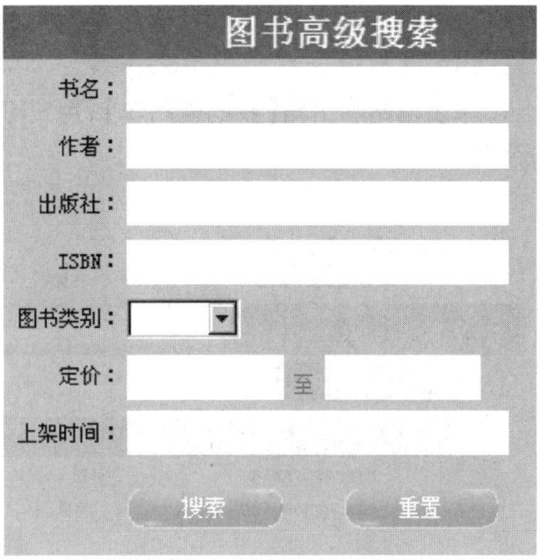
图书高级搜索
书名：
作者：
出版社：
ISBN：
图书类别：
定价：
至
上架时间：
搜索
重置

图0－4　图书高级搜索

4. 已登录用户购书

用户找到自己喜欢的图书后，可以单击查看图书详细信息，如图0－5所示。

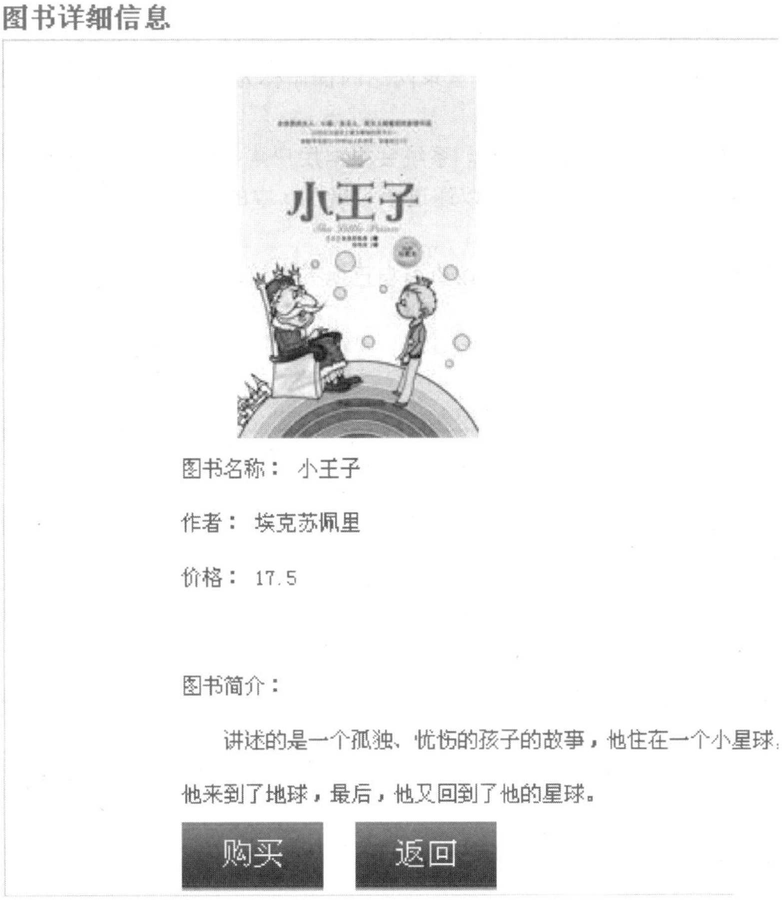
图书详细信息
小王子
图书名称：　小王子
作者：　埃克苏佩里
价格：　17.5
图书简介：
讲述的是一个孤独、忧伤的孩子的故事，他住在一个小星球，
他来到了地球，最后，他又回到了他的星球。
购买
返回

图0－5　图书详细信息

单击"购买"按钮,系统就会将该图书自动添加进购物车。

(1) 购物车

单击网站右上角【我的购物车】,用户可以查看购物车里的所有图书信息。【我的购物车】界面运行情况如图0-6所示。

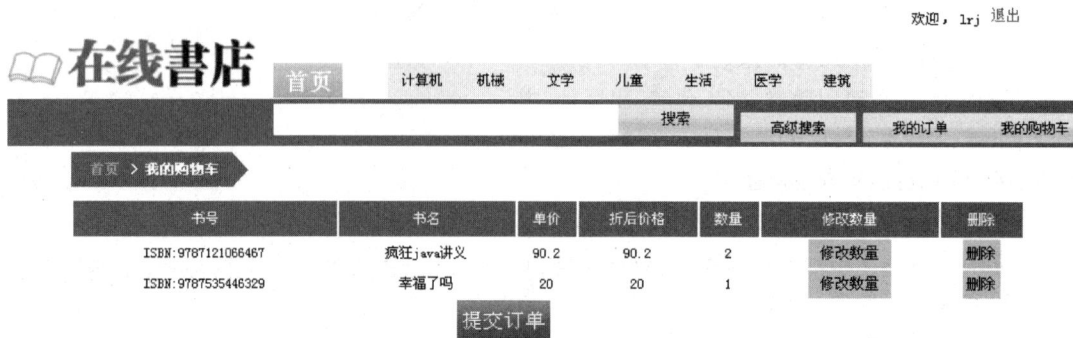

图0-6 我的购物车

【我的购物车】管理用户准备购买的图书,用户可以看到书号、书名、单价、折后价格、购买数量等。用户可以对购买数量进行修改,还可以删除已选购的图书或者添加新选购的图书。单击【提交订单】按钮,提交购物车生成订单。

购物车中的数据是临时的,用户退出登录后购物车将会清空。因此后台数据库中并不需要设计一个购物车表来保存购物车信息。用户登录网站的操作称为一次会话(Session),购物车信息保存在会话中。

当用户单击【提交订单】后,订单生成。系统会根据用户购买图书的数量自动去修改图书表中相应图书的库存量和销售量,这一功能可以通过学习情境6中的触发器来实现。

(2) 我的订单

用户单击网站右上角【我的订单】,可以查看自己所有的订单情况。【我的订单】界面运行情况如图0-7所示。

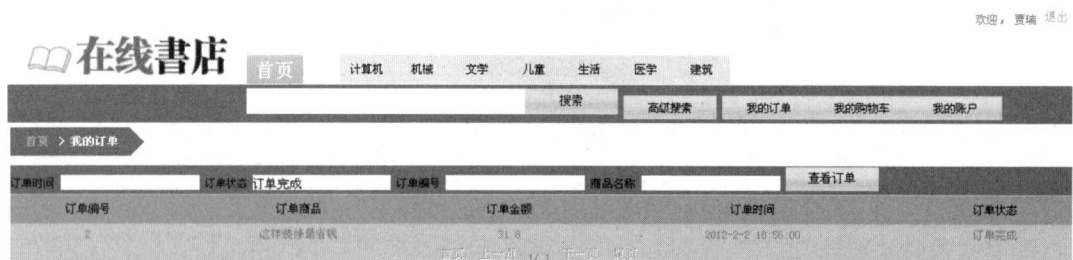

图0-7 我的订单

在该界面单击【查看订单】按钮可以查看自己所有的订单情况,还可以按照订单时间、订单状态、订单编号或商品名称来查找订单。

订单信息保存于网站后台数据库的订单表中,订单商品信息保存于网站后台数据库的订单细目表中。

5. 管理员管理书店

管理员登录后直接进入管理界面,管理员的主要工作是进行图书的管理、用户的管理和订单管理等。

（1）图书管理

图书管理界面如图 0 - 8 所示。

编号	书名	作者	出版社	类别	定价	书号	简介	修改	删除
23	窗边的小豆豆	黑柳彻子 佐佐木术 译子	南海出版社	儿童	16.8	ISBN:9 787544 250580	作者因淘气被原学校退学后，来到巴学园。在小林校长的爱护和引导下，一般人眼里"怪怪"的小豆豆逐渐成了一个大家都能接受的孩子，并奠定了她一生的基础。		
24	小熊宝宝绘本	佐佐木术 译子	连环画出版社	儿童	58.3	ISBN:9 787505 608252	被子盖得好好的，不会着凉，不会感冒。咦，玩具都哪去了？		

图 0 - 8　图书管理

图书管理的功能包括图书的检索、图书基本信息的修改、图书的添加与删除等。在该界面管理员可以单击【查看】按钮查看所有图书信息，也可以在【图书类别】、【出版社】和【书号】后的文本框中输入检索条件，然后单击【查看】按钮，查看相应图书。在图书信息详细信息后面有【修改】和【删除】按钮，管理员可以修改图书信息，对于已下架的图书可以删除，当然可以通过单击【添加】按钮，添加新的图书。

管理员查看的图书信息都来自于网站后台数据库的图书表，管理员通过在该界面的操作，可以实现对图书表中数据的查询、添加、修改和删除，从而实现对图书的管理。学习情境 4 将讲述对表中数据的添加、修改和删除等操作。学习情境 5 将学习对表中数据的各种查询方法。

（2）订单管理

订单管理界面如图 0 - 9 所示。

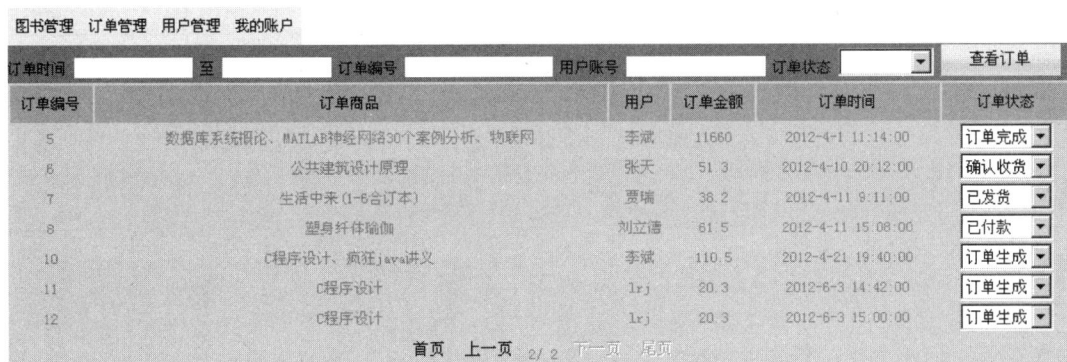

订单编号	订单商品	用户	订单金额	订单时间	订单状态
5	数据库系统概论、MATLAB神经网络30个案例分析、物联网	李斌	11660	2012-4-1 11:14:00	订单完成
6	公共建筑设计原理	张天	51.3	2012-4-10 20:12:00	确认收货
7	生活中来(1-6合订本)	贾瑞	38.2	2012-4-11 9:11:00	已发货
8	塑身纤体瑜伽	刘立德	61.5	2012-4-11 15:08:00	已付款
10	C程序设计、疯狂java讲义	李斌	110.5	2012-4-21 19:40:00	订单生成
11	C程序设计	lrj	20.3	2012-6-3 14:42:00	订单生成
12	C程序设计	lrj	20.3	2012-6-3 15:00:00	订单生成

首页　上一页　2/2　下一页　尾页

图 0 - 9　订单管理

订单管理的功能包括订单的检索、订单状态的修改等。在此界面中，管理员可以单击【查看订单】按钮查看所有订单信息，也可以在【订单时间】、【订单编号】、【用户账号】和【订单状态】后的文本框中输入检索条件，然后再单击【查看订单】按钮，查看相应订单。管理员可以修改订单状态。

订单管理界面的信息来自于网站后台数据库的订单表、订单细目表和用户表。要在一个界面中同时看到来自于多个表中的数据，可以利用学习情境 5 中的多表连接查询来实现。

（3）用户管理

用户管理界面如图 0 - 10 所示。

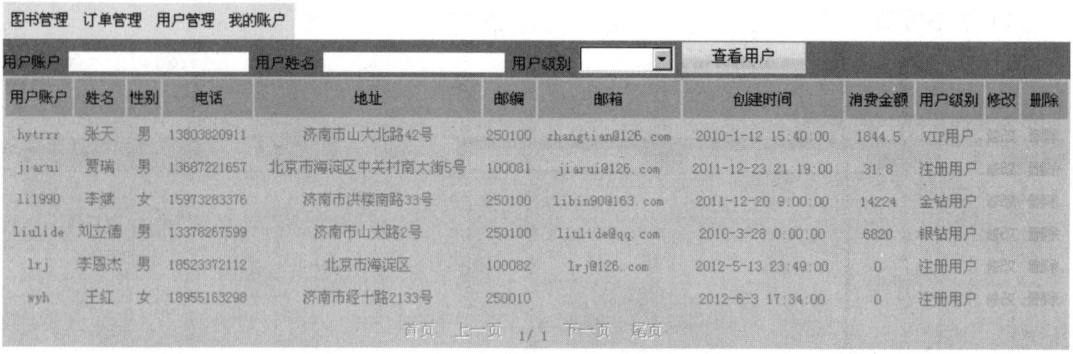

图书管理	订单管理	用户管理	我的账户

| 用户账户 | | 用户姓名 | | 用户级别 | ▼ | 查看用户 |

用户账户	姓名	性别	电话	地址	邮编	邮箱	创建时间	消费金额	用户级别	修改	删除
hytrrr	张天	男	13803820911	济南市山大北路42号	250100	zhangtian@126.com	2010-1-12 15:40:00	1844.5	VIP用户		
jiarui	贾瑞	男	13687221657	北京市海淀区中关村南大街5号	100081	jiarui@126.com	2011-12-23 21:19:00	31.8	注册用户		
li1990	李斌	女	15973283376	济南市洪楼南路33号	250100	libin90@163.com	2011-12-20 9:00:00	14224	金钻用户		
liulide	刘立德	男	13378267599	济南市山大路2号	250100	liulide@qq.com	2010-3-28 0:00:00	6820	银钻用户		
lrj	李恩杰	男	18523372112	北京市海淀区	100082	lrj@126.com	2012-5-13 23:49:00	0	注册用户		
wyh	王红	女	18955163298	济南市经十路2133号	250010		2012-6-3 17:34:00	0	注册用户		

首页　上一页　1/1　下一页　尾页

图 0-10　用户管理界面

　　用户管理的功能包括用户的检索、用户基本信息的修改和用户的删除等。在该界面管理员可以单击【查看用户】按钮查看所有用户信息，也可以在【用户账户】、【用户姓名】和【用户级别】后的文本框中输入相应的检索条件，然后再单击【查看用户】按钮，查看相应用户信息。在用户详细信息后面有【修改】和【删除】按钮，管理员可以修改用户信息，对于个别有不良购买记录的用户，管理员有权利将其删除。

　　用户管理界面的用户信息来自于网站后台数据库的用户表，管理员通过在该界面的操作，可以实现对用户表中数据的查询、修改和删除，从而实现对用户的管理。

初识数据库

当前人类社会正处于一个信息化的时代,知识以惊人的速度在增长。面对纷繁复杂的大量信息,如何对其进行有效的管理和利用是人类社会面临的重大课题。数据库技术正是为了适应信息社会的需要而发展起来的一门综合性数据管理技术。它也是计算机、信息和管理类等专业学生必须学习的一门学科。

📋 任务 1.1 数据库及其发展

一 任务说明

1. 任务描述

在开发任何数据库应用系统之前我们必须了解数据库的基础知识。其中主要内容有:数据库技术的发展历史,数据库、数据库管理系统和数据库系统的基本概念等。

本任务的主要内容是了解数据库的相关概念,为数据库的设计做准备。

2. 任务目标

通过本任务的学习,了解数据库处理技术的发展,掌握数据库相关的基本概念。

二 基本知识

1. 数据库应用技术的发展

(1) 数据与信息

数据是对客观事物特征的一种抽象的符号化表示,是记录下来的信息。随着计算机技术的发展,数据的含义更加广泛,不仅包括数字,还包含文字、图像、声音和视频等多种数据。在数据库技术中,数据是数据库中存储的基本对象。例如,学生的档案管理记录、货物的运输情况等都是数据。

信息不同于数据,数据是记录信息的一种形式,同样的信息也可以用文字或图像来表述。信息是我们对数据的解释,或者说是数据的内在含义。根据这个定义,那些能表达某种含义的信号、密码、情报和消息等都可概括为信息。例如,一个"会议通知",可以用文字(字符)写成,也可用广播方式(声音)传送,还可用闭路电视(图像)来通知,不管用哪种形式,含义都是通知,它们所表达的信息都是"会议通知",所以"会议通知"就是信息。

数据与信息两者密不可分,信息是客观事物性质或特征在人脑中的反映,信息只有通过数据形式表示出来才能被理解和接受,对信息的记载和描述便产生了数据;反之,对众多相关数据加以分析和处理又将产生新的信息。

（2）数据处理与数据管理

数据处理是指将数据转换成信息的过程。从数据处理的角度来看，信息是一种被加工成特定形式的数据。例如，一个人参加工作的日期是固定的，属于原始数据，基于它就可以生成工龄数据，那么工龄就是得到的二次数据。

在数据处理过程中，数据计算相对简单，但是处理的数据量很大，并且数据之间存在着复杂的联系，因此，处理数据的关键是如何管理好数据。

数据管理包括数据收集、整理、组织、存储、查询、维护以及传输等操作。有效的数据管理可以提高数据的使用效率，减轻程序开发人员的负担。数据库技术就是针对数据管理的计算机软件技术。

（3）数据管理技术的发展

计算机在数据管理方面经历了由低级到高级的发展过程。计算机数据管理随着计算机硬件、软件技术和计算机应用范围的发展而不断发展，经历了人工管理阶段、文件管理阶段和数据库管理阶段。

① 人工管理阶段

人工管理阶段发生在 20 世纪 50 年代中期以前，当时计算机刚刚诞生，主要用于科学计算方面。硬件方面，没有直接存取设备；而软件方面，由于没有操作系统，没有专门管理数据的软件，数据只能由计算或处理它的程序自行携带。数据管理的任务包括存储结构、存取方法和输入输出方式等，这些完全由程序设计人员进行人工管理。

这一时期计算机管理数据的特点是数据和程序不具有独立性，一组数据对应一组程序。数据不能长期保存，程序运行结束后便退出计算机系统，由于一个程序中的数据不能被其他程序所利用，因而，程序之间存在着大量的重复数据，造成了数据的冗余。

以上特点可用图形来表示，如图 1-1 所示。

② 文件管理阶段

文件管理阶段发生在 20 世纪 50 年代后期至 60 年代中后期，此时计算机已经开始大量用于管理中的数据处理工作。大量的数据存储、检索和维护已经成为紧迫的需求。硬件方面，大容量的存储设备逐渐被投入使用。软件方面，出现了高级语言和操作系统，操作系统中的文件系统是管理外存储器的数据管理软件。

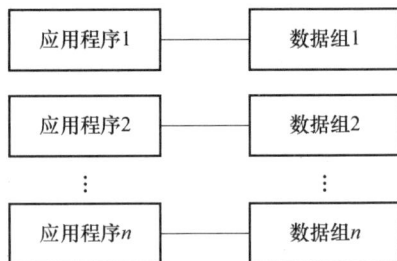
图 1-1　人工管理数据

在这一阶段，程序和数据有了一定的独立性，已经被分开存储，有了程序文件和数据文件的区别。数据文件可以长期保存在外存储器上被多次存取。程序只需要用文件名就可以访问到数据文件，而不必去考虑数据在存储器上的地址以及内外存储器数据交换的过程。

但是，由于数据文件是为了满足特定业务或特定需要而设计的，仅服务于某一特定应用程序，所以文件管理程序的功能仍不能适应新的需要。因此，数据的独立性较差、共享性弱、冗余度较大，在一定程度上浪费了存储空间，并且带来了数据修改工作的麻烦，容易造成数据的不一致性。

以上特点可用图形来表示，如图 1-2 所示。

③ 数据库管理阶段

20 世纪 60 年代后期至 80 年代初期，数据库管理技术进入了发展成熟时期。从 60 年代后期开始，需要计算机管理的数据急剧增加，对数据共享的需求日益增强。文件系统的数

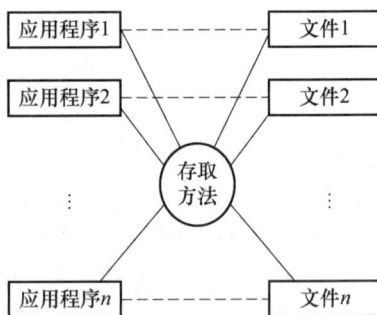
图 1-2　文件系统管理数据

据管理方式已经无法适应开发应用系统的需要。为了实现计算机对数据的统一管理,达到数据共享的目的,数据库技术迅速发展起来了。数据库技术的主要目的是有效地管理和存取大量的数据资源。数据库管理方式是将大量的相关数据按照一定的逻辑结构组织起来,构成一个数据库,由专门的数据库管理系统软件对这些数据资源进行统一、集中的管理,从而减少了数据的冗余度并节约存储空间,提高了数据的一致性和完整性,充分实现了数据的共享,使多个用户能够同时访问数据库中的数据,提高数据与应用程序的独立性,从而减小了应用程序的开发和维护代价。

此阶段程序和数据的关系如图 1 - 3 所示。

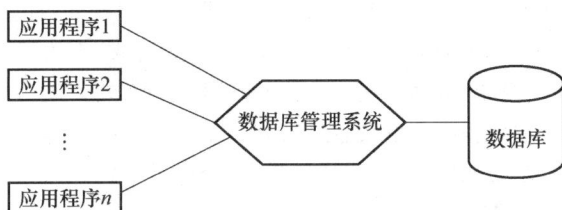

图 1 - 3　数据库管理数据

2. 基本概念

（1）数据库

数据库(Database,简称 DB)是指长期存储在计算机内的、按一定数据模型组织的、可共享的数据集合。它可以供各种用户共享,具有最小冗余度和较高的数据独立性。

（2）数据库管理系统

数据库管理系统(Database Management System,简称 DBMS)是用户和操作系统之间的数据管理软件。它帮助用户创建、使用和管理数据库,实现对数据库的统一管理和操作,满足用户访问数据库的各种需要。其功能如下:

① 数据定义功能

数据库管理系统具有专门的数据定义语言(Data Definition Language,简称 DDL),用户可以方便地创建、修改、删除数据库及数据库对象。

② 数据操纵功能

数据库管理系统提供数据操纵功能,用户可以通过 DBMS 提供的数据操纵语言(Data Manipulation Language,简称 DML)方便地操作数据库中的数据,实现对数据库中数据的检索、插入、删除和修改等操作。

③ 数据库运行管理功能

数据库的运行过程,是由数据库管理系统统一控制管理的,以保证数据的安全性和完整性。当多个用户同时访问相同数据时,由数据库管理系统进行并发控制,以保证每个用户的运行结果都是正确的。

④ 数据库的维护功能

当数据库发生故障时,数据库管理系统能对其进行恢复。

目前,广泛应用的大型网络数据库管理系统有:微软的 SQL Server,IBM 的 DB2,Oracle,Sybase 等。常用的桌面数据库管理系统有:Visual Foxpro,Access 等。

（3）数据库系统

数据库系统(Database System,简称 DBS)是指在计算机系统中引入数据库后的系统。一般由计算机硬件、数据库集合、数据库管理系统、相关的软件及其开发工具和人员所构成。数据库管理系统是整个数据库系统的核心。

硬件系统是指支持数据库系统运行的全部硬件,一般由中央处理器、主存和外存等硬件设备组成。不同的数据库对硬件系统的要求有所不同,普通的桌面数据库一般可运行在个人计算机上,而一些大型数据库如 Oracle、Sybase 等,则对硬件系统有较高的要求。另外,如果是联网的数据库系统则还需要购买配套的网络设备。

数据库是按一定结构组织的、各种应用相关的所有数据的集合。它包含了数据库管理系统处理的全部数据。其内容主要分为两个部分:一是物理数据库,记载了所有数据;二是数据字典,描述了不同数据之间的关系和数据组织的结构。

数据库管理系统是整个数据库系统的核心,所有对数据库的操作,如查询、增加、删除、新建和更新等都要通过 DBMS 的分析,由 DBMS 调用操作系统的相关部分来执行。

相关软件主要包括操作系统、编译系统和应用软件开发工具等。对于大型的多用户数据库系统和网络数据库系统,则还需要多用户系统软件和网络系统软件的支持。

人员包括系统分析员、系统程序员、应用程序员和数据库管理员。数据库管理员(Database Administrator,简称 DBA)是维护数据库的专门人员,其主要任务是决定数据库的信息内容与结构,决定数据库的存储结构和访问策略,实施数据库系统的保护,监督和控制数据库的使用和运行,响应系统的某些变化,改善系统的性能。数据库中各种人员及其所涉及的数据抽象层次如图 1-4 所示。数据库系统是一个有机体,数据库管理系统是整个数据库系统的核心,其在整个数据库系统中的地位如图 1-5 所示。

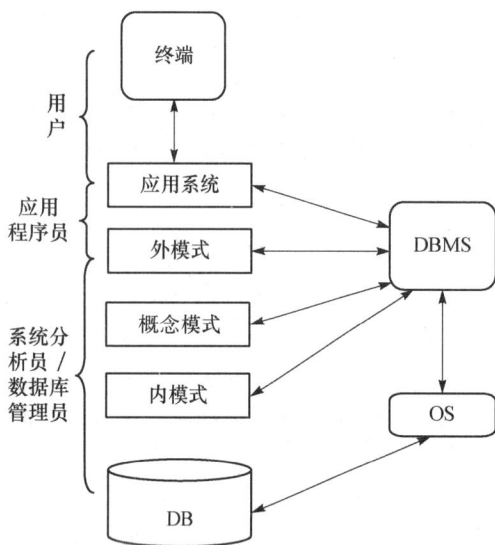

图 1-4 数据库系统中的人员   图 1-5 DBMS 在数据库系统中的地位

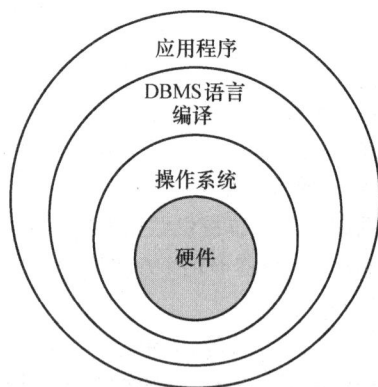

数据库系统的主要特点包括:数据结构化、数据共享、数据独立性以及统一的数据控制功能。

① 数据结构化

数据库中的数据是以一定的逻辑结构存放的,这种结构是由数据库管理系统所支持的数据模型决定的。数据库系统不仅可以表示事物内部各数据项之间的联系,而且还可以表示事物与事物之间的联系。只有按照一定结构组织和存放的数据,才能对它们进行有效的管理。

② 数据共享

数据共享是数据库系统最重要的特点。数据库中的数据能够被多个用户和多个应用程序所共享。此外,由于数据库中的数据被集中管理和统一组织,因而避免了不必要的数据冗余。

③ 数据独立性

在数据库系统中,数据与程序基本上是相互独立的,其相互依赖的程度已大大减小。对数据结构的修改将不会对程序产生影响(或者产生太大的影响)。反过来,对程序的修改也不会对数据产生影响(或者产生太大的影响)。

④ 统一的数据控制

数据库系统必须提供必要的数据安全保护措施,主要包括:

a. 安全性控制。由于数据库系统提供了安全措施,使得只有合法用户才能进行其权限范围内的操作,防止非法操作造成数据的破坏或泄密。

b. 完整性控制。数据的完整性包括数据的正确性、有效性和相容性。数据库系统可以提供必要的手段来保证数据库中的数据在处理过程中始终符合其事先规定的完整性要求。

c. 并发操作控制。对数据的共享将不可避免地出现对数据的并发操作,也就是说,多个用户或者多个应用程序同时使用同一个数据库、同一个数据库表或者同一条记录。如果不加以控制将导致相互干扰而出现错误,使得数据的完整性遭到破坏,所以必须对并发操作进行控制协调。一般采用数据锁定的方法来处理并发操作,如果当某个用户访问并修改某个数据时,应先将该数据锁定,只有当这个用户完成对此数据的写操作之后才消除锁定,才允许其他的用户访问此数据。

3. 数据库系统结构

(1)数据库系统的内部模式结构

数据库系统一般分为三级模式结构,此结构由外模式、概念模式和内模式组成。

a. 外模式。是用户可以看到和使用的数据库,也称为用户视图。

b. 概念模式。是对数据库的整体逻辑结构和特性的描述,也称为 DBA 视图,是数据库管理员看到的数据库。

c. 内模式。是对数据的物理结构和存储方式的描述,又称存储模式,是用户操作的对象。

总体而言,概念模式描述数据的全局逻辑结构,外模式涉及的是数据的局部逻辑结构,即用户可以直接接触到的数据的逻辑结构,而内模式更多的是由数据库系统内部实现的。

为了实现三个抽象层次的联系和转换,数据库系统在这三级模式中提供了映像机制,其中包括:外模式/概念模式映像和概念模式/内模式映像。其中外模式/概念模式映像定义某个外模式和概念模式之间的对应关系,使得当概念模式改变时,通过外模式/概念模式的相应改变来维持模式不变。另外,通过概念模式/内模式的映像定义数据的逻辑结构和存储结构之间的对应关系,使得当数据库的存储结构改变时,通过概念模式/内模式的映像的相应改变来维持模式不变。

这三者之间的关系如图 1-6 所示。

上述的概念虽然比较复杂,但是读者通过了解数据库系统的基本结构,可以在规划设计数据库时对整个设计过程有一个更全面的认识。

(2)数据库系统的外部模式结构

① 单用户数据库系统

这种结构是指整个数据库系统(应用程序、DBMS 和数据)装在一台计算机上,为一个用户独占,不同机器之间不能共享数据。它是早期的最简单的数据库系统。

② 主从式数据库系统

这种结构是指一个主机带多个终端的多用户结构的数据库系统,包括应用程序、DBMS 和数据,都集中存放在主机上,所有处理任务都由主机来完成。各个用户通过主机的终端并发地存取数据,共享数据资源。主从式数据库系统易于管理、控制与维护。但是,当终端用户数目增加到一定程度后,主机的任务会过于繁重,成为瓶颈,从而使系统性能下降。由于系统的可靠性依赖主机,当主机出现故障时,整个系统就都不能使用了。

其形式如图 1-7 所示。

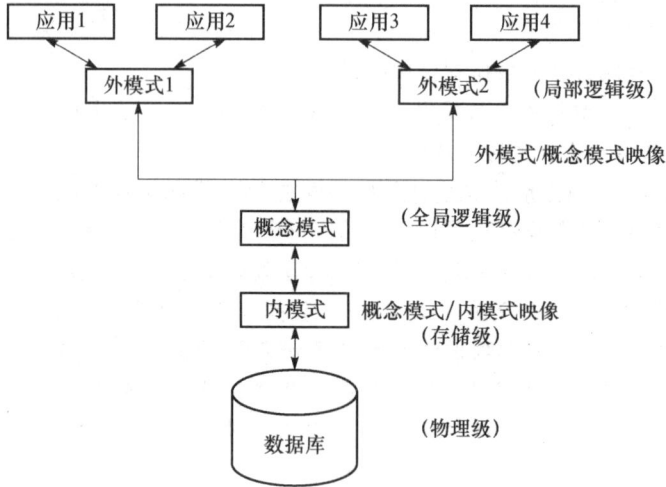

图 1-6　数据库系统结构

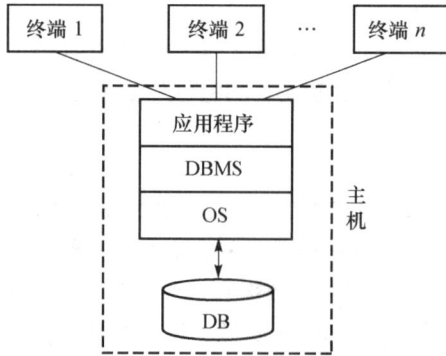

图 1-7　主从式数据库系统

③ 分布式结构

这种结构是指数据库中的数据在逻辑上是一个整体,但物理分布在计算机网络的不同结点上。网络中的每个结点都可以独立处理本地数据库中的数据,执行局部应用,也可以同时存取和处理多个异地数据库中的数据,执行全局应用。

分布式结构的数据库系统适应了地理上分散的公司、团体或组织对于数据库应用的需求。但是,数据的分布存放给数据的处理、管理与维护带来了困难。当用户需要经常访问远程数据时,系统效率会明显地受到网络传输的制约。

④ C/S 结构

C/S 结构,即 Client/Server(客户机/服务器)结构,它把 DBMS 功能和应用程序分开,将任务分配给客户端和服务器端。网络中某些结点上的计算机专门用于执行 DBMS 功能,称为服务器。其他结点上的计算机安装 DBMS 的外围应用开发工具和用户的应用系统,称为客户机。C/S 结构示意如图 1-8 所示。

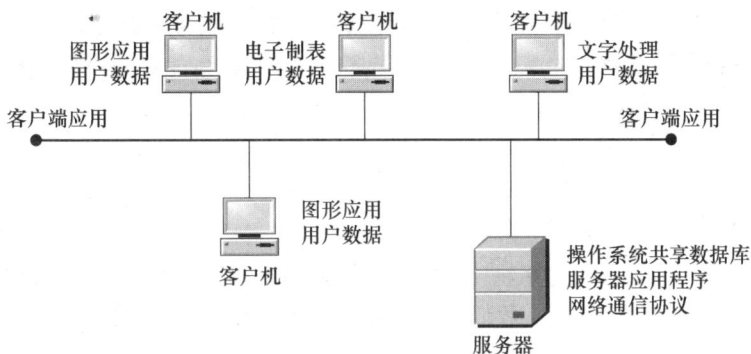

图 1-8　C/S 结构示意

　　C/S 结构数据库系统必须要在每个客户端安装专门的程序软件,客户端的用户请求被传送到数据库服务器,数据库服务器进行处理后,只将结果返回给用户,从而显著减少了数据传输量,响应速度快,更能满足用户的个性化需求,但是升级不方便,维护和管理难度大。它一般在特定的行业使用,如 QQ 聊天等。

　　⑤ B/S 结构

　　B/S 结构,即 Browser/Server(浏览器/服务器)结构,它是随着计算机网络技术的兴起而产生的。客户端不需要安装专门的软件,只需要安装浏览器即可,形式如图 1-9 所示。

图 1-9　B/S 结构

在这种结构下,客户端可以用浏览软件为用户界面。由于服务器端分为 Web 服务器、应用服务器和数据库服务器等,这就大大减少了系统开发和维护的代价,能够支持数万甚至更多的用户。它主要应用在电子商务网站等。

三 任务实施

本书所用案例——"在线书店系统"是基于 B/S 模式的网络购物网站平台,包括前台网站和后台数据库。在开发后台数据库之前,我们需要了解数据库中的一些基本概念:

1. 数据库(Database,简称 DB)

数据库是指长期存储在计算机内的,按一定数据模型组织的、可共享的的数据集合。它可以供各种用户共享,具有最小冗余度和较高的数据独立性等优点。

2. 数据库管理系统(Database Management System,简称 DBMS)

数据库管理系统(Database Management System,简称 DBMS)是用户和操作系统之间的数据管理软件。它帮助用户创建、使用和管理数据库,实现对数据库的统一管理和操作,满足用户对数据库的进行访问的各种需要。主要功能有:数据定义功能、数据操纵功能、数据库运行管理功能和数据库的维护功能。

本书所用案例——"在线书店系统"中,实现后台数据库的创建和管理时采用的数据库管理系统是 Microsoft SQL Server 2008。

3. 数据库系统(Database System,简称 DBS)

数据库系统是指在计算机系统中引入数据库后的系统。一般有数据库、数据库管理系统及其开发工具、数据库管理人员和用户构成。数据库管理系统是整个数据库系统的核心。数据库系统的主要特点包括数据结构化、数据共享、数据独立性以及统一的数据控制功能。

四 任务拓展训练

a. 试问数据管理技术主要经历了哪些阶段?

b. 何谓数据库管理系统? 简述数据库管理系统的功能。

任务 1.2　数据库管理系统——SQL Server 2008

一 任务说明

1. 任务描述

本书所用在线书店系统案例是针对一个中小型书店设计的,其数据库系统结构是 B/S 结构,即 Browser/Server(浏览器/服务器)结构。功能主要有用户信息、图书信息的基本资料的管理、销售环节产生的订单的管理、用户对订单的查询、对图书的搜索等。

为了保证用户能顺利地登录在线书店系统,必须保证服务器当前处于运行状态,并且后台数据库已经加载到服务器。还有就是保持网络畅通,客户端安装了浏览器。因此必须对服务器进行相应的配置。

本任务的主要内容是 SQL Server 2008 的安装与配置,这是开发在线书店数据库系统的第一步。

2. 任务目标

本任务的主要目标是了解 SQL Server 2008,掌握 SQL Server 2008 的安装方法,学会使用 SQL Server 2008 的管理工具,熟悉 SQL Server 2008 服务器的配置。

二　基本知识

1. SQL Server 2008 简介

SQL Server 2008 是一种基于客户机/服务器的关系数据库管理系统,是微软公司开发的一款软件产品。2008 是其版本号;Server 指的是服务器,表明 SQL Server 2008 在计算机网络中是一台提供数据服务的服务器;SQL(Structured Query Language,结构化查询语言)是各种关系型数据库所采用的标准语言,有了 SQL,可以让各种数据库理解人的意思,让数据库按照人的意愿工作。Microsoft SQL Server 用来对存放在计算机中的数据库进行组织、管理和检索,它使用 Transact - SQL 语言在服务器和客户机之间传送请求。

SQL Server 2008 提供了可依靠的技术来接受不断发展的对于管理数据和功能变革的全面挑战。具有在关键领域方面的显著优势,SQL Server 2008 是一个可信任的、高效的和智能的数据平台。SQL Server 2008 是微软数据平台中的一个主要部分,旨在满足目前和将来管理和使用数据的需求。如图 1 - 10 所示。

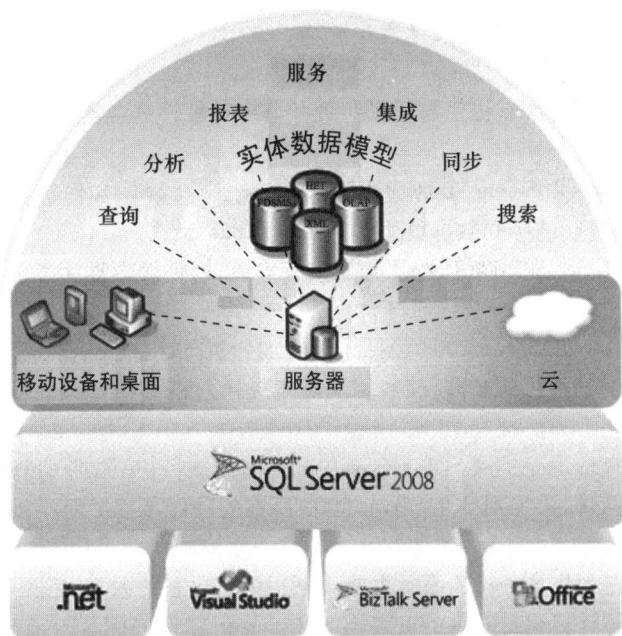

图 1 - 10　微软数据平台

(1)特性

SQL Server 2008 出现在微软数据平台上是因为它使得公司可以运行他们最关键任务的应用程序,同时降低了管理数据基础设施和发送观察和信息给所有用户的成本。

这个平台有以下特点:

- 可信任——使得公司可以以很高的安全性、可靠性和可扩展性来运行他们执行最关键任务的应用程序。
- 高效——使得公司可以降低开发和管理他们的数据基础设施的时间和成本。
- 智能——提供了一个全面的平台，可以在你的用户需要的时候给他发送观察和信息。

① 保护用户信息

SQL Server 2008 在过去的 SQL Server 2005 的基础之上，做了以下方面的增强来扩展它的安全性。

a. 简单的数据加密

SQL Server 2008 可以对整个数据库、数据文件和日志文件进行加密，而不需要改动应用程序。简单的数据加密的好处包括同时使用任何范围和模糊查询搜索加密的数据，加强数据安全性以防止未授权的用户访问。

b. 密钥管理

SQL Server 2008 为加密和密钥管理提供了一个全面的解决方案。为了满足不断发展的对数据中心信息的更高安全性的需求，公司投资给供应商来管理公司内的安全密钥。SQL Server 2008 通过支持第三方密钥管理和硬件安全模块（HSM）产品为这个需求提供了很好的支持。

c. 审查增强

SQL Server 2008 可以审查自己的数据的操作，从而提高了遵从性和安全性。审查不只包括对数据修改的所有信息，还包括对数据进行读取的时间信息。SQL Server 2008 具有向服务器中加强审查的配置和管理这样的功能，这使得公司可以满足各种规范需求。SQL Server 2008 还可以定义每一个数据库的审查规范，所以审查配置可以为每一个数据库作单独的制定。为指定对象作审查配置使审查的执行性能更好，配置的灵活性也更高。

② 确保业务的可持续性

SQL Server 2008 使公司具有提供简化了管理并具高可靠性的应用能力。

a. 数据库镜像改进

- 页面自动修复。SQL Server 2008 通过请求获得一个从镜像合作机器上得到出错页面的备份，使镜像计算机可以透明的修复数据页面上的 823 和 824 错误。
- 性能提高。SQL Server 2008 压缩了输出的日志流，以便使数据库镜像所要求的网络带宽达到最小。
- 可支持性加强。SQL Server 2008 包括了新增加的执行计数器、动态管理视图（Dynamic Management View）和对现有的视图的扩展，使数据库功能更强大。

b. 热添加 CPU

为了在线添加内存资源而扩展 SQL Server 中的已有的支持，热添加 CPU 使数据库可以按需扩展。事实上，CPU 资源可以添加到 SQL Server 2008 所在的硬件平台上而不需要停止应用程序。

③ 改进了安装

SQL Server 2008 对 SQL Server 的服务生命周期提供了显著的改进，它重新设计了安装、建立和配置架构。这些改进将计算机上软件的安装与 SQL Server 软件的配置分离开来，这使得公司和软件合作伙伴可以提供推荐的安装配置。

④ 加速开发过程

SQL Server 提供了集成的开发环境和更高级的数据提取功能，使开发人员可以创建下一代数据应用程序，同时简化了对数据的访问。

a. ADO. NET 实体框架。

b. 语言级集成查询能力（LINQ）。

c. CLR 集成和 ADO. NET 对象服务。

d. Service Broker 可扩展性。

e. Transact – SQL 的改进。SQL Server 2008 引入了新的日期和时间数据类型：

- DATE：一个只包含日期的类型。
- TIME：一个只包含时间的类型。
- DATETIMEOFFSET：一个可辨别时区的日期/时间类型。
- DATETIME2：一个具有比现有的 DATETIME 类型更精确的秒和年范围的日期/时间类型。

⑤ 报表功能

SQL Server 2008 提供了一个可扩展的商业智能基础设施,使得 IT 人员可以在整个公司内使用商业智能来管理报表以及任何规模和复杂度的分析,使得公司可以有效的以用户想要的格式和他们的地址发送相应的个人报表。SQL Server 2008 提供了交互发送用户需要的企业报表,获得报表服务的用户数目得到了大大增加。这使得用户可以及时访问自己关注领域的相关信息,使得他们可以作出更好、更快和更准确的决策。SQL Server 2008 进行了一系列改进,使得所有用户可以制作、管理和使用报表：

a. 企业报表引擎

经过简化的部署和配置,可以在企业内部更简单的发送报表。这使得用户能够轻松的创建和共享所有规模和复杂度的报表。

b. 新的报表设计器

改进的报表设计器可以创建广泛的报表,使公司可以满足所有的报表需求。独特的显示能力使报表可以被设计为任何结构,同时可视化的增强进一步丰富了用户的体验。

c. 强大的可视化

SQL Server 2008 扩展了报表中可用的可视化组件。可视化工具(例如地图、量表和图表等)使得报表更加友好和易懂。

d. Microsoft Office 渲染

SQL Server 2008 提供了新的 Microsoft Office 渲染,使得用户可以从 Word 里直接访问报表。此外,现有的 Excel 渲染器被极大的增强了,它被用以支持像嵌套数据区域、子报表和合并单元格等功能。这使得用户可以维护显示保真度和改进 Microsoft Office 应用中所创建报表的全面可用性。

e. Microsoft SharePoint 集成

SQL Server 2008 报表服务将 Microsoft Office SharePoint Server 2007 和 Microsoft SharePoint Services 深度集成,提供了企业报表和其他商业洞察的集中发送和管理。这使得用户可以访问包含了与他们直接在商业门户中所做的决策相关的结构化和非结构化信息的报表。

(2)服务组件

① SQL Server 数据库引擎(数据库服务)

数据库引擎是用于存储、处理和保护数据的核心服务,利用数据库引擎可控制访问权限并实现创建数据库、创建表、创建视图、查询数据和访问数据库等操作,并且可以用于管理关系数据和 XML 数据。通常情况下,使用数据库系统实际上就是使用数据库引擎,同时,它也是一个复杂的系统,其本身包含了许多功能组件,例如复制、全文搜索等。

② Analysis Services(分析服务)

Analysis Services 用于创建和管理联机分析处理(OLAP)以及数据挖掘应用程序的工具,其主要作用是通过服务器和客户端技术的组合,以提供联机分析处理和数据挖掘功能。通过 Analysis Services,用户可以设计、创建和管理包含来自于其他数据源的多维结构,通过对多维数据进行多个角度的分析,可以使得管理人员对业务数据有更全面的理解。通过 Analysis Services,用户也可以完成数据挖掘模型的构造和应用,实现知识的表示、发现和管理。

③ Reporting Services（报表服务）

Reporting Services 是微软提供的一种基于服务器的报表解决方案,可用于创建和管理包含来自关系数据源和多维数据源数据的企业报表,包括表格报表、矩阵报表、图形报表和自由格式报表等。创建的报表可以通过基于 Web 的连接进行查看和管理,也可以作为 Windows 应用程序的一部分进行查看和管理。

④ Integration Services（集成服务）

用于数据仓库和企业范围内数据集成的数据提取、转换和加载（ETL）功能。该组件允许用数据源（不仅可以是 SQL Server,而且可以是 Oracle、Excel、XML 文档和文本文件等）导入和导出数据。

2. SQL Server 2008 安装

（1）SQL Server 2008 的版本

① 企业版（Enterprise Edition）

企业版是一个全面的数据管理和业务智能平台,为关键业务应用提供了企业级的可扩展性、数据仓库、安全、高级分析和报表支持。此版本将提供更加坚固的服务器和执行大规模在线事务处理。

② 标准版（Standard Edition）

标准版是一个完整的数据管理和业务智能平台,为部门级应用提供了最佳的易用性和可管理性。标准版是中小型企业的理想选择。

③ 工作组版（Workgroup Edition）

工作组版是一个值得信赖的数据管理和报表平台,用以实现安全的发布、远程同步和对运行分支应用的管理能力。

④ 开发版（Developer Edition）

开发版允许开发人员构建和测试基于 SQL Server 的任意类型应用。此版本拥有所有企业版的特性,但只限于在开发、测试和演示中使用。

⑤ Web 版（Web Edition）

Web 版是针对运行于 Windows 服务器中要求高可用、面向 Internet Web 服务的环境而设计,为实现低成本、大规模、高可用性的 Web 应用或客户托管解决方案提供了必要的支持工具。

⑥ 精简版（Express Edition）

Express 版是一个免费版本,也是一个微缩版本。该版本拥有核心数据库功能,支持 SQL Server 2008 最新的数据类型,但缺少管理工具、高级服务及可用性功能（如故障转移）。对于低端服务器用户、创建 Web 应用的非专业开发人员以及开发客户端应用程序的编程爱好者而言,精简版是他们的理想选择。

⑦ 移动版（Compact Edition）

移动版是为开发人员设计的免费嵌入式数据库系统,该版本主要用于构建仅有少量连接需求的独立移动设备、桌面或 Web 客户端应用。移动版可以运行于 Pocket PC、Smart Phone 等移动设备之上。

（2）安装需求

① 硬件需求

a. 显示器:SQL Server 2008 图形工具需要使用 VGA 或更高分辨率,分辨率至少为 1 024×768 像素。

b. 处理器:处理器类型为 Intel PentiumⅢ兼容处理器或者速度更快的处理器;处理器速度最低为 1.0 GHz,建议 2.0 GHz 或更快。

c. 内存:最小为 1 GB,推荐 4 GB 或更多,最高为 64 GB。

d. 硬盘空间:SQL Server 2008 版本包含了多个程序组件,表 1-1 列出了各功能组件对磁盘空间的要求。

表 1 - 1　各功能组件对磁盘空间的要求

功能组件	磁盘空间要求
数据库引擎和数据文件、复制以及全文搜索	280MB
Analysis Services 和数据文件	90MB
Reporting Services 和报表管理器	120MB
Integration Services	120MB
客户端组件	850MB
SQL Server 联机丛书和 SQL Server Compact 联机丛书	240MB

② 软件需求

a. 框架

SQL Server 安装程序安装该产品所需的软件组件：

- .NET Framework 3.5 SP1
- SQL Server Native Client
- SQL Server 安装程序支持文件

b. 对操作系统的要求

32 位平台上 SQL Server 2008 对操作系统的要求见表 1 - 2。

表 1 - 2　对操作系统的要求

版本	要求
32 位企业版	Windows Server 2003 SP2 及以上版本 Windows Server 2008 的各种版本
32 位标准版	Windows XP SP2 及以上版本 Windows Server 2003 SP2 及以上版本 Windows Vista 的各种版本 Windows Server 2008 的各种版本
32 位开发版	Windows XP SP2 及以上版本 Windows Server 2003 SP2 及以上版本 Windows Vista 的各种版本 Windows Server 2008 的各种版本
32 位工作组版	Windows XP SP2 及以上版本 Windows Server 2003 SP2 及以上版本 Windows Vista 的各种版本 Windows Server 2008 的各种版本
32 位精简版	Windows XP SP2 及以上版本 Windows Server 2003 SP2 及以上版本 Windows Vista 的各种版本 Windows Server 2008 的各种版本
32 位移动版	Windows XP SP2 及以上版本 Windows Server 2003 SP2 及以上版本 Windows Vista 的各种版本 Windows Server 2008 的各种版本 Pocket PC 和智能手机设备

（3）安装步骤

① 在 Windows7 操作系统中,启动 Microsoft SQL 2008 安装程序后,系统兼容性助手将提示软件

存在兼容性问题,在安装完成之后必须安装 SP1 补丁才能运行。这里选择"运行程序"开始 SQL Server 2008 的安装。进入 SQL Server 安装中心后跳过"计划"内容,直接选择界面左侧列表中的"安装",进入安装列表选择。如图 1 - 11 所示。

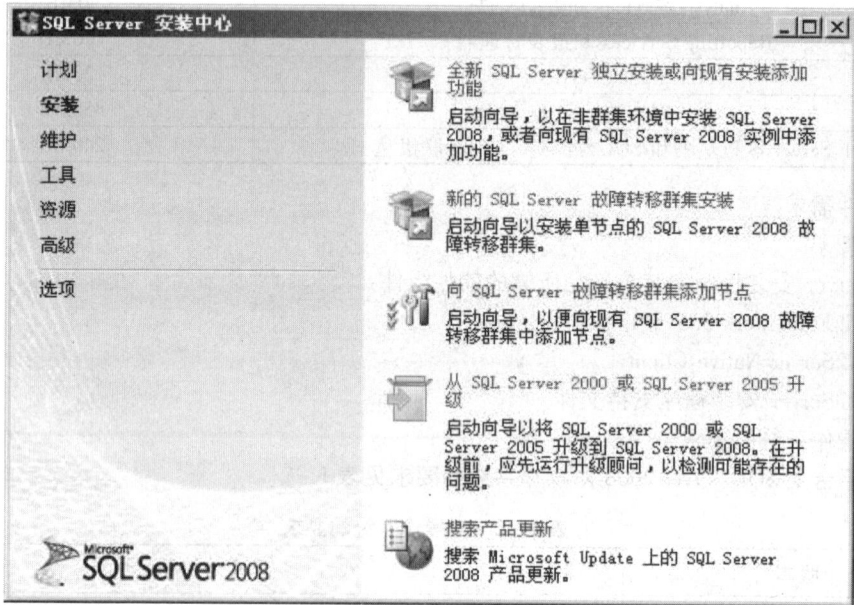

图 1 - 11　安装中心

② 在右侧窗格中,单击"全新 SQL Server 独立安装或向现有安装添加功能"选项,启动"SQL Server 2008 安装程序"向导,开始 SQL Server 2008 的安装。系统将对当前安装环境进行支持规则检测,显示出所有规则已经全部通过系统检测。如图 1 - 12 所示。

图 1 - 12　安装程序支持规则

③ 单击【确定】按钮,进入【产品密钥】界面,如图1-13所示。在该界面中选择所要安装的系统版本,并输入产品密钥。

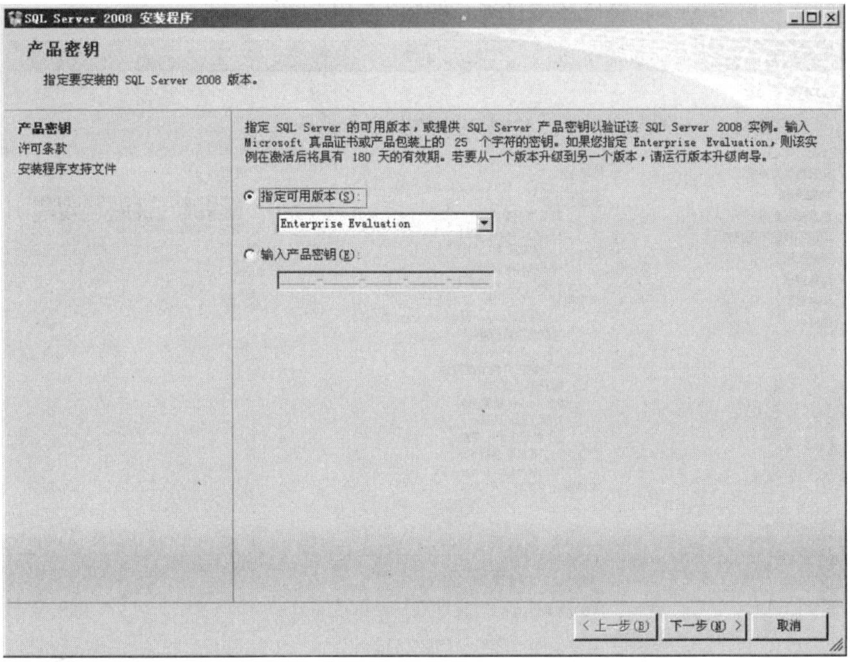

图1-13 产品密钥

④ 单击【下一步】按钮,进入【许可条款】界面,如图1-14所示。勾选【我接受许可条款】复选框,单击【下一步】按钮,进入【安装程序支持文件】,支持文件安装完以后,系统会再次检测安装程序支持规则。

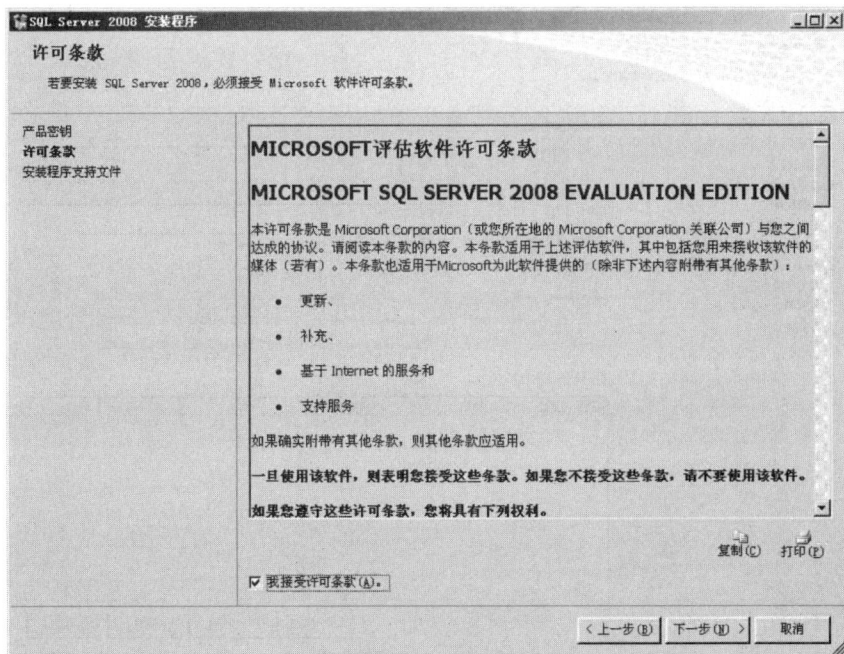

图1-14 许可条款

⑤ 安装完支持文件后,单击【下一步】按钮,进入【功能选择】界面。该界面列出了系统包含的各个功能组件;用户可以根据实际需要,选择需要安装的功能模块,并可通过单击【共享功能目录】文本框右侧的按钮改变组件的默认安装目录。如图 1 – 15 所示。

图 1 – 15　功能选择

⑥ 单击【下一步】按钮,进入【实例配置】界面,此界面用来设置 SQL Server 服务器的实例名称。如图 1 – 16 所示。

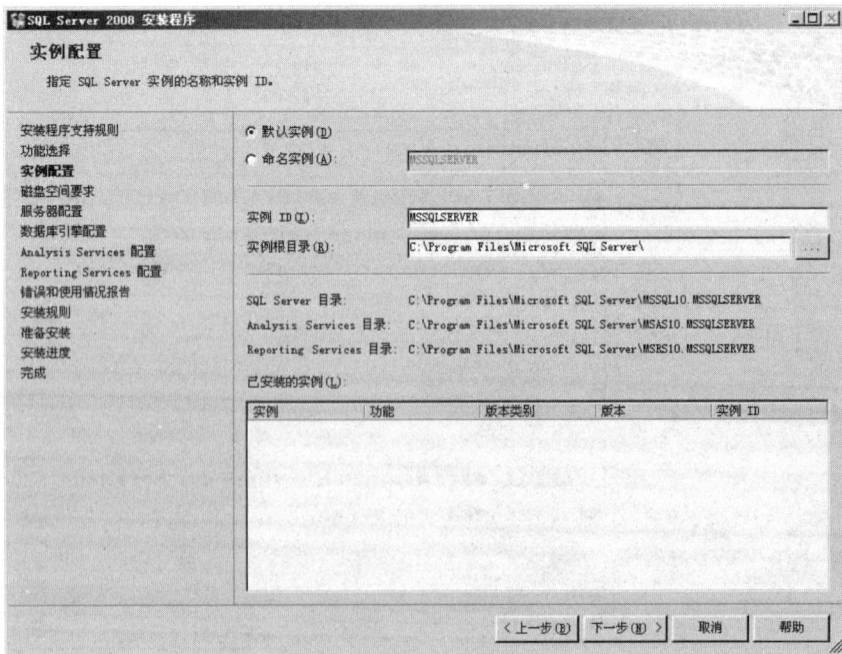

图 1 – 16　实例配置

⑦ 单击【下一步】按钮,进入【磁盘空间要求】界面,该界面列出了当前 SQL Server 2008 安装实例所需要的硬盘空间大小。如图 1 - 17 所示。

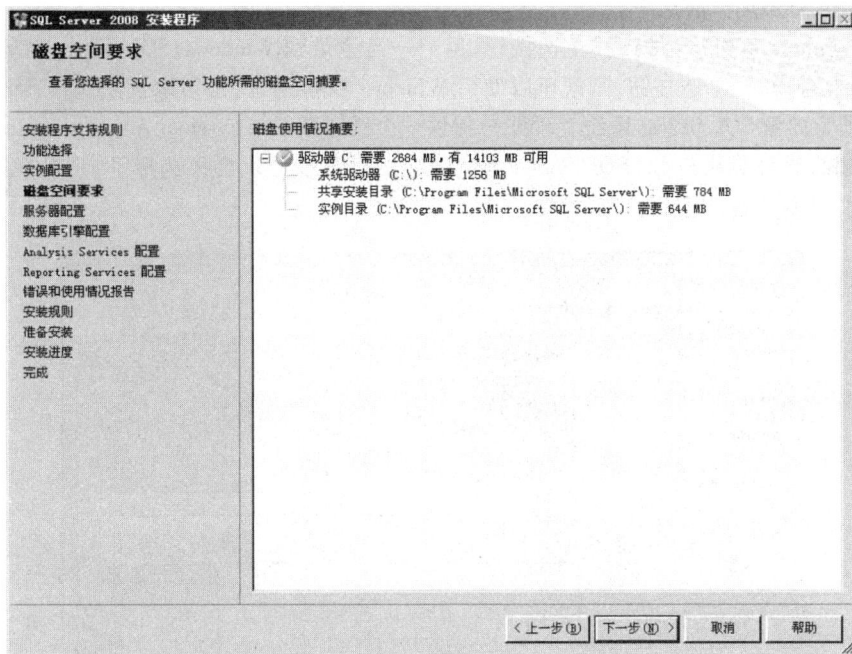

图 1 - 17　磁盘空间要求

⑧ 单击【下一步】按钮,进入【服务器配置】界面,该界面主要用来配置服务的账户、启动类型和排序规则等。如图 1 - 18 所示。在指定的过程中,可以对所有服务使用一个账户,也可以根据需要为每个服务指定单独账户。

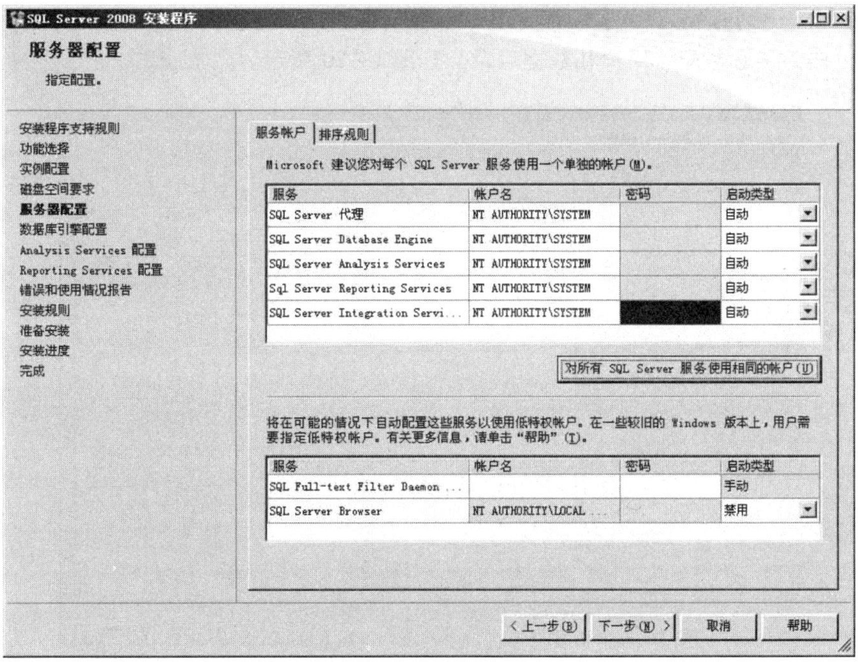

图 1 - 18　服务器配置

⑨ 单击【下一步】按钮，进入【数据库引擎配置】界面，该界面包含【账户设置】、【数据目录】和【FILESTREAM】三个选项卡，如图 1－19 所示。从中可指定数据库引擎身份验证安全模式、管理员和数据目录，并可添加当前用户。

选择"Windows 身份验证模式"单选按钮，用户一旦登录到 Windows，SQL Server 就将使用信任连接；选择"混合模式"单选按钮，则既可以使用 Windows 身份验证，也可以使用 SQL Server 身份验证，并且必须为内置 SQL Server 系统管理账户提供一个强密码。sa（System Administrator）是默认的 SQL Server 超级管理员账户，对 SQL Server 具有完全的管理权限。如果选择了"混合模式"身份验证，则必须为 sa 账户设置密码。

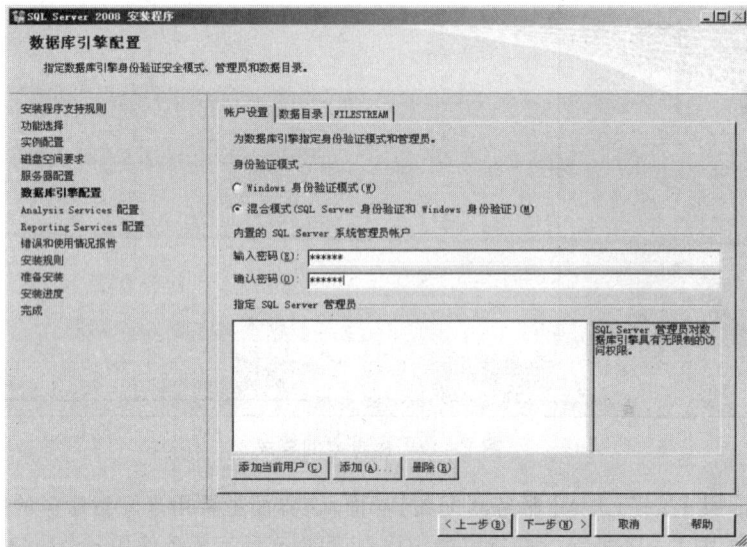

图 1－19　数据库引擎配置

⑩ 单击【下一步】按钮，进入【Analysis Services（分析服务）配置】界面，使用与【数据库引擎配置】同样的方法为该服务配置用户和数据目录。如图 1－20 所示。

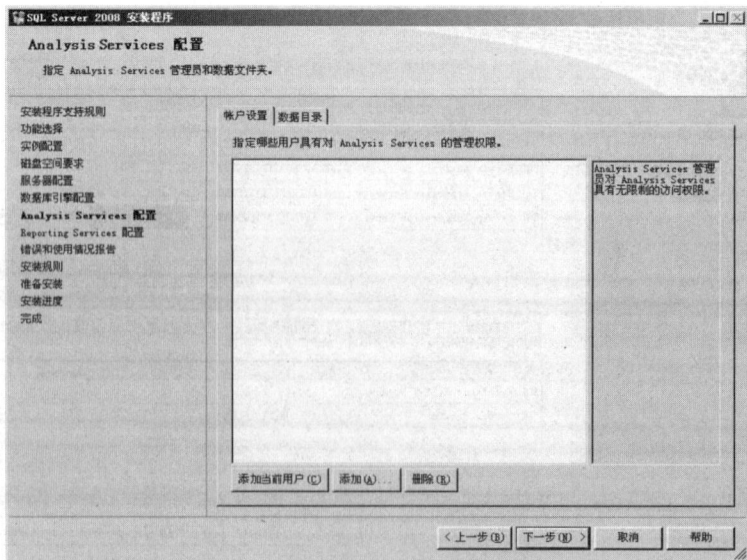

图 1－20　Analysis Services 配置

⑪ 单击【下一步】按钮,进入【Reporting Services（报表服务）配置】界面,如图1-21所示。从中可指定要创建的 Reporting Services 安装的类型。选中"安装本机模式默认配置"单选按钮,将在当前计算机中安装报表服务。

图1-21 Reporting Services 配置

⑫ 单击【下一步】按钮,进入【错误和使用情况报告】设置界面,如图1-22所示。从中可指定要发送到 Microsoft 以帮助改善 SQL Server 的信息,可根据需要选择。

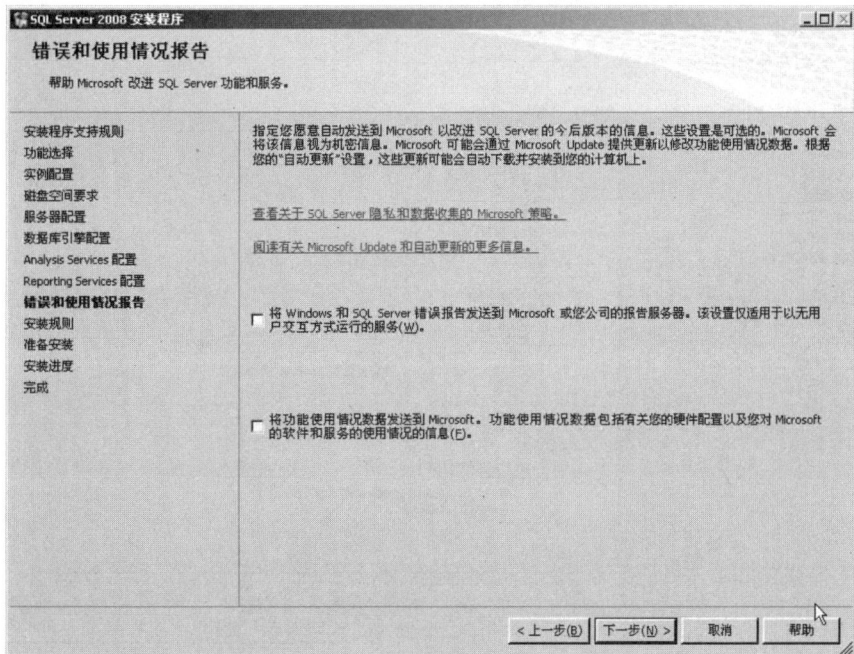

图1-22 错误和使用情况报告

⑬ 单击【下一步】按钮，显示【安装规则】界面，检测前面的配置是否满足 SQL Server 的安装规则。如图 1 – 23 所示。

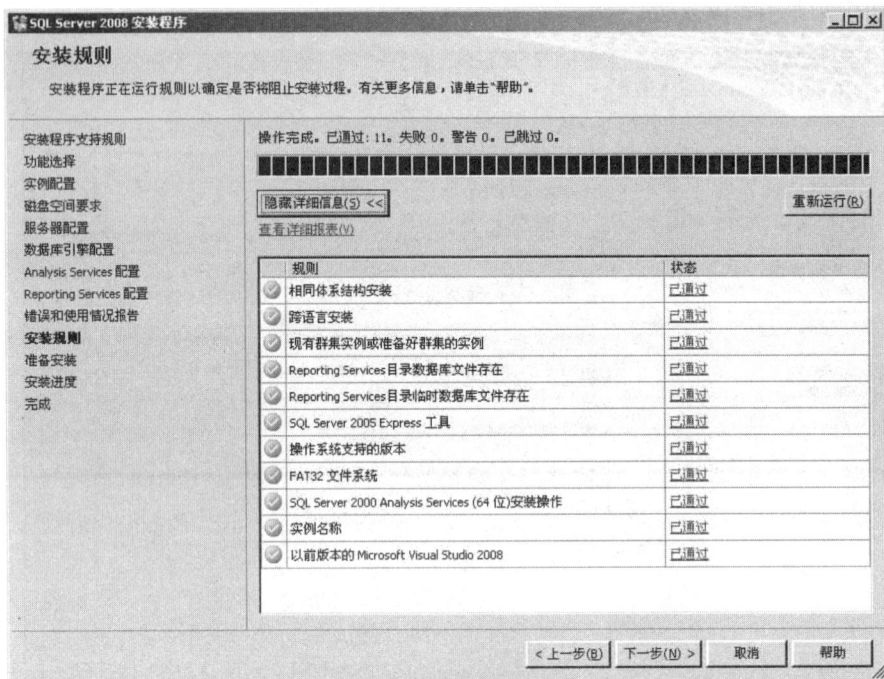

图 1 – 23　安装规则

⑭ 单击【下一步】按钮，进入【准备安装】界面，检验要安装的 SQL Server 2008 功能，如图 1 – 24 所示。单击【安装】按钮，系统按照前面定制的配置开始 SQL Server 2008 的安装。

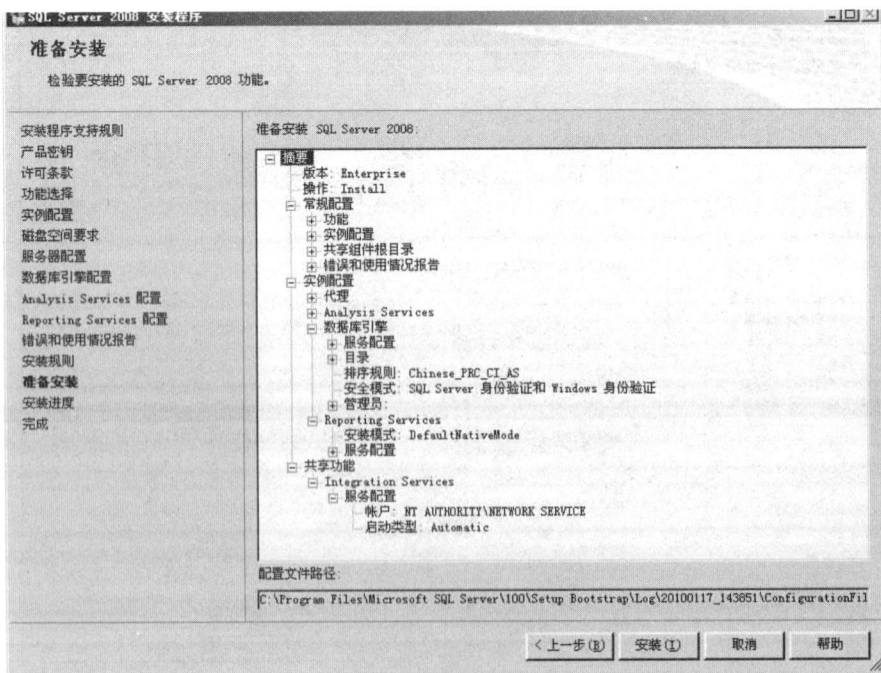

图 1 – 24　准备安装

⑮ 安装过程中,系统动态显示安装进度完成比例指示,当安装进度全部完成后,单击【下一步】按钮,进入【完成】界面,至此,SQL Server 2008 系统安装完毕。如图 1 - 25 所示。

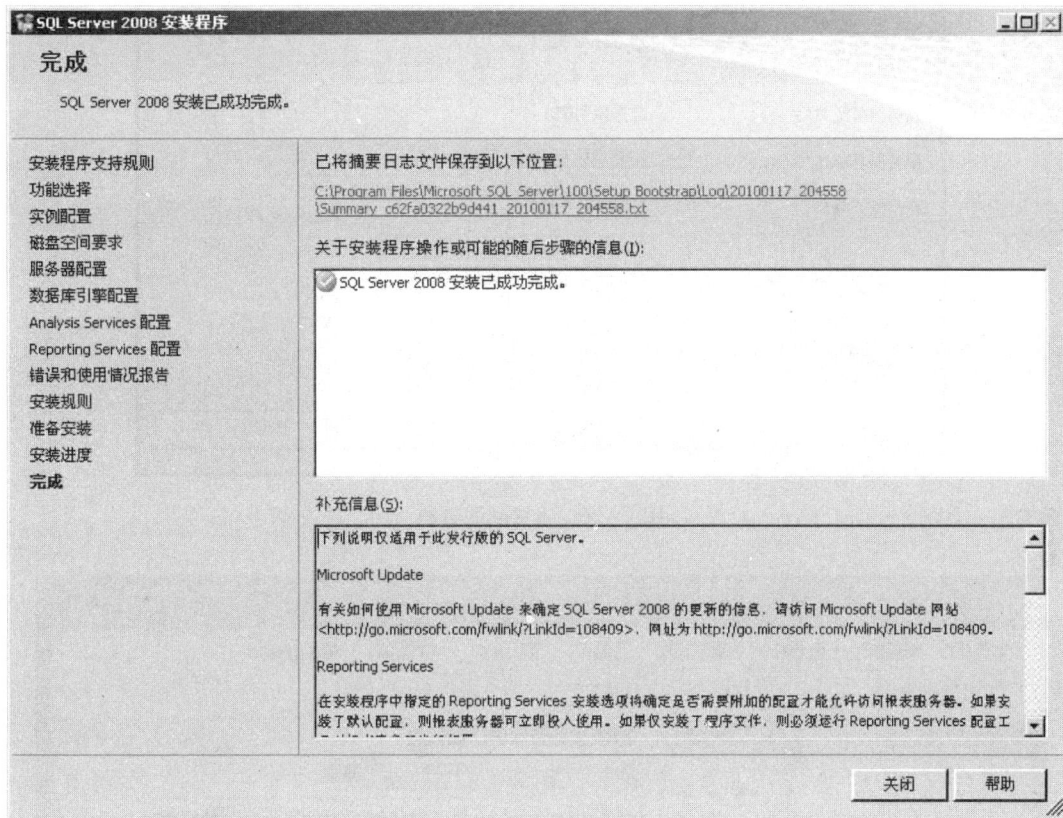

图 1 - 25　安装完成

3. SQL Server 2008 管理工具

(1) SQL Server Management Studio(SQL Server 2008 管理平台)

SQL Server Management Studio 是 SQL Server 2008 提供的一种集成开发环境,用于访问、管理、控制、配置和开发所有 SQL Server 组件,是 SQL Server 2008 数据库产品最重要的组件。SQL Server Management Studio 将早期版本中的企业管理器(Enterprise Manager)、查询分析器(Query Analyzer)和分析管理器(Analysis Manager)功能整合到单一的环境中,使技术人员和管理员通过多样化的图形工具和丰富的脚本编辑器来实现对 SQL Server 2008 的访问。

① 启动

单击【开始】→【所有程序】→【Microsoft SQL Server 2008】→【SQL Server Management Studio】,弹出【连接到服务器】对话框,如图 1 - 26 所示。选择要登录的服务器类型和名称以及身份验证方式,单击【连接】,启动 SQL Server 管理平台,如图 1 - 27 所示。

SQL Server 管理平台中包含【已注册的服务器】、【对象资源管理器】、【对象资源管理器详细信息】和【查询编辑器】等多个窗口部件。

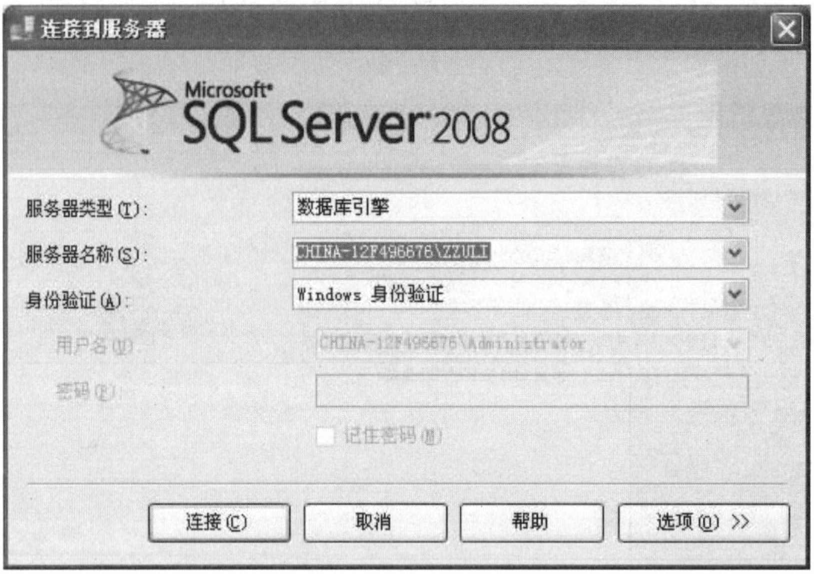

图 1 – 26　连接到服务器

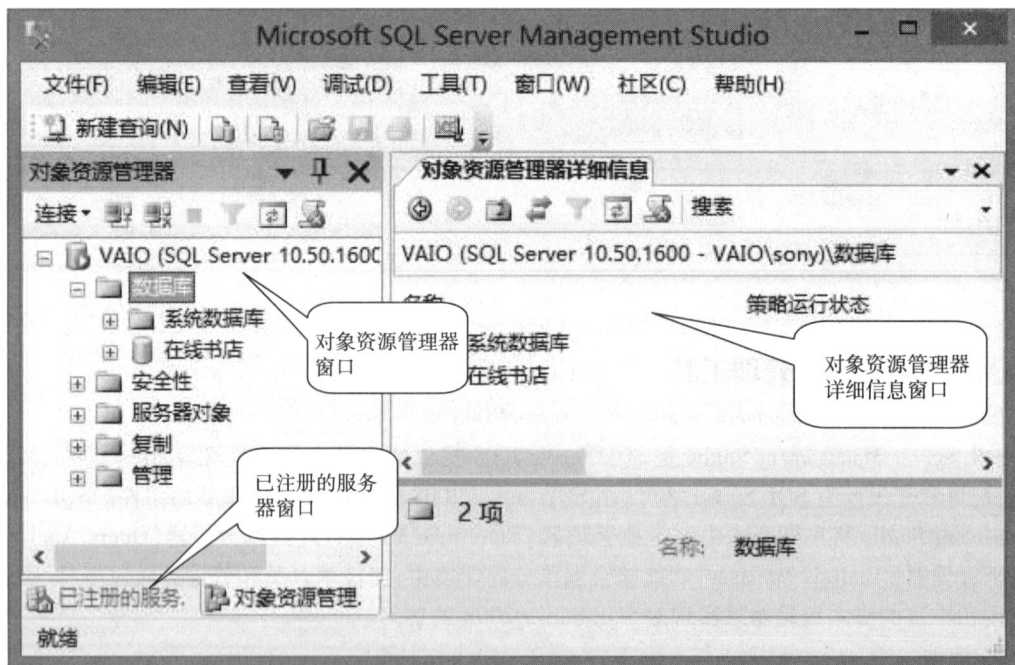

图 1 – 27　SQL Server Management Studio

② 注册服务器

注册服务器是为 Microsoft SQL Server 客户机/服务器系统确定一个数据库所在的机器,该机器作为服务器可以为客户端的各种请求提供服务。服务器组是服务器的逻辑集合,可以利用 Microsoft SQL Server Management Studio 工具把许多相关的服务器集中在一个服务器组中,方便对多服务器环境的管理操作。

在 SSMS 界面中选择【查看】菜单下的【已注册的服务器】命令,可打开【已注册的服务器】窗

□,如图 1 - 28 所示。

　　a. 展开【数据库引擎】,右击【本地服务器组】结点,在弹出的快捷菜单中选择【新建服务器注册】命令,如图 1 - 29 所示;

　　b. 弹出【新建服务器注册】对话框,输入服务器名称,选择身份验证模式;

　　c. 单击【连接属性】选项卡,选择连接数据库,网络协议,设置网络数据包大小等。

图 1 - 28　【已注册的服务器】窗口

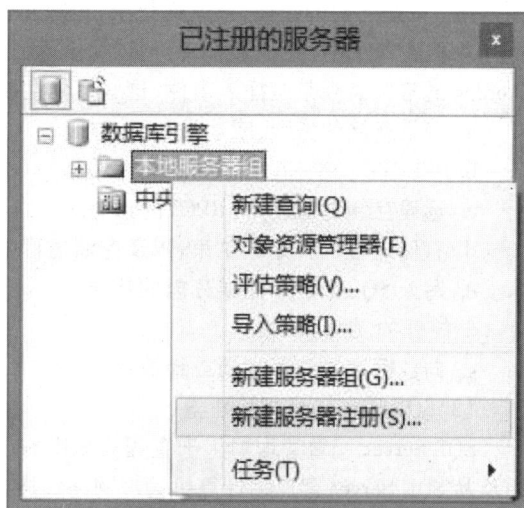

图 1 - 29　选择【新建服务器注册】命令

③ SSMS 查询编辑器

使用 SSMS 查询编辑器可以编写 T - SQL 语句,界面如图 1 - 30 图所示。

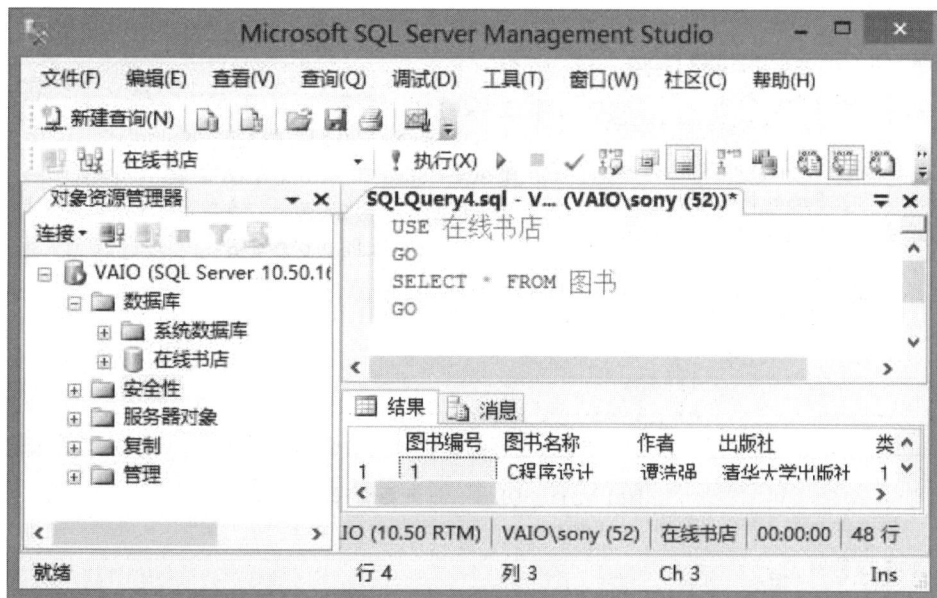

图 1 - 30　查询编辑器界面

　　a. 单击工具栏上的【数据库引擎查询】按钮或【新建查询】按钮,弹出【连接到服务器】对话框,单击【连接】按钮就会打开查询编辑器。在查询编辑器的编辑面板中,输入 T - SQL 语句。

b. 使用工具栏上的【连接】、【执行】、【分析】或【显示估计的执行计划】按钮完成相应的任务；在查询结果栏里显示执行结果。

c.【文件】→【保存/另存为】,保存 T-SQL 查询语言为脚本语言(.sql)。

(2) SQL Server Profiler(SQL Server 分析器)

Microsoft SQL Server Profiler 是图形化实时监视工具,能帮助系统管理员监视数据库和服务器的行为,比如死锁的数量,致命的错误,跟踪 Transact-SQL 语句和存储过程。可以把这些监视数据存入表或文件中,并在以后某一时间重新显示这些事件来一步一步地进行分析。SQL Server Profiler 通常仅监视某些插入事件,这些事件主要有:

a. 登录连接的失败、成功或断开连接。

b. DELETE、INSERT、UPDATE 命令。

c. 远程存储过程调用(RPC)的状态。

d. 存储过程的开始或结束,以及存储过程中的每一条语句。

e. 写入 SQL Server 错误日志的错误。

f. 打开的游标。

g. 向数据库对象添加锁或释放锁。

(3) SQL Server 配置管理器

SQL Server 配置管理器用于管理与 SQL Server 相关联的服务、配置 SQL Server 使用的网络协议以及从 SQL Server 客户端计算机管理网络连接配置。合理地配置服务器,可以加快服务器响应请求的速度、充分利用系统资源、提高系统的工作效率,如图 1-31 所示。

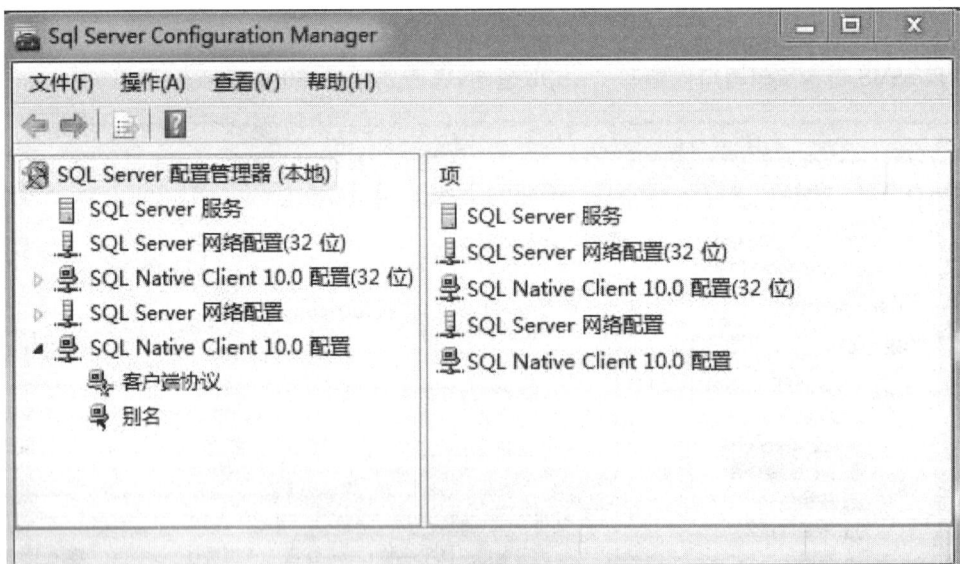

图 1-31　SQL Server 配置管理器

① 管理服务

选择【开始】→【所有程序】→【Microsoft SQL Server 2008】→【配置工具】→选择【SQL Server Configuration Manager】,打开如图 1-32 所示的【SQL Server Configuration Manager】配置管理器窗口。单击左侧【SQL Server 服务】,右击右侧【SQL Server(MSSQLSERVER)】,选择"启动",打开服务。还可以改变服务的启动方式:自动、已禁用和手动。

图 1 - 32　SQL Server 服务

② 管理网络协议

在 SQL Server 配置管理器中，单击【MSSQLSERVER 的协议】，选择启用【TCP/IP】。如图 1 - 33 所示。

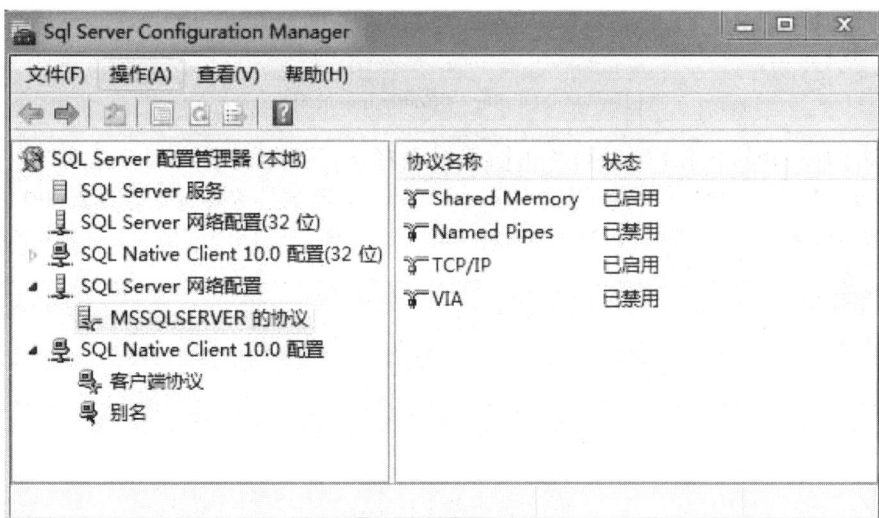

图 1 - 33　SQL Server 协议

三　任务实施

下面进行服务器的配置，首先在服务器上安装 SQL Serever 2008，其次，进行 TCP/IP 协议和端口的设置。

1. 知识点补充

a. TCP/IP：传输控制协议/网络互联协议，是网络层的一系列协议的总称，目前的 Internet/Intranet 几乎都是采用 TCP/IP 来构建的。类似于网络中的各个设备之间准确传送数据的工作人员而已。

b. IP：网络中计算机唯一的身份证。计算机之间的通信无非就是信息从一个源计算机出发准确到达目的计算机。要求每台计算机都有一个身份标识,就是 IP 地址,要学会查看计算机的 IP 地址。

    c. 端口:区分同一台物理计算机上的不同网络服务。SQL Server 2008 服务器默认分配的端口为 1433,FTP 为 21,HTTP 为 80 等。

2. 配置 SQL Server 2008 服务器

    a.【开始】→【所有程序】→【Microsoft SQL Server 2008】→【配置工具】→选择【SQL Server Configuration Manager】,单击【MSSQLSERVER 的协议】,右击【TCP/IP】,选择"启用"。如图 1 – 34 所示。

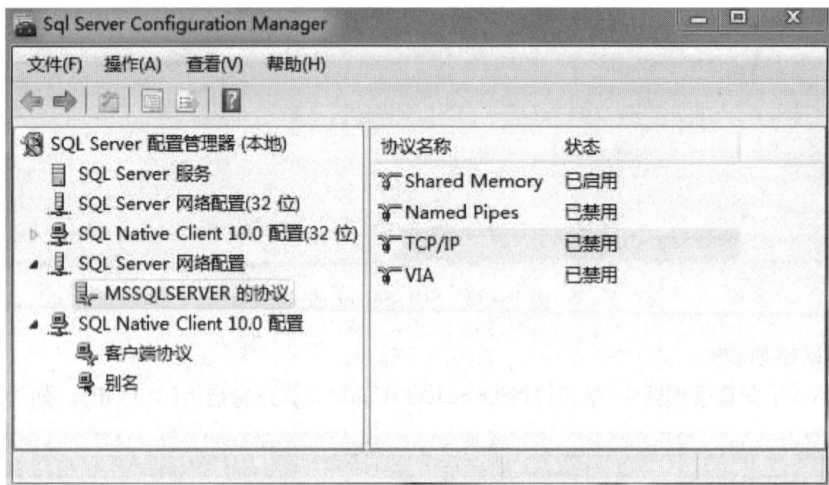

图 1 – 34　SQL Server Configuration Manager

    b. 右击【TCP/IP】,选择【属性】,单击【协议】选项卡,"全部侦听"和"已启用"项都设置为"是",如图 1 – 35 所示;单击【IP 地址】选项卡对 IP 地址、TCP 端口等属性进行设置,IP1、IP2、IPAll 分别进行以下设置:TCP 端口为"1433",TCP 动态端口为空值,已启用为"是",如图 1 – 36 所示。

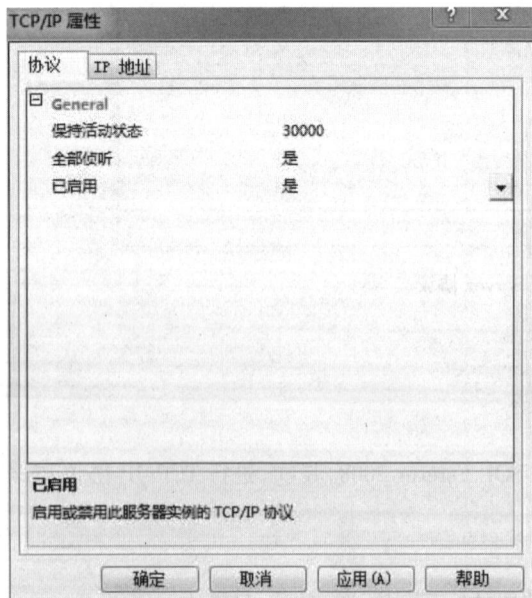

图 1 – 35　TCP/IP 协议

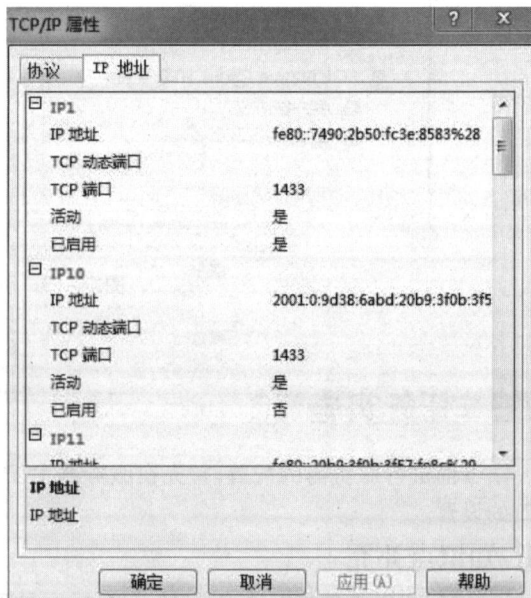

图 1 – 36　TCP/IP 属性

c. 在【SQL Native Client 10.0 配置】下面的【客户端协议】中,设置【TCP/IP】为"已启用",如图 1 – 37 所示;右击【TCP/IP】,选择【属性】,进入如图 1 – 38 所示的设置:TCP/IP 端口为 1433,已启用设为"是"。

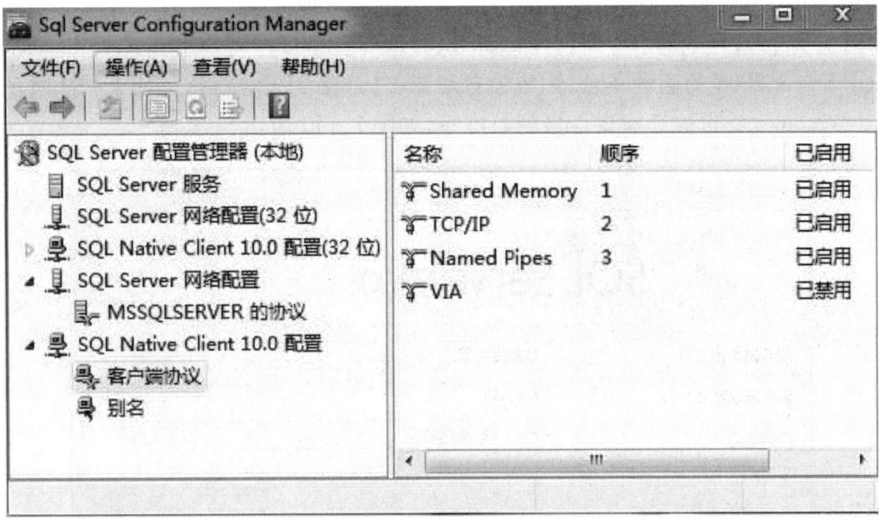

图 1 – 37　客户端协议

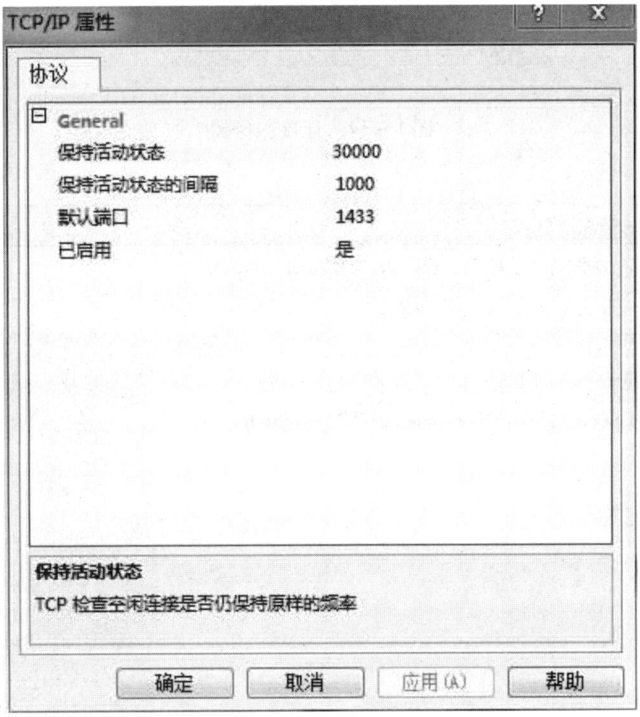

图 1 – 38　TCP/IP 属性

3. 管理 SQL Server 2008 服务器

(1) 注册 SQL Server 2008 服务器

一般情况下,本地的 SQL Server 2008 数据库服务器在安装完毕后自动进行了注册,在远程客户机上，只能由 DBA 手工完成注册，输入服务器名称及身份验证等选项，测试连接是否成功。在 SSMS 界面中选择【查看】菜单下的【已注册的服务器】命令，打开【已注册的服务器】窗口，展开【数据库引擎】，右击【本地服务器组】结点，在弹出的快捷菜单中选择【新建服务器注册】命令。

（2）通过 SQL Server Management Studio 对服务器进行管理

a. 选择【开始】→【所有程序】→【Microsoft SQL Server 2008】→【SQL Server Management Studio】，打开 SQL Server 2008 的管理平台，系统会自动弹出【连接到服务器】，如图 1 - 39 所示，单击【连接】按钮，以 Windows 身份验证模式连接到数据库，如图 1 - 40 所示。

图 1 - 39　连接服务器

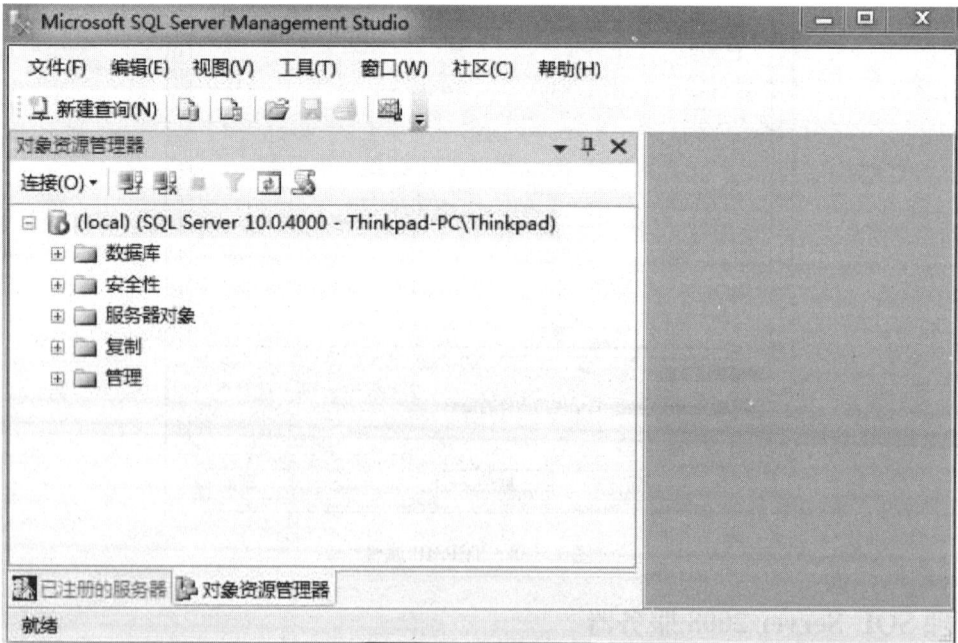

图 1 - 40　对象资源管理器

b. 在【对象资源管理器】窗口,展开服务器下的【安全性】,单击【登录名】。如图 1 - 41 所示。

图 1 - 41　登录名

c. 右击【sa】,选择【属性】,打开【登录属性】窗口,选择【常规】选项页,设置登录名 sa 的密码。如图 1 - 42 所示。

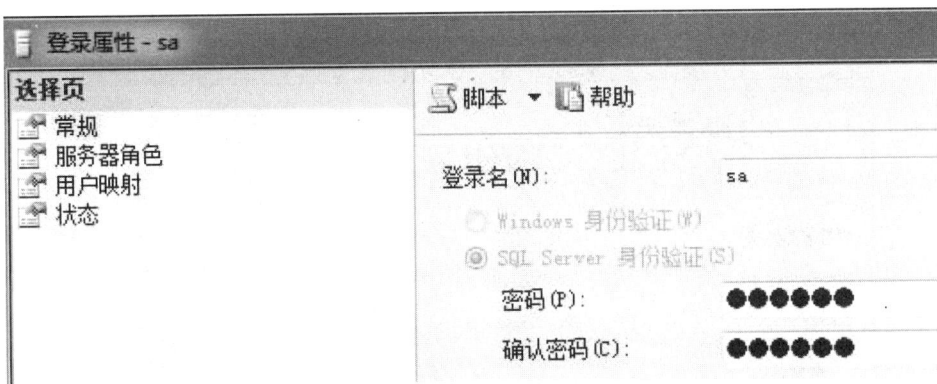

图 1 - 42　登录属性

d. 选择【状态】选项页,设置【是否允许连接到数据库引擎】,选择"授予";设置【登录】为"启用"。如图 1 - 43 所示。

图 1-43　登录属性

e. 在 SSMS 中,右击【对象资源管理器】中的服务器名称,选择【属性】,打开如图 1-44 所示的【服务器属性】窗口。选择【安全性】,服务器身份验证改为【SQL Server 和 Windows 身份验证模式】,单击【确定】按钮。然后退出 Windows 身份验证模式,新建【连接】,选择以 SQL Server 身份验证模式连接,如图 1-45 所示。

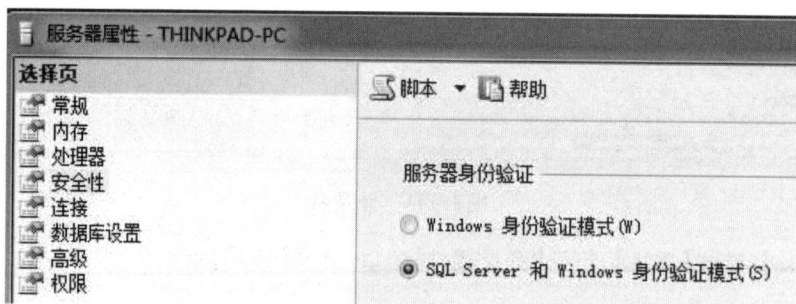

图 1-44　服务器属性

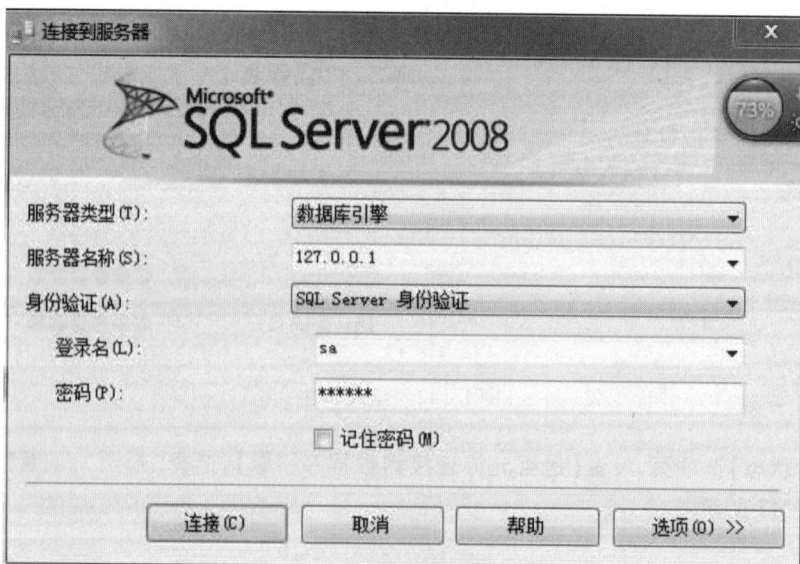

图 1-45　连接到服务器

说明:服务器名字为服务器的 IP 地址,如果是连接本机且本机为服务器,可以设为 127. 0. 0. 1,其他机器连接时需要设置为服务器的 IP 地址。身份验证选择 SQL Server 身份验证,登录名为 sa,密码为空,这是 SQL 自带的登录名和密码,你也可以自己设置用户名和密码以及权限。

四　任务拓展训练

安装 SQL Server 2008 服务器和客户端组件,并注册配置服务器。

数据库的设计

数据库设计是要在一个给定的应用环境中（比如书店的运营活动），通过合理的逻辑设计和有效的物理设计，构造较优的数据库模式，建立数据库及其应用系统，使之能够有效地存储数据，满足用户的各种信息需求。数据库的设计内容主要包括两个方面：一是结构设计，也就是设计数据库框架或者数据库结构；二是行为设计，也就是应用程序和事务处理等的设计。

从数据库应用系统开发的全过程来考虑，将数据库的设计归纳为：需求分析、概念结构设计、逻辑结构设计、物理结构设计、数据库实施和数据库的运行与维护六大步骤。

在整个设计过程中，应努力把对数据库的设计（通常是关系模型的设计）和对数据库中数据处理的设计（程序设计）紧密结合起来，将这两个方面的分析、设计和实现在各个步骤中同时进行，以便相互参照，相互补充。事实上，如果不了解应用环境对数据的处理要求，或没有考虑如何去实现这些处理要求是不可能设计出一个良好的数据库结构的。

💻 任务 2.1 需求分析

一 任务说明

1. 任务描述

需求分析是整个数据库设计的基础，是最困难、最耗费时间的一步，其准确与否将直接影响到后续各个设计阶段。最终将影响到设计结果是否合理和实用。它的目的是分析系统的需求。该过程的主要任务是从数据库的所有用户那里收集对数据的需求和对数据处理的要求，主要涉及应用环境分析、数据流程分析、数据需求的收集与分析等，并把这些需求写成用户和设计人员都能接受的说明书。

本任务主要是对在线书店数据库系统做信息需求、处理需求、安全性与完整性要求分析。

2. 任务目标

通过本任务的学习，可以让读者了解到需求分析的内容、方法和实施步骤。

二 基本知识

需求分析主要是通过详细调查要处理的对象，包括某个组织、某个部门、某个企业的业务管理等，充分了解原手工或原计算机系统的工作概况及工作流程，明确用户的各种需求，产生数据流图和数据字典，然后在此基础上确定新系统的功能，并把这些需求写成用户和设计人员都能接受的说明书。值得注意的是，新系统必须充分考虑今后可能的扩充和改变，不能仅仅按当前应用需求来设计数据库。

1. 需求分析的内容

需求分析的重点是调查、收集和分析用户数据管理中的信息需求、处理需求、安全性与完整性要求。

（1）信息需求

信息需求指用户需要从数据库中获得的信息的内容和性质。由用户的信息需求可以导出数据需求，即在数据库中应该存储哪些数据。

（2）处理需求

处理需求指用户要求完成什么处理功能，对某种处理要求的响应时间，处理方式只是联机处理还是批处理等。明确用户的处理需求，将有利于后期应用程序模块的设计。

（3）安全性与完整性要求

在定义信息需求和处理需求的同时必须确定相应的安全性和完整性约束，从而实现数据的保密性、安全性和完整性。

确定用户的最终需求其实是一件很困难的事，这是因为：一方面，用户缺少计算机知识，开始时无法确定计算机究竟能为自己做什么，不能做什么，因此无法立即准确地表达自己的需求，同时他们所提出的需求往往不断在发生变化。另一方面，设计人员缺少用户的专业知识，不易理解用户的真正需求，甚至误解用户的需求。另外新的硬件、软件技术的出现也会使用户需求发生变化。因此设计人员必须与用户不断深入地进行交流，才能逐步得以确定用户的实际需求。

2. 需求分析的步骤和方法

需求分析一般要经过以下步骤：用户需求的收集、用户需求的分析和撰写需求说明书。

（1）用户需求的收集

用户需求的收集指收集数据及其发生的时间、频率和数据的约束条件、相互联系等。调查、收集用户需求的方法（如图 2-1 所示）主要有：

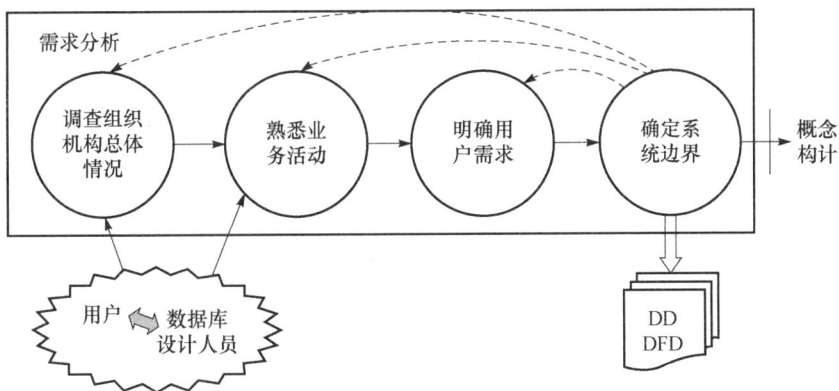

图 2-1　用户需求的收集方法

a. 了解组织机构的情况，调查这个组织由哪些部门组成，各部门的职责是什么，为分析信息流程做准备。

b. 了解各部门的业务活动情况，调查各部门输入和使用什么数据，如何加工处理这些数据；输出什么信息，输出到什么部门，输出的格式等。在调查活动的同时，要注意对各种资料的收集，如票证、单据、报表、档案、计划和合同等，要特别注意了解这些报表之间的关系，各数据项的含义等。

c. 确定新系统的边界。确定哪些功能由计算机完成或将来准备让计算机完成，哪些活动由人工完成。由计算机完成的功能就是新系统应该实现的功能。在调查过程中，根据不同的问题和条件，可采用的调查方法很多，如跟班作业、咨询业务权威、设计调查问卷和查阅历史记录等。但无论采用哪种方法，都必须有用户的积极参与和配合，强调用户的参与是数据库设计的一大特点。

（2）用户需求的分析

调查了解用户的需求后，还需要进一步分析和抽象用户的需求，使之转换为后续各设计阶段可用的形式。在众多分析和表达用户需求的方法中，结构化分析（Structured Analysis，SA）是一个简单实用的方法。SA 方法采用自顶向下，逐层分解的方式分析系统，用数据流图（Data Flow Diagram，DFD）、数据字典（Data Dictionary，DD）描述系统。

（3）撰写需求说明书

需求分析的阶段成果就是撰写需求分析说明书，作为需求分析阶段重要的基础文档保存。此说明书主要包括数据流图、数据字典、系统功能结构图等。

三　任务实施

现以在线书店系统需求分析为例：

1. 功能需求分析

在线书店主要功能包括：

（1）前台功能

① 用户注册登录

用户在进行网上购物时，必须先进行登录，如果是新用户，则必须先进行注册。用户注册时要求填写基本信息，包括用户账号、姓名、密码、性别、地址、邮政编码、电话和电子邮箱等信息。系统检查所有信息填写正确以后会提示会员注册成功，并且返回用户账号。

② 图书查询浏览

网站需要提供多种方便快捷方式进行图书查询，既可以简单查询，又可以复杂查询。用户还可以通过新书推荐、热卖排行进行查看。

③ 在线订书

用户登录网站以后，将需订购的图书放入购物车中并填写购买数量。购物车内的图书可以随时进行增加、删除和修改数量的操作。

选书完成后，会员还需填写配送信息。配送信息默认为用户注册时填写的基本信息。确认信息无误后，则完成提交操作生成订单。每张订单要求记录订单编号（自动生成）、用户账号、订书日期、订书总金额、地址、邮政编码、联系电话、订单状态和订单明细（包括图书编号、书名、数量和价格）等。

④ 订单查询

订单成功提交以后，用户可以随时查询订单的最新状态以及全部历史订单。

（2）后台管理功能

① 图书管理

a. 增加图书信息。当有新书发布时，管理员可以添加图书信息，发布图书信息。

b. 图书信息查询。网站需要提供多种方便快捷的方式进行图书查询，既可以进行简单查询，又可以进行复杂查询。

c. 图书信息更新及删除。图书信息发布后，管理员可以随时更新和删除图书信息。

② 订单管理

订单生成后,管理员对订单进行处理。

③ 用户管理

a. 用户升级。系统可以对用户进行分级,即当用户购书总金额到达一定数额后成为不同级别的用户,以享受相应的优惠折扣。

b. 用户信息维护。系统管理员及用户可以删除和更新用户信息。

2. 业务规则分析

所有用户均可以在网站上搜索图书信息,但是只有注册用户才能进行提交订单操作;只有注册管理员才能维护图书信息及受理订单。

每位用户有用户账号唯一标识。

每位管理员有管理员账号唯一标识。

当普通用户购书总额达到 1 000 元,升级为 VIP 用户,享受售价 9 折优惠;购书金额达到 5 000 元,升级为银钻用户,享受售价 8 折优惠;购书金额达到 10 000 元,升级为金钻用户,享受售价 7 折优惠。

图书编号是图书的唯一标识。系统需要记录每种图书的当前库存量和销售量,当卖出图书时,系统自动修改库存量和销售量。

选购的图书必须放入购物车后才能生成订单。

每个订单用订单编号唯一标识。订单编号是自动增加的,后提交的订单具有更大的订单号。

订单需要记录当前状态,状态包括订单生成、已付款、发货、确认收货和订单完成等。

同一订单可订购多种图书,且订购数量可以不同。因此,一张订单可包括多个书目明细,即图书编号、图书名称、订购数量和订购价格。

订单生成前允许用户删除所选图书,修改图书数量、配送信息,甚至取消订单。

3. 业务流程图

在线书店的核心业务就是"用户购书",图 2-2 所示的是用户购书的流程。

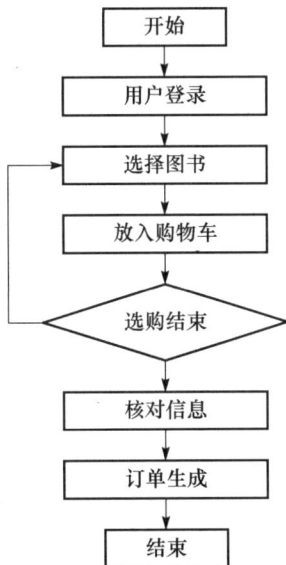

图 2-2 业务流程

4. 数据流图

（1）顶层数据流图（如图2-3所示）

图2-3 顶层数据流图

（2）前台数据流图（如图2-4所示）

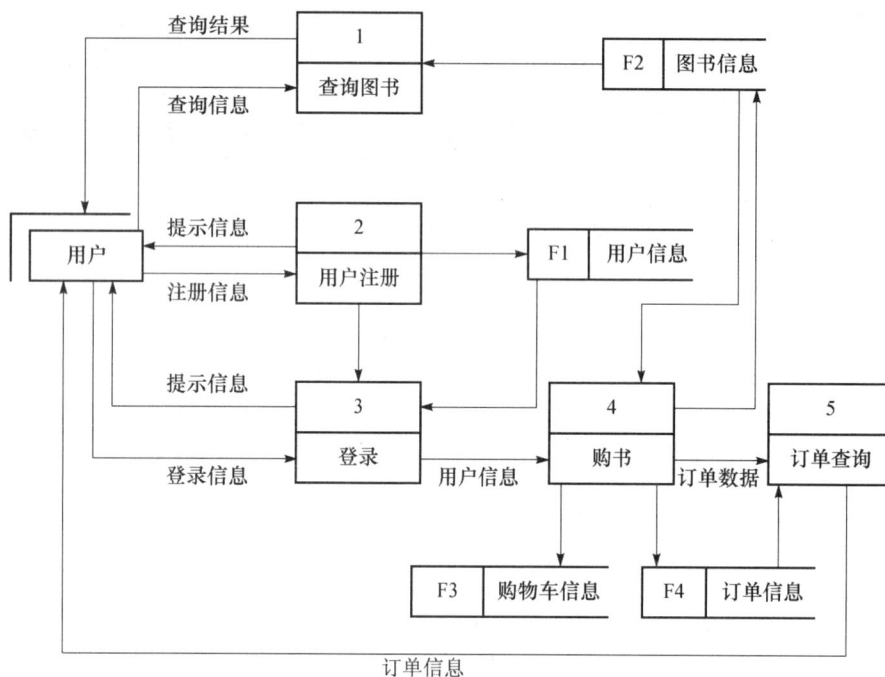

图2-4 前台数据流图

图2-4中的购书细化（如图2-5所示）：

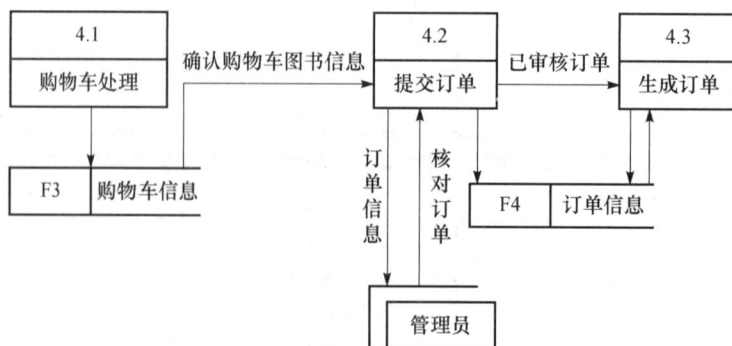

图2-5 购书细化

（3）后台数据流图（如图 2 − 6 所示）

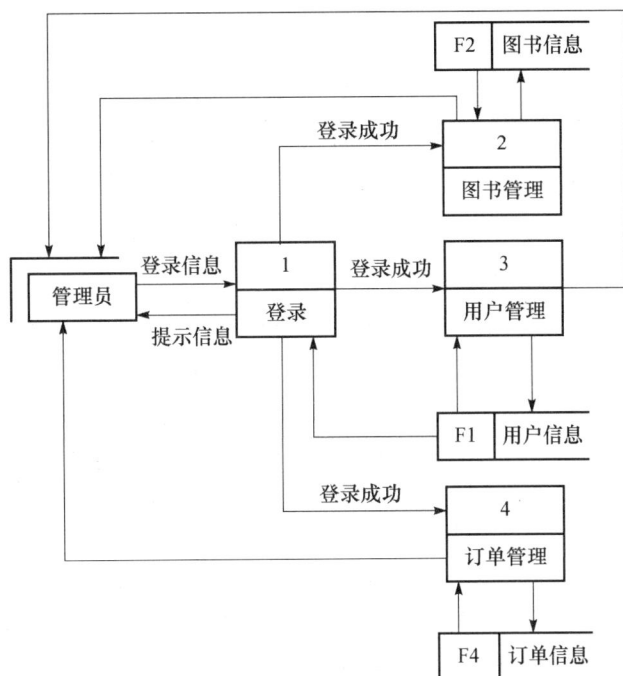

图 2 − 6　后台数据流图

图 2 − 6 中的图书管理细化（如图 2 − 7 所示）：

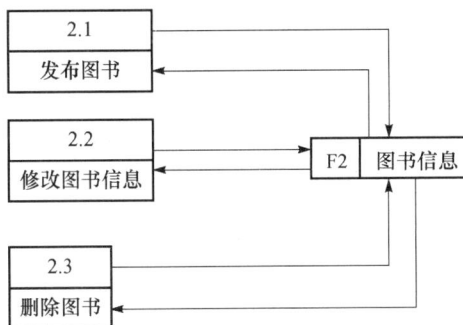

图 2 − 7　图书管理细化

5. 数据字典

数据字典通常包括以下四个部分：数据项（数据的最小单位）、数据流（可以是数据项，也可以是数据结构，表示某一处理过程的输入或输出）、数据存储（处理过程中存取的数据，通常是手工凭证、手工文档或计算机文件）和处理过程。数据字典是关于数据信息的集合，对数据流图中的各个元素做完整的定义与说明，是数据流图的补充工具。

以下是在线书店系统的部分数据字典：

（1）管理员信息表（见表 2 − 1）

别名：管理员表

描述：记录管理员的个人基本情况

定义:管理员表 = 管理员账号 + 登录密码

表 2 - 1　管理员表

数据项名	含　义	数据类型	字段长度
管理员账号	管理员登录账号	varchar	20
登录密码	管理员登录密码	varchar	20

（2）用户信息表(见表 2 - 2)

别名:用户表

描述:记录用户的个人基本情况

定义:用户表 = 用户账号 + 登录密码 + 姓名 + 性别 + 电话 + 地址 + 邮编 + 邮箱 + 创建时间 + 消费金额

表 2 - 2　用户表

数据项名	含　义	数据类型	字段长度
用户账号	用户登录系统账号,区别用户的唯一标识	varchar	20
登录密码	用户的登录密码	varchar	20
姓名	用户的姓名	varchar	10
性别	用户的性别	char	2
电话	用户联系电话	varchar	20
地址	用户的收货地址	varchar	50
邮编	用户地址的邮编	char	6
邮箱	用户的电子邮箱	varchar	30
创建时间	用户的注册时间	smalldatetime	
消费金额	用户消费的累积总金额	float	

（3）图书信息表(见表 2 - 3)

别名:图书表

描述:记录图书的基本情况

定义:图书表 = 图书编号 + 图书名称 + 作者 + 出版社 + 定价 + 书号 + 图书简介 + 库存量 + 销售量 + 上架时间 + 图片

表 2 - 3　图书表

数据项名	含　义	数据类型	字段长度
图书编号	图书的编号,区别每本图书的唯一标识	int	
图书名称	图书的名称	varchar	50
作者	图书的作者	varchar	20
出版社	图书的出版社	varchar	50
定价	图书的定价	numeric	
书号	图书的 ISBN 号,具有唯一性	varchar	30
图书简介	图书的简介	char	6
库存量	图书的库存数量	smallint	
销售量	图书的累积销售量	smallint	
上架时间	发布的时间	smalldatetime	
图片	图书的图片链接	varchar	50

（4）订单信息表（见表 2 - 4）

别名:订单表

描述:记录订单基本情况

定义:订单表 = 订单编号 + 订单时间 + 订单状态 + 总金额

表 2 - 4　订单表

数据项名	含　义	数据类型	字段长度
订单编号	订单的编号,区别订单的唯一标识	varchar	20
订单时间	订单生成的时间	smalldatetime	
订单状态	订单的状态	varchar	10
总金额	订单的总金额	float	

四　任务拓展训练

a. 对在线书店的前台管理的数据流图中的"查询图书"细化,画出流程图。

b. 对在线书店的后台管理的数据流图中的"订单管理"细化,画出流程图。

c. 对在线书店的后台管理的数据流图中的"用户管理"细化,画出流程图。

任务 2.2　概念模型设计

一　任务说明

1. 任务描述

概念结构的设计是整个数据库设计的关键,它通过对用户需求进行综合、归纳与抽象,形成一个独立于具体 DBMS 的概念模型。如采用基于 E - R 模型的数据库设计方法,该阶段即将所设计的对象抽象出 E - R 模型。本任务主要是对在线书店数据库进行概念结构的设计,根据之前的需求分析,抽象出实体、属性以及实体之间的联系,从而得出 E - R 模型。

本任务的主要内容是根据在线书店系统的需求分析,进行概念模型的设计,得到 E - R 模型。

2. 任务目标

通过本任务的学习,读者掌握概念结构设计的方法,掌握 E - R 图的画法。

二　基本知识

1. 数据模型

（1）数据模型三要素

数据库是某个企业、组织或部门所涉及的数据的综合,它不仅要反映数据本身的内容,而且要反映数据间的联系。由于计算机不可能直接处理现实世界中的具体事物,所以人们必须实现把具体事物转换成计算机能够处理的数据,在数据库中用数据模型这个工具来抽象、表示和处理现实世界中的数据和信息。通俗地讲,数据模型就是现实世界的模拟。现有的数据库系统都是基于某种数据模型的。

数据库管理系统是按照一定的数据模型组织数据的,所谓的数据模型是指数据结构、数据操作和完整性约束,这三方面称为数据模型的三要素。

① 数据结构

数据结构是一组规定的用以构造数据库的基本数据结构类型。这是数据模型中最基本的部分,它规定如何把基本数据项组织成更大的数据单位,并通过这种结构来表达数据项之间的关系。由于数据模型是现实世界与计算机世界的中介,因此,它的基本数据结构类型应是简单且易于理解的;同时,这种基本数据结构类型还应有很强的表达能力,可以有效地表达数据之间的各种复杂关系。

② 数据操作

这些操作能实现对上述中数据结构按任意方式组合起来所得数据库的任何部分进行检索、推导和修改等。实际上,上述结构只规定了数据的静态结构,而操作的定义则说明了数据的动态特性。同样的静态结构,由于定义在其上的操作的不同,导致形成不同的数据模型。

③ 完整性约束

完整性约束用于给出不破坏数据库完整性、数据相容性等数据关系的限定。为了避免对数据执行某些操作时破坏数据的正常关系,常将那些有普遍性的问题归纳起来,形成一组通用的约束规则,只允许在满足该组规则的条件下对数据库进行插入、删除、更新等操作。

综上所述,一个数据模型实际上给出了一个通用的在计算机上可实现的现实世界的信息结构,并且可以动态地模拟这种结构的变化。因此它是一种抽象方法,为在计算机上实现这种方法,研究者开发和研制了相应的软件——数据库管理系统(Data Base Management System,简称 DBMS),DBMS 是数据库系统的主要组成部分。

数据模型大体上分为两种类型:一种是独立于计算机系统的数据模型,即概念模型;另一种则是涉及计算机系统和数据库管理系统的数据模型。

(2) 三个世界

我们已经知道了信息是对客观事物及其相互关系的表征,同时数据是信息的具体化、形象化,是表示信息的物理符号。在信息系统中,要对大量的数据进行处理,首先就要弄清现实世界中事物及事物间的联系,然后再逐步分析、变换,得到系统可以处理的形式。因此对客观世界的认识、描述是一个逐步的过程,有层次之分,它们可以被分成三个世界:

① 现实世界

现实世界反映的是客观存在的事物及其相互联系。客观存在的事物分为"对象"和"性质"两个方面,同时事物之间有广泛的联系。

② 信息世界

信息世界是客观存在的现实世界在人们头脑中的反映。人们对客观世界经过一定的认识过程,进入到信息世界,形成关于客观事物及其相互联系的信息模型。在信息模型中,客观对象用实体表示,而客观对象的性质用属性表示。

③ 机器世界

对信息世界中的有关信息经过加工、编码和格式化等具体处理,便进入了机器世界。机器世界中的数据既能代表和体现信息模型,同时又向机器世界前进了一步,人们可以用机器方便地进行处理。在这里,每一实体用记录表示,实体的属性用数据项(或称字段)来表示,现实世界中的事物及其联系就用数据模型来表示。

三个领域间的关系可用图 2-8 表示。

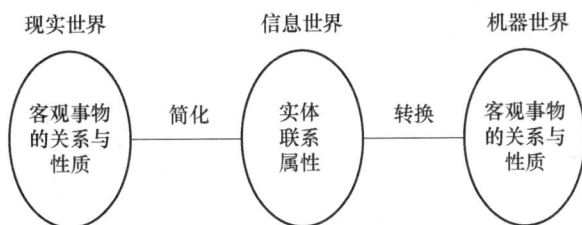

图 2 – 8　客观描述的层次

由此可以看出,客观事物及其联系是信息之源,是组织和管理数据的出发点,同时也是使用数据库的归宿。为了把现实世界中的具体事物抽象化,人们常常首先把现实世界抽象成为信息世界,然后再把信息世界转化为机器世界。把现实世界抽象为信息世界,实际上是抽象出现实系统中有应用价值的元素及其联系,这时所形成的信息结构就是概念模型。在抽象出概念模型后,再把概念模型转换为计算机上某一 DBMS 所支持的数据模型。概念模型是现实世界到真实机器的一个中间层次,是按照用户的观点对数据和信息建模,是数据库设计人员与用户之间进行交流的语言。

2. E – R 模型

目前描述概念模型的最常用的方法是实体 – 联系(Entity – Relationship)方法,即 E – R 方法。这种方法简单、实用,它所使用的工具称作 E – R 图。E – R 图中包括实体、属性和联系 3 种图素。实体用矩形框表示,属性用椭圆形框表示,联系用菱形框表示,框内填入相应的实体名,实体与属性或者实体与联系之间用无向直线连接,多值属性用双椭圆形框表示,派生属性用虚椭圆形框表示。

E – R 模型中使用的基本符号如图 2 – 9 所示:

图 2 – 9　E – R 图基本图素

(1) 实体

客观存在并且可以相互区别的事物称为实体。实体可以是具体的事物,也可以是抽象的事件。例如,学生、图书等属于实际具体事物,订货、借阅图书等活动是抽象的事件。

(2) 属性

描述实体的特性称为属性。例如,学生实体用学号、姓名、性别和年龄等若干属性来描述。不同的实体是根据属性的不同来区分的。

(3) 联系

实体之间的相互关系称为联系。它反映现实世界事物之间的相互关联。实体之间的联系可以归纳为三种类型:

a. 一对一联系(1:1)。设有 A,B 两个实体集,如果 A 中的每个实体至多和 B 中的一个实体有联系,反过来,B 中的每个实体至多和 A 中的一个实体有联系,称 A 对 B 或者 B 对 A 具有一对一联系。例如,班级和教室这两个实体之间就是一对一的联系(假设每个班级都有固定教室)。

b. 一对多联系(1:N)。设有 A,B 两个实体集,如果 A 中的每个实体可以和 B 中的多个实体有联系,而 B 中的每个实体至多和 A 中的一个实体有联系,称 A 对 B 具有一对多联系。例如,班级和学生这两个实体之间就是一对多联系。

c. 多对多联系(M:N)。设有 A,B 两个实体集,如果 A 中的每个实体可以和 B 中的多个实体有联系,而 B 中的每个实体也可以和 A 中的多个实体有联系,称 A 对 B 或 B 对 A 具有多对多联系。

例如,学生和课程这两个实体之间就是多对多联系。

值得注意的是:联系也可以有属性,例如,学生选修课程,则"选修"这个联系就有"成绩"属性。

实体集中的个体成千上万,我们不可能也没有必要——指出个体间的对应关系,只需指出实体"集"间的联系,注明联系方式即可,这样既操作简单又能表达清楚概念。具体画法是:把有联系的实体(方框)通过联系(菱形框)连接起来,注明联系方式,再把实体的属性(椭圆框)连到相应实体上。

下面举例说明实体间不同联系情况及其 E-R 图,如图 2-10 所示。

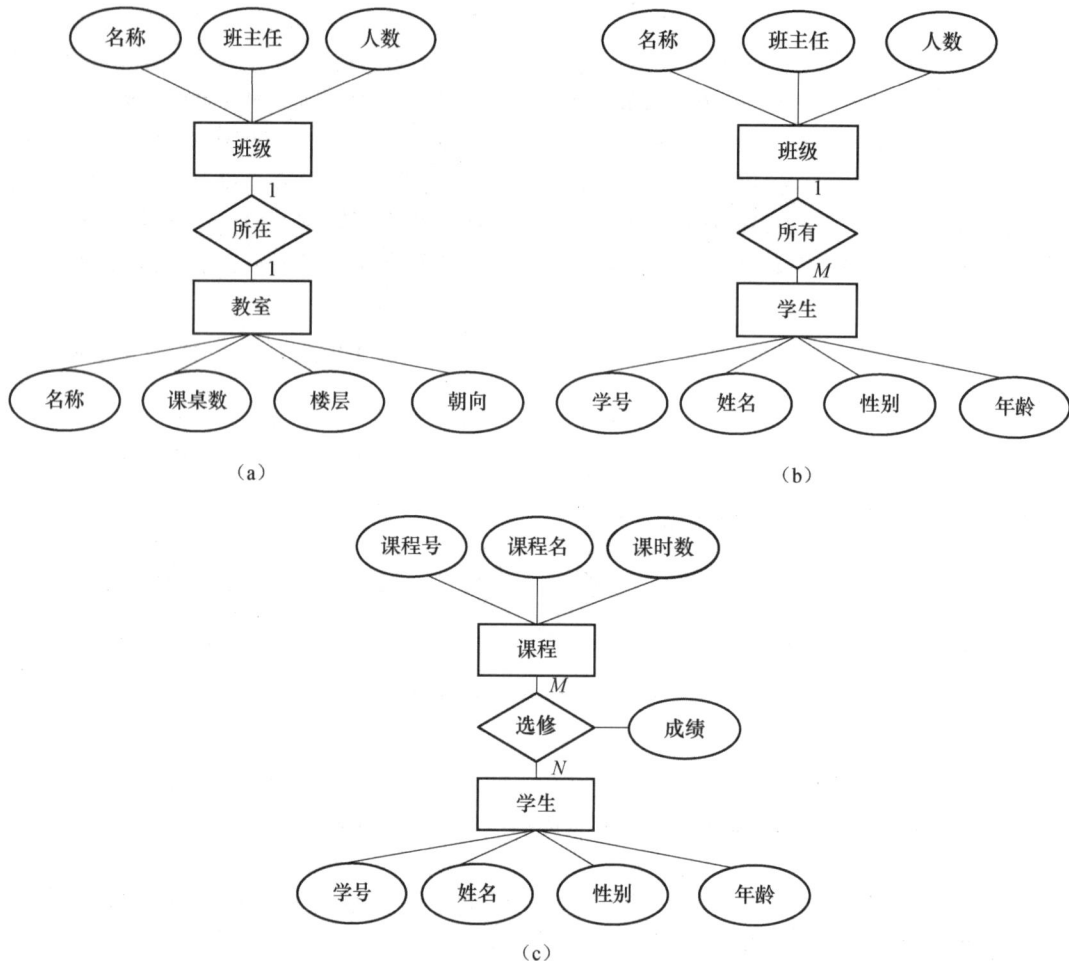

图 2-10 两个不同型实体间联系 E-R 图

(a)班级与教室一对一联系;(b)班级与学生一对多联系;(c)课程与学生多对多联系

一般为了方便,在 E-R 图中可略去属性,着重表示实体联系情况,属性可单独以表格形式列出。

在设计 E-R 图时大体应遵循以下五条原则:

a. 尽量减小实体集,能作为属性时不要作为实体集。

b. 作为属性的事物,不能再有需要描述的性质(属性),也不能与其他事物有联系。

c. 作为属性的事物与所描述的实体间只能是 $1:N$(含 $1:1$)的对应关系。

d. 针对每一用户作出该用户信息的局部 E-R 图,确定该用户视图的实体、属性和联系。

e. 综合局部 E-R 图,产生出总体 E-R 图。在综合过程中,同名实体只能出现一次,还要去掉不必要的联系,以便消除冗余。一般来说,根据总体 E-R 图必须能导出原来的所有局部视图,包括实体、属性和联系。

　　最后我们要指出,一个系统的 E－R 图不是唯一的,强调不同的侧面作出的 E－R 图可能有很大的不同。总体 E－R 图所表示的实体联系模型,只能说明实体间的联系关系,还需要把它转换成数据模型才能被实际的 DBMS 所接受。

三　任务实施

　　根据在线书店系统需求分析中的数据流图和数据字典,可以得出各个实体的属性及实体 E－R 图。

1. 实体 E－R 图

　　包括用户、图书、管理员和订单实体的 E－R 图,如图2－11 所示。

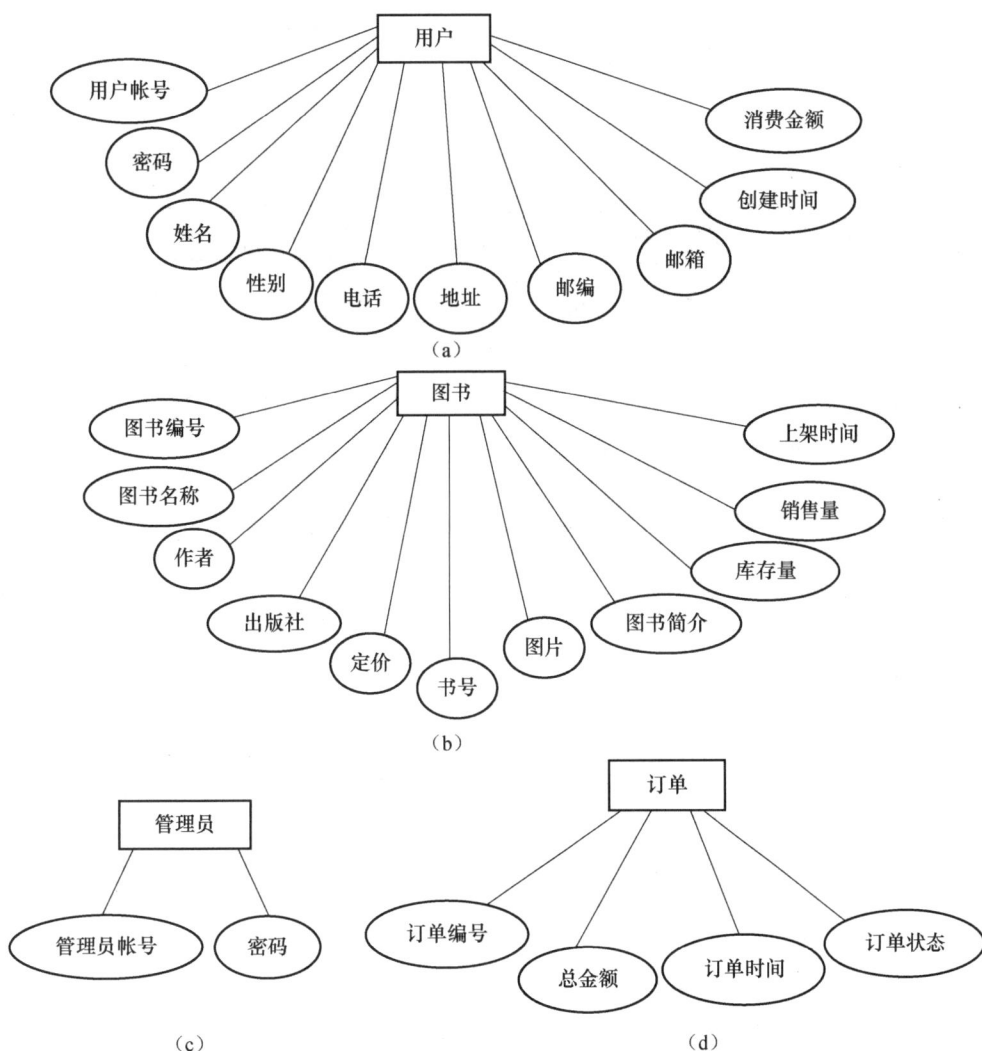

图2－11　各实体 E－R 图

(a) 用户 E－R 图;(b) 图书 E－R 图;(c) 管理员 E－R 图;(d) 订单 E－R 图

2. 各实体之间的联系及类型

（1）用户和图书的联系（$N:M$）

用户和图书的联系（$N:M$），如图 2-12 所示。

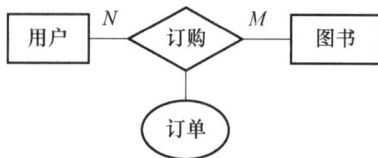

图 2-12 用户和图书之间联系

注意：这里的属性"订单"本身又有自己的属性（订单编号、总金额和订单时间），所以说"订单"是一个多值属性。对于多值属性来说，一般会将这个属性变成实体来对待，它与原来的联系就变成实体间的联系。

用户、图书和订单之间的联系，如图 2-13 所示。

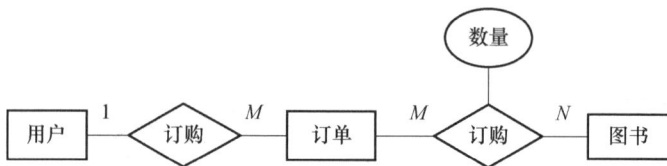

图 2-13 用户、图书和订单之间的联系

（2）用户和用户等级的联系（$M:1$）

说明：根据需求分析"当用户购书总额达到 1 000 元，升级为 VIP 用户，享受售价 9 折优惠；购书金额达到 5 000 元，升级为银钻用户，享受售价 8 折优惠；购书金额达到 10 000 元，升级为金钻用户，享受售价 7 折优惠"，用户根据消费金额的多少会分为不同的级别，根据不同的级别可以享受不同的折扣，所以我们需要把"用户等级"拿出来作为一个实体。用户等级的属性有：等级编号、等级名称、消费金额的上限、消费金额的下限和折扣。

用户和等级之间的联系，如图 2-14 所示。

图 2-14 用户和等级之间的联系

（3）图书和图书类别的联系（$M:1$）

说明：根据前台实现的功能，用户可以分类查看图书的信息，而后台管理员也需要按图书的类别来发布图书，所以，我们需要把"图书类别"拿出来作为一个实体，这样实现起来就比较方便。图书类别的属性有：类别编号、类别名称。

图书和图书类别之间的联系，如图 2-15 所示。

图 2-15 图书和图书类别之间的联系

3. 基本 E - R 图

合并各个分 E - R 图,消除属性冲突、命名冲突和结构冲突等三类冲突,得到初步 E - R 图,再消除不必要的冗余,得到基本 E - R 图(见图 2 - 16)。

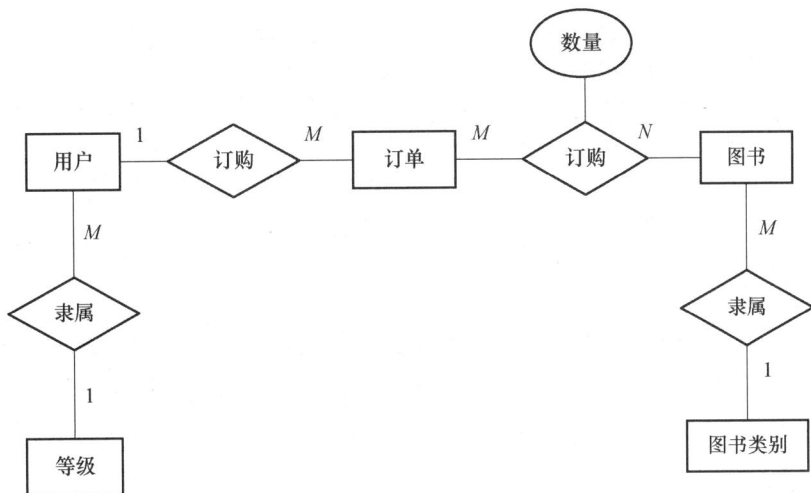

图 2 - 16 基本 E - R 图

四 任务拓展训练

画出在线书店数据库系统的完整 E - R 图(实体的属性都要画上)。

任务 2.3 关系模型设计

一 任务说明

1. 任务描述

在数据库的设计过程中,在抽象出概念模型后,下一步就是逻辑结构的设计。逻辑模型设计阶段的任务是将概念模型设计阶段得到的基本 E - R 图,转换为与选用的 DBMS 产品所支持的数据模型,一般都是关系模型,列出每个关系模式的关键字以及它们之间的联系与约束。

本任务主要是对在线书店数据库进行关系模型的设计。

2. 任务目标

通过本任务学习,掌握数据模型的概念以及 E - R 模型向关系模型的转化。

二 基本知识

1. 基本概念

数据模型是指数据库中数据的组织形式和联系方式。数据库中的数据是按照一定的逻辑结构存放的,这种结构是用数据模型来表示的。现有的数据库管理系统都是基于某种数据模型而建立的。根据数据库中数据采取的不同的联系方式,数据模型可分为三种:层次模型、网状模型和关系模型。

(1)层次模型

用树形结构表示实体及其之间联系的模型称为层次模型。在这种模型中,数据被组织成由根开始的倒置的一棵树,每个实体由根开始沿着不同的分支放在不同的层次上。

层次模型的优点是结构简单、层次清晰和易于实现,适合描述类似家族关系、行政编制及目录结构等信息载体的数据结构。但此模型中有且仅有一个根结点,其层次最高;其他结点向下可以有若干个子结点,而向上只有一个父结点。所以使用层次模型可以非常直接、方便地表示 1:1 和 1:N 联系,但不能直接表示 $M:N$ 联系,难以实现对复杂数据关系的描述。美国 IBM 公司研制的 MS 数据库管理系统,是层次模型的典型代表。

(2)网状模型

用图形结构表示实体及其之间联系的模型称为网状模型。现实世界中事物之间的联系更多呈现的是非层次关系,用层次模型描述这种非树形结构是很不直接的,而网状模型可以克服这一弊端,一个结点可以有多个父结点,也可以有一个以上的结点无父结点。因此网状模型可以很方便地表示出各种联系。

网状模型的主要优点是在表示数据之间的多对多联系时具有很大的灵活性,但是这种灵活性则是以数据结构的复杂化为代价的。网状模型的典型代表是 DBTG 系统。

(3)关系模型

关系模型与层次模型和网状模型的理论和风格截然不同,如果说层次模型和网状模型是用"图"表示实体及其联系的话,那么关系模型则是用"表"来表示的。关系的直观解释就是一张二维表,而关系模型就是用若干个二维表来表示实体及其联系,这是关系模型的本质。

① 关系模式

关系模型的基本组成是关系,它把记录集合定义为一张二维表,即关系。表与表之间的联系是通过实体之间的公共属性实现的。下面有三张表:学生表、课程表和成绩表,如表 2-5~表 2-7 所示,它们分别表示三个实体集合。成绩表为学生和课程两个实体的联系。学生表和成绩表中都含有学号属性。尽管学生数据与学修数据分别存储在不同的表中,但是通过学生与成绩之间的公共属性(学号)就可以建立起两个表之间的关联。

表 2-5 学生表(关系)

学 号	姓 名	年 龄	性 别
0501001	刘 倩	19	女
0501002	黎 明	20	男
0501003	李 强	18	男

表 2-6 课程表(关系)

课程号	课程名	学 分	学 时
001	数据结构	5	72
002	计算机网络	4	68

表 2 – 7 成绩表（关系）

学　　号	课程号	成　　绩
0501001	001	80
0501002	002	90
0501001	001	78
0501003	001	60
. 0501002	002	73

上述每一张表表示一个关系,而对关系的描述称为关系模式。一个关系模式对应一个关系结构。一个具体的关系模型就是若干个相互联系的关系模式的集合。

关系模式的表示形式:

关系名(属性名 1,属性名 2,…,属性名 n)

那么上图中三个关系可表示为:

学生(学号,姓名,年龄,性别)

课程(课程号,课程名,学分,学时)

选修(学号,课程号,成绩)

以上三个关系模式就组成了关系模型。

② 主键

能够唯一地标识一个关系的一个或者一组属性,称为关键字。一个关系可以有多个关键字,所以一般将满足关键字定义的属性集称为候选键(Candidate Key)。一个关系可以有一个或者多个候选键,通常只选其中的一个,被选定的那个候选键称为主键(Primary Key)。

③ 主属性与非主属性

包含在任何一个候选键中的属性,称为主属性(Prime Attribute)。不包含在任何关键字中的属性称为非主属性(Nonprime Attribute)或非码属性(Non – key Attribute)。

④ 外键

关系模式 R 中属性或属性组 X 并非 R 的关键字或者只是关键字的一部分,但 X 是另一个关系模式的关键字,则称 X 是 R 的外键(Foreign key)。主键与外键一起提供了表示关系间联系的手段。

例如:学生(学号,姓名,年龄,性别)

选修(学号,课程号,成绩)

在关系模式"选修"中,虽然"学号"不是关键字只是关键字的一部分,但是"学号"在"学生"关系中是主键,则学号是关系模式"选修"的外键。

2. E – R 模型转化成关系模型

逻辑结构设计是将概念结构转换成某个 DBMS 所支持的数据模型,并对其进行优化。设计关系型数据库,就是要确定应用系统所使用的数据库中应该包含哪些表以及表结构。通常,在逻辑结构设计中,概念结构转换过程分成两步进行。首先把概念结构向一般的数据模型转换,然后向特定的数据库管理系统支持下的数据模型转换并进行数据模型优化。

从概念结构设计阶段得到的综合 E – R 图及有关说明出发,导出初始关系模式来,无论是实体还是实体间的联系都用关系来表示。具体转换应遵循下列 5 条原则:

a. 一个实体转化为一个关系模式,实体的属性即为关系的属性,实体的关键字就是关系的关键字。

b. 若是一个 1∶1 的联系，可在联系两端的实体关系中的任意一个关系的属性中加入另一个关系的关键字。

c. 若是一个 1∶N 的联系，可在 n 端实体转换成的关系中加入 1 端实体关系中的关键字。

d. 若是一个 M∶N 的联系，可转化为一个独立关系模式。联系两端各实体关系的关键字组合构成该关系的关键字，组成关系的属性中除关键字外，还有联系自有的属性。

e. 具有相同关键字的关系可以合并。

三　任务实施

按照 E－R 模型转化成关系模式的原则，我们把在线书店的 E－R 图转换成关系模式。

1. 实体转换成关系模式

（1）用户(用户账号，密码，姓名，性别，电话，地址，邮编，邮箱，创建时间，消费金额)

（2）用户等级(等级编号，消费金额上限，消费金额下限，等级名称，折扣)

（3）图书(图书编号，图书名称，作者，出版社，定价，书号，库存量，销售量，图书简介，上架时间，图片)

（4）图书类别(类别编号，类别名称)

（5）管理员(管理员编号，密码)

（6）订单(订单编号，订单时间，订单状态，总金额)

2. 联系转换为关系模式

（1）等级和用户之间是 1∶M 的联系，根据转换规则，在"用户"关系模式中添加"用户等级"的主键作为一个属性，转化为关系模式。

用户(用户账号，密码，姓名，性别，电话，地址，邮编，邮箱，创建时间，消费金额，用户等级)。

（2）用户和订单之间是 1∶M 的联系，根据转换规则，在"订单"关系模式中添加"用户"的主键作为一个属性，转化为关系模式。

订单(订单编号，用户账号，订单时间，订单状态，总金额)

（3）订单和图书之间是 M∶N 的联系，根据转换规则，形成一个独立的关系模式。

订单细目(订单编号，图书编号，数量)

（4）图书类别和图书之间是 1∶M 的联系，根据转换规则，在"图书"关系模式中添加"图书类别"的主键作为一个属性，转化为关系模式。

图书(图书编号，图书名称，作者，出版社，类别，定价，书号，库存量，销售量，图书简介，上架时间，图片)

3. 得到关系模式，注明主键、外键

（1）用户(用户账号，密码，姓名，性别，电话，地址，邮编，邮箱，创建时间，消费金额，用户等级)

（2）用户等级(等级编号，消费金额上限，消费金额下限，等级名称，折扣)

（3）图书(图书编号，图书名称，作者，出版社，类别，定价，书号，库存量，销售量，图书简介，上架时间，图片)

（4）图书类别(类别编号，类别名称)

（5）管理员(管理员编号，密码)

（6）订单(订单编号，用户账号，订单时间，订单状态，总金额)

（7）订单细目(订单编号,图书编号,数量)

（注:底部划实线的属性为主键,底部划虚线的属性为外键。下同）

四　任务拓展训练

设计一个材料核算系统。其中包括产品、零件、仓库和材料,语义为:一个产品可以由多种零件构成,同时一种零件可以出现在多种产品中;一种零件耗用了一种材料,一种材料可以用于多种零件,多种零件存储在一个仓库中。要求:

（a）分析该实例,设计出该实例的概念结构(即给出其 E－R 图,并在该图上标注出属性和联系类型)。

（b）将概念模型转变成最小的关系模型(注:该合并的必须合并),指出每个关系的主键和外键。

任务 2.4　规范化关系模型

一　任务说明

1. 任务描述

将概念模型转化成关系模型之后,还需要对关系模式进行规范化。每个关系模式满足规范化要求以后,才能在数据库对应建表。关系模式的规范化是关系到数据库设计质量的重要概念,规范化的目的是使结构合理,消除存储异常,使数据冗余尽可能小,便于插入、删除和更新。

本任务的主要内容就是函数依赖、范式的概念以及关系模式的规范化过程。本书在线书店案例中关系模式只要满足第三范式(3NF)即可。

2. 任务目标

通过本任务的学习,了解函数依赖、范式的概念,熟练掌握模式的规范化。

二　基本知识

1. 函数依赖

（1）函数依赖

定义:设 $R(U)$ 是一个属性集 U 上的关系模式。X,Y 是 U 的子集。若对于 $R(U)$ 的任意一个可能的关系 r,r 中不可能存在两个元组在 X 上的属性值相等,而在 Y 上的属性值不等,则称 X 函数确定 Y 或 Y 函数依赖于 X,记作 $X \rightarrow Y$。

根据函数依赖的定义,我们可以得出:

a. 在一个关系模式中,如果属性 X,Y 是 $1:1$ 的联系,则存在相互函数依赖 $X \rightarrow Y,Y \rightarrow X$。

b. 在一个关系模式中,如果属性 X,Y 是 $1:M$ 的联系,则存在函数依赖 $Y \rightarrow X$,但是 $X! \rightarrow Y$。

c. 在一个关系模式中,如果属性 X,Y 是 $M:N$ 的联系,则 X 与 Y 之间不存在着任何函数依赖。

函数依赖是指关系模式 R 的所有关系元组均满足的约束条件,当关系中的元组增加或者更新以后都不能破坏函数依赖。

（2）完全函数依赖

定义：在 $R(U)$ 中，如果 $X→Y$，并且对于 X 的任何一个真子集 X，都有 $X!→Y$，则称 Y 对 X 完全函数依赖，记作：$X→^{F}Y$；如果 $X→Y$，但 Y 不完全函数依赖于 X，则称 Y 对 X 部分函数依赖，记作 $X→^{P}Y$。

（3）传递函数依赖

定义：在 $R(U)$ 中，如果 $X→Y$，$Y→X$，$Y→Z$，则称 Z 对 X 传递函数依赖。

2. 范式

一个关系模式满足某一指定的约束，称此关系模式为特定范式的关系模式。满足不同程度的要求构成不同的范式级别，一般分为：第一范式（1NF）、第二范式（2NF）、第三范式（3NF）、BC 范式（BCNF）、第四范式（4NF）和第五范式（5NF）。一般在实际应用中达到 3NF 即可。

（1）第一范式（1NF）

在关系模式 $R(U)$ 中，如果每个属性都是不可再分的数据项，即原子项，则称关系模式满足第一范式。第一范式是关系模式达到的最基本的要求，是最低级别的范式。也就是说，关系数据库中，如果关系不满足第一范式，那么也就不能称之为关系数据库。

（2）第二范式（2NF）

如果关系模式 $R(U)$ 满足第一范式，并且所有的非主属性都完全函数依赖于 R 的关键字，则称关系模式满足第二范式。

【例 2－1】 教师关系模式为：教师（教师编号，教师姓名，性别，职称，所在系编号，系名，系主任，课程号，课程名，学分，教学水平），一名教师可以教授多门课程，一门课程也可以由多名老师教授，其中组合属性（教师编号，课程号）为关键字。此关系模式中存在着函数依赖：

课程号→（课程名，学分）

在这个关系模式中存在着非主属性"课程名"和"学分"仅函数依赖于主属性"课程号"，也就是说，非主属性"课程号"和"学分"部分函数依赖关键字（教师编号，课程号），因此这个关系模式不满足 2NF。在实际的应用中可能会出现以下问题：

a. 数据冗余。一门课程可以由多名教师教授，假设某一门课程有 20 名教师教授，那么对应的课程号、课程名和学分重复 20 次。不仅浪费存储空间，更重要的是由于输入错误容易造成数据不一致。

b. 更新异常。如果调整了某门课程的学分，那么每个对应的元组的学分都要更新。这不仅增加了更新的代价，而且容易造成数据的不一致性。

c. 插入异常。如果学校计划开设新课，准备下学期提供给学生选修。此时新课还没有安排教师，缺少教师编号，关键字不完全，这门课程的课程号、课程名和学分信息无法插入到数据表中。

d. 删除异常。如果教师辞职，要从数据库中删除教师信息，那么课程的课程号、课程名和学分都会被删除，这显然是不合理的。

要想把教师关系模式规范成 2NF，则应消除属性间的部分函数依赖。分解成以下关系模式：

教师（教师编号，教师姓名，性别，职称，所在系编号，系名，系主任）

课程（课程号，课程名，学分）

任课（教师编号，课程号，教学水平）

（3）第三范式（3NF）

如果关系模式 $R(U)$ 满足第二范式，并且所有的非主属性对关键字都不存在着传递函数依赖，则称关系模式满足第三范式。

【例 2－2】 教师（教师编号，教师姓名，性别，职称，所在系编号，系名，系主任）

关键字为"教师编号",存在着函数依赖：

教师编号→(教师姓名,性别,职称,所在系编号,系名,系主任)

所在系编号→(系名,系主任)

以上可以看出存在着非主属性"系名"和"系主任"对关键字"教师编号"的传递函数依赖,所以教师关系模式不满足3NF。此关系模式中存在着大量的数据冗余,有关于教师所在系的三个属性都会重复储,而且也会产生更新异常、插入异常和删除异常。

为了满足3NF,分解为：

教师(教师编号,教师姓名,性别,所在系编号)

系(系编号,系名,系主任)

3. 规范化过程

规范化的过程是逐步消除关系模式中不合适的数据依赖的过程,使得模式中的各关系模式达到某种程度的"分离"。其过程如图2-17所示。

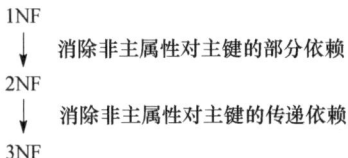

1NF

↓ 消除非主属性对主键的部分依赖

2NF

↓ 消除非主属性对主键的传递依赖

3NF

图2-17 规范化过程

规范化的过程是通过对关系模式的分解来实现的,把低一级的关系模式分解为若干个高一级的关系模式,但是分解不是唯一的,最小冗余的要求必须以分解后的数据库能够表达原来数据库所有信息为前提实现的。模式分解的原则是尽力做到每个模式只用来表示客观世界中的"一个"事件。分解的同时必须考虑两个问题：无损连接性和保持函数依赖。在实际的应用中,有时不可能做到既具有无损连接性,又完全保持依赖性,需要根据具体问题权衡利弊。

三 任务实施

把在线书店系统的E-R图转化成关系模式进行规范化(底部划实线的属性为主键,虚线的属性为外键)：

(1)用户(用户账号,密码,姓名,性别,电话,地址,邮编,邮箱,创建时间,消费金额,用户等级)用户账号为主键

此关系模式存在的函数依赖：用户账号→(密码,姓名,性别,电话,地址,邮编,邮箱,创建时间,消费金额,用户等级),符合3NF。

(2)用户等级(等级编号,消费金额上限,消费金额下限,等级名称,折扣)

此关系模式存在的函数依赖：等级编号→(消费金额上限,消费金额下限,等级名称,折扣),符合3NF。

(3)图书(图书编号,图书名称,作者,出版社,类别,定价,书号,库存量,销售量,图书简介,上架时间,图片)

此关系模式存在的函数依赖：图书编号→(图书名称,作者,出版社,类别,定价,书号,库存量,销售量,图书简介,上架时间,图片),符合3NF。

(4)图书类别(类别编号,类别名称)

此关系模式存在的函数依赖:类别编号→类别名称,符合3NF。

(5)管理员(管理员编号,密码)

此关系模式存在的函数依赖:管理员编号→密码,符合3NF。

(6)订单(订单编号,用户账号,订单时间,订单状态,总金额)

此关系模式存在的函数依赖:订单编号→(用户账号,订单时间,订单状态,总金额),符合3NF。

(7)订单细目(订单编号,图书编号,数量)

此关系模式存在的函数依赖:(订单编号,图书编号)→数量,符合3NF。

规范化完成以后,一个关系模式对应数据库中的一张表,如图2-18所示。

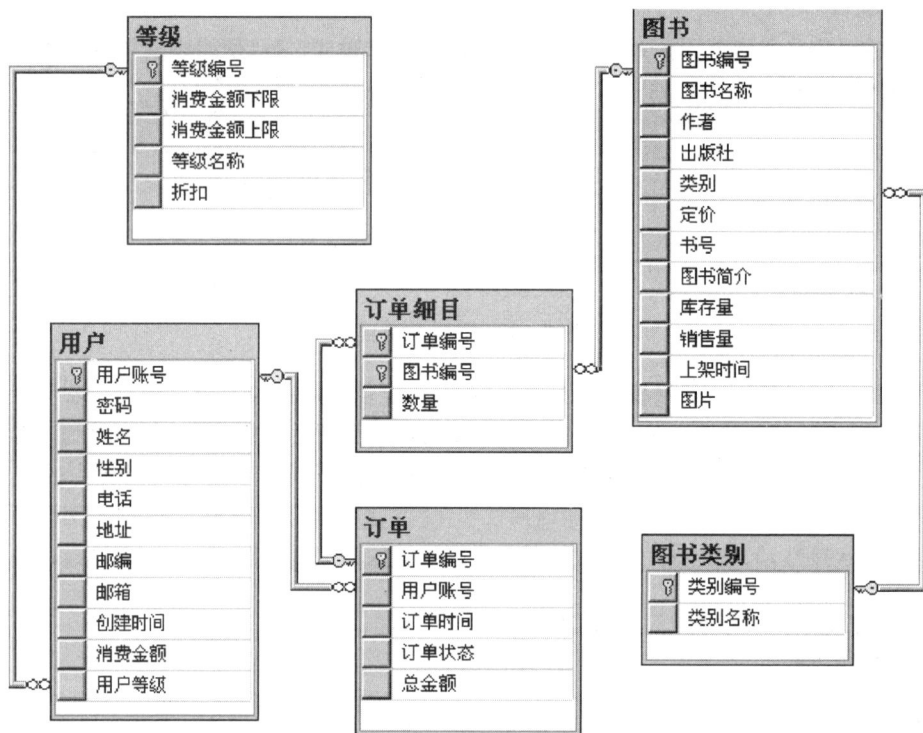

图2-18　数据库中关系图

四　任务拓展训练

a. 假设某商业集团数据库有一个关系模式 R 如下:

R(商店编号,商品编号,数量,部门编号,负责人)

现规定:

● 每个商店的每种商品只在一个部门销售。

● 每个商店的每个部门只能有一个负责人。

● 每个商店的每种商品只能有一个库存数量。

回答以下问题:

● 写出 R 的基本函数依赖。

- 找出 R 的候选键。
- 关系 R 最高达到第几范式？为什么？

b. 旅馆的住宿管理问题主要是收费问题。现在对旅馆进行了咨询后得到了旅馆的关于住宿收费的一些数据项：

R 收费（住客身份证号码,住客姓名,性别,地址,客房号,床位号,收费标准,住宿日期,退房日期,预付款）

现规定：

- 旅馆的住客可能存在同名现象。
- 一个客人可以多次,不同时间到该旅馆住宿。
- 某个房间的某个床位的收费标准是确定的。
- 对于某个房间的某个床位在某个时间是由特定的住客入住的。

回答以下问题：

- 存在的基本函数依赖。
- 写出关系模式 R 的候选键。
- 关系模式 R 最高达到第几范式？为什么？

数据库的创建与管理

完成在线书店需求分析和逻辑结构设计之后,接下来就要进行数据库的创建工作了。数据库是表、视图、存储过程和触发器等数据库对象的集合,是数据库管理系统的核心内容。数据库的创建与管理主要包括创建数据库、修改数据库和删除数据库等。

任务 3.1　了解数据库基础知识

一　任务说明

1. 任务描述

在 SQL Server 2008 中用于数据存储的实用工具是数据库。数据库的物理表现是操作系统文件,即在物理上,一个数据库是由多个磁盘上的文件组成;逻辑上,一个数据库是由若干个用户可视的组件构成,如表、视图和角色等,这些组件称为数据库对象。

每个 SQL Server 2008 数据库(无论是系统数据库还是用户数据库)在物理上都由至少一个数据文件和至少一个日志文件组成。出于分配和管理的目的,可以将数据文件分成不同的文件组。

本任务主要学习数据库的基本知识,为建立在线书店数据库做好准备。

2. 任务目标

通过本任务的学习,读者可掌握数据库的基础知识,了解数据库文件的类型和组成,认识系统数据库。

二　基本知识

1. 系统数据库

SQL Server 2008 安装完成后,系统会自动创建 Master,Model,Msdb 和 Tempdb 等数据库,这些数据库中记录了一些 SQL Server 必须记录的信息,通常被称为系统数据库,用户不能对系统数据库进行更新及删除等操作,否则将可能导致整个数据库管理系统的瘫痪。

(1) Master 数据库

Master 数据库是最重要的系统数据库,它记录了 SQL Server 系统的所有系统级的信息,包括:登录账户信息、所有的系统配置信息,其他数据库的存储信息和 SQL Server 的初始化信息。因此,一旦 Master 数据库被破坏,都将使得整个 SQL Server 2008 系统无法启动和运行。

(2) Model 数据库

Model 数据库(模板数据库)是在 SQL Server 实例上创建的所有数据库的模板。当用户创建新数据库的时候,SQL Server 2008 将通过复制 Model 数据库中的内容来创建数据库的第一部分,然后用空页填充新数据库的剩余部分。如果修改了 Model 数据库,那么之后创建的新数据库都将继承这些修改。

（3）Tempdb 数据库

Tempdb 用于保存使用 SQL Server 2008 过程中产生的一些临时存储过程以及其他的一些临时数据库对象。每次启动 SQL Server 2008 时,都要重新创建 Tempdb,SQL Server 关闭后该数据库清空。

（4）Msdb 数据库

Msdb 是 SQL Server 2008 代理服务工作时使用的数据库,用于为 SQL Server 代理服务在警报和作业等操作时提供存储空间。

在 SQL Server 2008 中,对应于 OLTP、数据仓库和分析服务解决方案,附带了 Adventure Works Cycles 公司的 Adventure Works_OLTP、Adventure Works_DW 和 Adventure Works_LT 这三个示例数据库。示例数据库也是用户数据库,包含了 Adventure Works Cycles 公司的业务方案、雇员和产品等信息,是 SQL Server 自带的作为例子、演示和说明用的数据库,可以作为学习 SQL Server 2008 的工具。默认情况下,SQL Server 2008 不安装示例数据库。如果需要,可以从微软网站上下载并安装。

2. 数据库文件

SQL Server 2008 数据库具有三种类型的文件：

（1）主数据文件

主数据文件包含数据库的启动信息及系统表和用户数据,是每个数据库不可缺少的部分,默认扩展名为".mdf"。每个数据库有且仅有一个主数据文件。

（2）辅数据文件

也称为次要数据文件,用来存放主数据文件没有存储的其他数据,除主数据文件以外的其他数据文件都是辅数据文件。当系统要在不同的磁盘上存放数据时,可以使用辅数据文件。一个数据库可以有多个或者没有辅数据文件。辅数据文件的扩展名为".ndf"。

（3）事务日志文件

事务日志文件用来记录数据库的所有处理操作信息,扩展名为".ldf"。每个数据库至少要有一个事务日志文件,事务日志文件不属于任何文件组。当数据库被破坏时可以利用事务日志文件恢复数据库的数据,从而最大限度地减少由此带来的损失。

3. 文件组

为了便于分配和管理,SQL Server 2008 允许将不同的数据文件集合起来归纳为同一组,并赋予组一个名字,通过文件组可以有效地提高数据库的性能和访问效率。文件组分为主文件组和用户自定义文件组。

（1）主文件组

主文件组（Primary）包含主数据文件和任何没有明确分配给其他文件组的其他文件。

（2）用户自定义文件组

用户通过"CREATE DATABASE"或"ALTER DATABASE"语句中使用"FILEGROUP"关键字指定的任何文件组。

一个数据文件只能存在于一个文件组中,一个文件组也只能被一个数据库使用,日志文件不属于任何文件组。一个数据库至少有一个主文件组,也可以有多个文件组。在数据库中有且仅有一个为默认文件组,默认情况下主文件组为默认文件组。

三 任务实施

1. 认识 SQL Server 2008 系统数据库,了解各自的作用

SQL Server 2008 默认安装了 4 个系统数据库,分别是 Master、Model、Msdb 和 Tempdb。

a. Master 数据库包含了 SQL Server 的诸如登录账号、系统配置、数据库位置及数据库错误信息等,用于控制用户数据库和 SQL Server 的运行。

b. Model 数据库为创建新的数据库提供模板。

c. Msdb 为 SQL Server Agent 调度信息和作业记录提供存储空间。

d. Tempdb 为临时表和临时存储过程提供存储空间。

2. 掌握数据库文件的类型和组成

SQL Server 数据库文件有三种类型,分别是主数据文件、辅数据文件和事务日志文件。

a. 主数据文件用于存储数据,一个数据库必须有且仅有一个主数据文件,扩展名为". mdf"。

b. 辅数据文件用于存储数据,一个数据库可以有多个或没有辅数据文件,扩展名为". ndf"。

c. 事务日志文件用于存放操作记录,一个数据库应至少有一个日志文件,扩展名为". ldf"。

3. 掌握数据库文件组的概念和使用

SQL Server 2008 可以将数据文件进行分组管理。文件组又分为主文件组和用户自定义文件组两种。默认情况下主文件组为默认文件组。用户也可以创建自定义的文件组来管理文件。

四 任务拓展训练

a. 数据库文件有哪几类? 说明各类文件的作用。

b. 数据库文件的命名必须以". mdf"". ndf".". ldf"为扩展名吗?

c. SQL Server 2008 系统数据库有哪些? 各自的作用是什么?

d. 文件组有什么作用? 数据文件与日志文件可以在同一组吗? 为什么?

📋 任务 3.2　创建数据库

一 任务说明

1. 任务描述

逻辑结构是以建立数据库的方式,在选用的 DBMS 中建立相应的物理文件,确定存储空间的分配和文件管理方式,并用 DBMS 提供的数据定义语言将关系模型描述出来,建立应用数据库文件和数据表。

本任务是根据在线书店系统的需求分析和逻辑结构设计,建立在线书店数据库文件。

2. 任务目标

通过本任务的学习,读者可以掌握使用 SQL Server Management Studio 创建数据库的方法,掌握使用 T – SQL 语句创建数据库的方法。

二　基本知识

SQL Server 2008 创建数据库主要有两种方法：一种是使用 SQL Server Management Studio，另一种是通过"CREATE DATABASE"语句来创建。

1. 使用 SQL Server Management Studio 创建数据库

a. 以管理员身份登录到 SQL Server Management Studio 控制台，在对象资源管理器中，右击【数据库】，在弹出菜单中选择【新建数据库】命令，如图 3－1 所示。

图 3－1　新建数据库

b. 出现如图 3－2 所示的【新建数据库】对话框。对话框左边的【选项页】由【常规】、【选项】和【文件组】三个选项组成。在【选项页】中选择【常规】，在右边的【数据库名称】文本框中输入数据库名称，比如"test"。

在【常规】选项页中，可以指定数据库名称、数据库文件的逻辑名称、文件组、初始容量、增长方式和文件存储路径等。下面具体说明如下：

逻辑名称：为了在逻辑结构中引用物理文件，SQL Server 给这些物理文件起了逻辑名称。默认逻辑名与数据库名相同，但可以更改。每个逻辑名是唯一的，与物理文件名相对应。

物理文件名：用于存储数据库中数据的物理文件的名称。

文件类型：用于标识数据库文件的类型，是数据文件还是日志文件。

文件组：表示数据文件属于哪个文件组。每个数据库都至少有一个主文件组，日志文件不属于任何文件组。

初始大小：数据库文件所占的磁盘空间的大小，单位为 MB。

自动增长：数据文件和日志文件在创建时分配了初始大小，但随着数据存储量的增加，初始大小可能不能满足要求，这就需要数据文件的大小能够自动增长。

路径：数据库文件存放的物理位置，默认路径是"C：\ Program Files \ Microsoft SQL Server \ MSSQL10 . MSSQLSERVER\MSSQL\DATA"。可以更改数据库文件的位置。

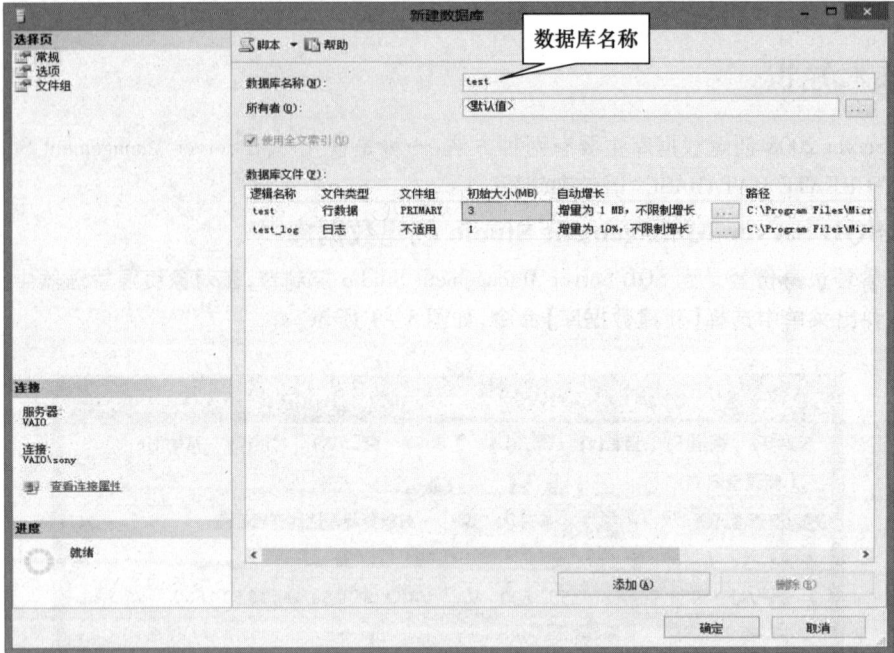

图 3 - 2 【新建数据库】对话框

　　c. 添加文件。单击对话框中的【添加】按钮,如图 3 - 3 所示,可在原来的两个文件下方添加数据文件或日志文件。通过【删除】按钮可以删除文件。

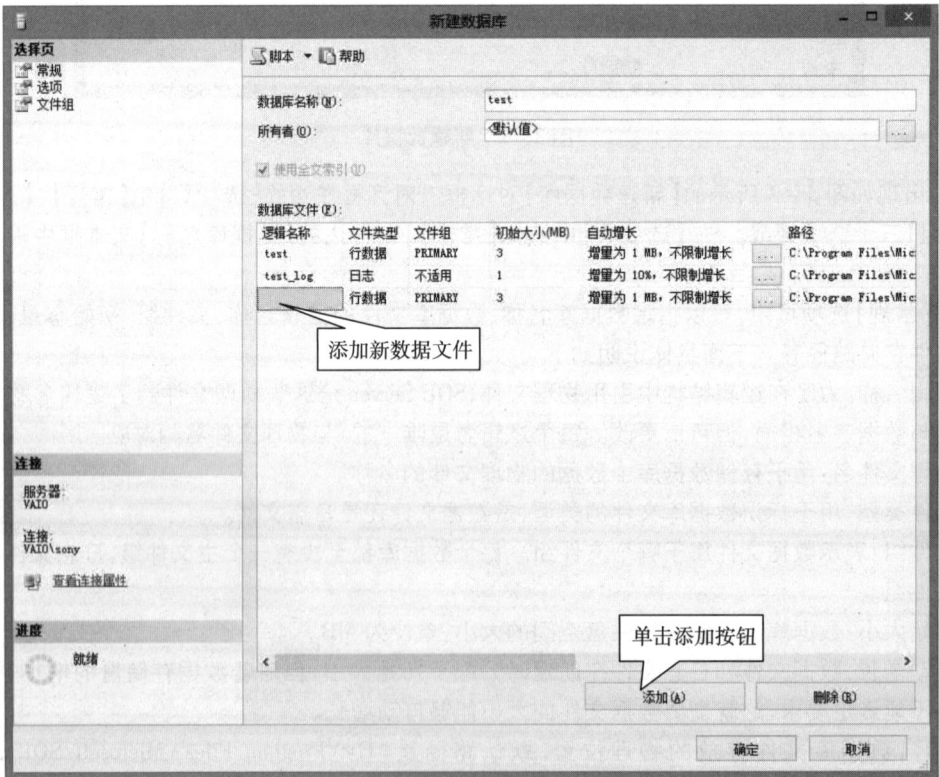

图 3 - 3 添加文件

　　d. 单击【确定】按钮,在对象资源管理器的【数据库】结点下就可以看到新创建的"test"数据库了,如图 3 – 4 所示。

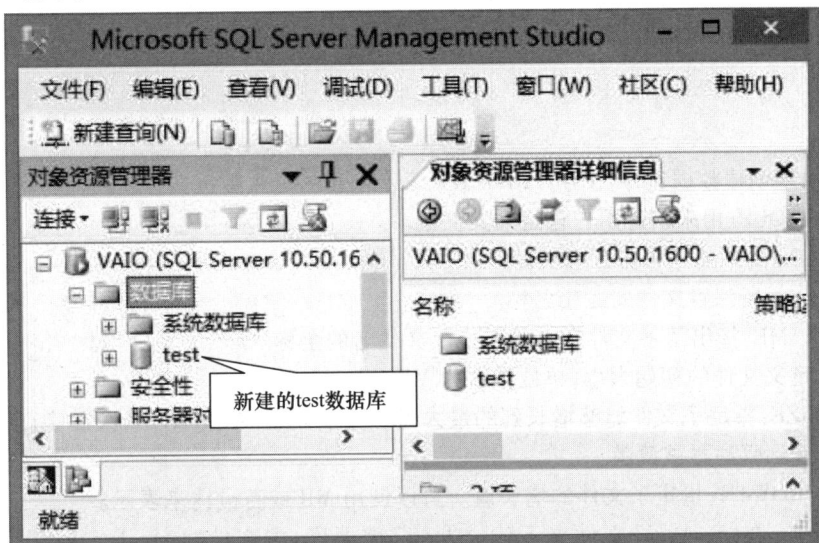

图 3 – 4　【数据库】结点

2. 使用 T – SQL 语句创建数据库(CREATE DATABASE)

　　可以在 SQL Server Management Studio 集成的查询编辑器中使用"CREATE DATABASE"语句创建数据库,语法格式如下:

```
CREATE DATABASE 数据库名
[ ON
[ PRIMARY ]
(   [ NAME = '逻辑文件名',]
    FILENAME = '完整路径物理文件名.mdf'
    [,SIZE = 文件初始大小 ]
    [,MAXSIZE = { 文件最大容量 |UNLIMITED } ]
    [,FILEGROWTH = 递增值 ]
)[,…n]
[,FILEGROUP 文件组名
(   [ NAME = '逻辑文件名',]
    FILENAME = '完整路径物理文件名.ndf'
    [,SIZE =文件初始大小]
    [,MAXSIZE = {文件最大容量|UNLIMITED } ]
    [,FILEGROWTH =递增值 ]
)[,…n]
][,…n]
]
[LOG ON
(   [ NAME = '逻辑文件名',]
    FILENAME = '物理文件名.ldf '
```

```
[,SIZE =文件初始大小]
[,MAXSIZE = {文件最大容量 | UNLIMITED } ]
[,FILEGROWTH =递增值]
)[,…n]
]
```

说明：

a. ON：用来创建数据文件，使用 PRIMARY 表示创建的是主数据文件。

b. FILEGROUP：用来创建用户自定义文件组。

c. LOG ON：用来创建事务日志文件。

d. NAME：为所创建文件的逻辑名称。

e. FILENAME：指出了各文件存储的路径及文件名的全称。

f. SIZE：定义文件的初始大小，单位默认为 MB。

g. MAXSIZE：指定了文件能够增长到的最大值。可以设置 UNLIMITED 关键字，使文件可以无限制地增长，直到驱动器被填满。

h. FILEGROWTH：指定了文件的增长值。可以使用 MB 或百分比来表示。

【例3-1】 在"E：\sql"文件夹下建立"test"数据库，主文件"test_data. mdf"，初始大小为3MB，每次增长 1MB，增长没有限制，日志文件初始大小为 1MB，每次增长 5%，增长没有限制。

在 SQL Server Management Studio 中，单击工具栏的【新建查询】按钮，在查询编辑器中输入如下代码：

```
CREATE DATABASE test
ON PRIMARY
(NAME ='test_data',
FILENAME ='E:\sql\test_data.mdf ',
SIZE =3,
MAXSIZE =UNLIMITED,
FILEGROWTH =1)
LOG ON
(NAME ='test_log',
FILENAME =' E:\sql\test_log.ldf ',
SIZE =1,
MAXSIZE =UNLIMITED,
FILEGROWTH =5% )
```

注意：在查询编辑器中输入上述代码后，单击工具栏中的【分析】按钮 ✓，对输入的代码分析检查，检查通过后，单击工具栏中的【执行】按钮 ❗ 执行(X)，数据库就会创建成功并返回信息，当在对象资源管理器中刷新【数据库】时，就会看到所创建的数据库了。执行结果如图 3-4 所示。

【例3-2】 在"D：\sql"文件夹下建立"stubook"数据库，主文件名"stb_d1. mdf"，次要数据文件名"stb_d2. ndf"，两个文件大小均为 3MB，每次增长 2MB，增长没有限制。日志文件为"stb_log1. ldf"和"stb_log2. ldf"，大小均为 2MB，每次增长 10%，增长到 100MB 为止。

具体代码如下：

```
CREATE DATABASE stubook
ON PRIMARY
(NAME =' stb_d1 ',
FILENAME ='D:\sql\stb_d1.mdf',
```

```
SIZE =3,
MAXSIZE =UNLIMITED,
FILEGROWTH =2),
(NAME =' stb_d2',
FILENAME =' D:\sql\stb_d2.ndf ',
SIZE =3,
MAXSIZE =UNLIMITED,
FILEGROWTH =2)
LOG ON
(NAME =' stb_log1',
FILENAME =' D:\sql\stb_log1.ldf ',
SIZE =2,
MAXSIZE =100,
FILEGROWTH =10%),
(NAME =' stb_log2',
FILENAME =' D:\sql\stb_log2.ldf ',
SIZE =2,
MAXSIZE =100,
FILEGROWTH =10% )
```

【例 3 - 3】 创建一个具有两个文件组的数据库"xs",主文件组包括文件"xs_d1"和"xs_d2",文件初始大小均为 3MB,最大为 20MB,按 1MB 自动增长;第二个文件组名为"xsgp1",包括文件"xs_d3",初始大小为 5MB,最大为无限制,按 10% 增长。只有一个日志文件"xs_log",初始大小为 3MB,最大为无限制,按 1MB 增长。

具体代码如下:

```
CREATE DATABASE xs
ON PRIMARY
(NAME =' xs_d1',
FILENAME ='E:\sql\ xs_d1.mdf',
SIZE =3,
MAXSIZE =20,
FILEGROWTH =1),
(NAME =' xs_d2',
FILENAME ='E:\ sql\ xs_d2.ndf ',
SIZE =3,
MAXSIZE =20,
FILEGROWTH =1),
FILEGROUP xsgp1
(NAME =' xs_d3',
FILENAME ='E:\ sql\ xs_d3.ndf ',
SIZE =5,
MAXSIZE = UNLIMITED,
FILEGROWTH =10%)
```

```
LOG ON
(NAME = ' xs_log',
FILENAME = 'E:\ sql\ xs_log. ldf ',
SIZE = 3,
MAXSIZE = UNLIMITED,
FILEGROWTH = 1)
```

三　任务实施

使用 SQL Server Management Studio 和"CREATE DATABASE"语句两种方法实现"在线书店"数据库的创建。数据库文件设计如下：

在"D:\SQL\"文件夹下创建数据库，数据库名称"在线书店"。主数据文件"在线书店_data1. mdf"，初始大小 3MB，每次增长 10%，最大 20MB；次要数据文件"在线书店_data2. ndf"，初始大小 3MB，每次增长 2MB，最大无限制；日志文件"在线书店_log. ldf"，初始大小 3MB，每次增长10%，最大无限制。

1. 使用 SQL Server Management Studio 创建

a. 启动 SQL Server Management Studio，在对象资源管理器中，右击【数据库】，在弹出菜单中选择【新建数据库】命令。

b. 在【新建数据库】对话框的【常规】选项页中输入数据库的名称"在线书店"，同时指定数据库文件的逻辑名称、初始容量、增长方式和文件存储路径等，如图 3-5 所示。

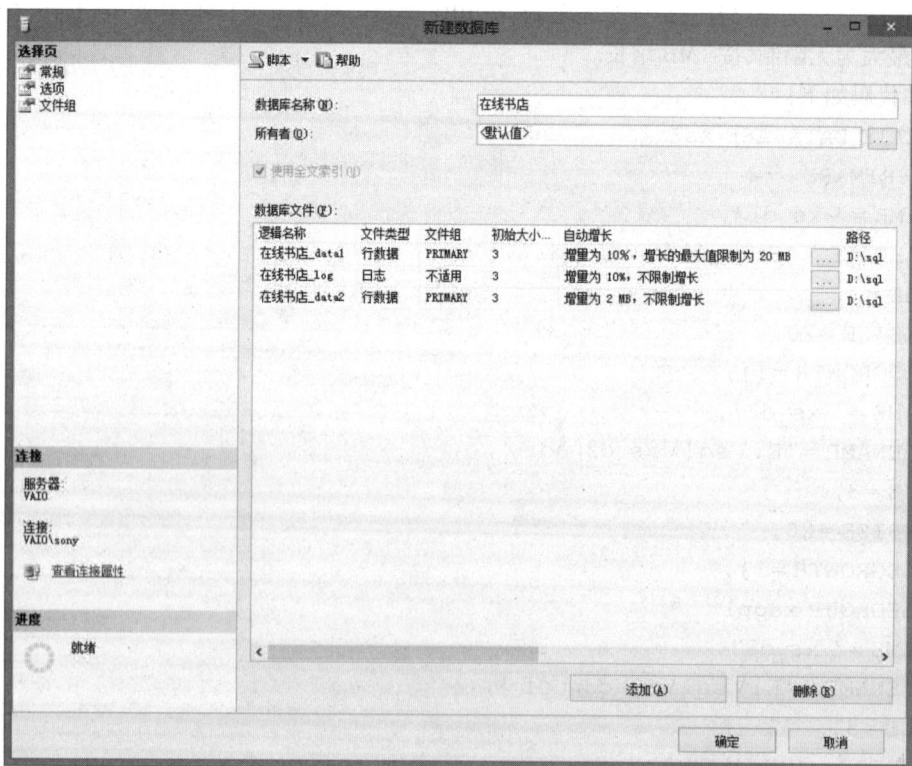

图 3-5　新建"在线书店"数据库

c. 单击【确定】按钮,完成"在线书店"数据库的创建。

2. 使用"CREATE DATABASE"语句创建

在 SQL Server 2008 查询编辑器中输入如下代码:

```
CREATE DATABASE 在线书店
ON PRIMARY
(NAME='在线书店_data1',
FILENAME='D:\sql\在线书店_data1.mdf',
SIZE=3,
MAXSIZE=20,
FILEGROWTH=10%),
(NAME='在线书店_data2',
FILENAME='D:\sql\在线书店_data 2.ndf ',
SIZE=3,
MAXSIZE=UNLIMITED,
FILEGROWTH=2)
LOG ON
(NAME='在线书店_log ',
FILENAME='D:\sql\在线书店_log.ldf ',
SIZE=3,
MAXSIZE = UNLIMITED,
FILEGROWTH=10%)
```

四　任务拓展训练

a. 创建"学生成绩管理"数据库,主数据文件"SCDB_data1. mdf",初始大小 10MB,每次增长 5MB,最大 50MB;日志文件"SCDB_log. ldf",初始大小 5MB,每次增长 5MB,最大 25MB。

b. 创建 Sales 数据库。主文件组包含文件"Spri1_dat"和"Spri2_dat"。名为"SalesGroup1"的文件组包含文件"SGrp1Fi1"和"SGrp1Fi2"。名为"SalesGroup2"的文件组包含文件"SGrp2Fi1"。

任务 3.3　修改和删除数据库

一　任务说明

1. 任务描述

数据库创建完成之后不可能一成不变,随着环境的变化,已经创建好的数据库也会发生改变。比如随着图书、用户、订单等数据的增长,在线书店数据库将要超过它的最大使用空间,这时就必须加大数据库的容量;如果指派给某数据库过多的设备空间,可以通过缩减数据库容量来减少设备空间的浪费。

任务 3.2 已实现了在线书店数据库的创建,但主文件和日志文件的初始容量和最大容量的设置偏小,本任务完成对在线书店数据库文件大小的修改。

2. 任务目标

通过本任务的学习,掌握修改数据库的 SQL Server Management Studio 方法和 T – SQL 语句方法。掌握删除数据库的 SQL Server Management Studio 方法和 T – SQL 语句方法。

二 基本知识

1. 修改数据库

数据库创建完成后,用户根据环境的变化可能需要对数据库的某些参数进行修改,比如增减数据文件和日志文件,修改文件大小等。修改数据库有两种途径:一种是使用 SQL Server Management Studio,另一种是通过"ALTER DATABASE"语句来创建。

(1)使用 SQL Server Management Studio 修改数据库

a. 在对象资源管理器中展开【数据库】结点,右击所要修改的数据库,在弹出菜单中选择【属性】,如图 3 – 6 所示。

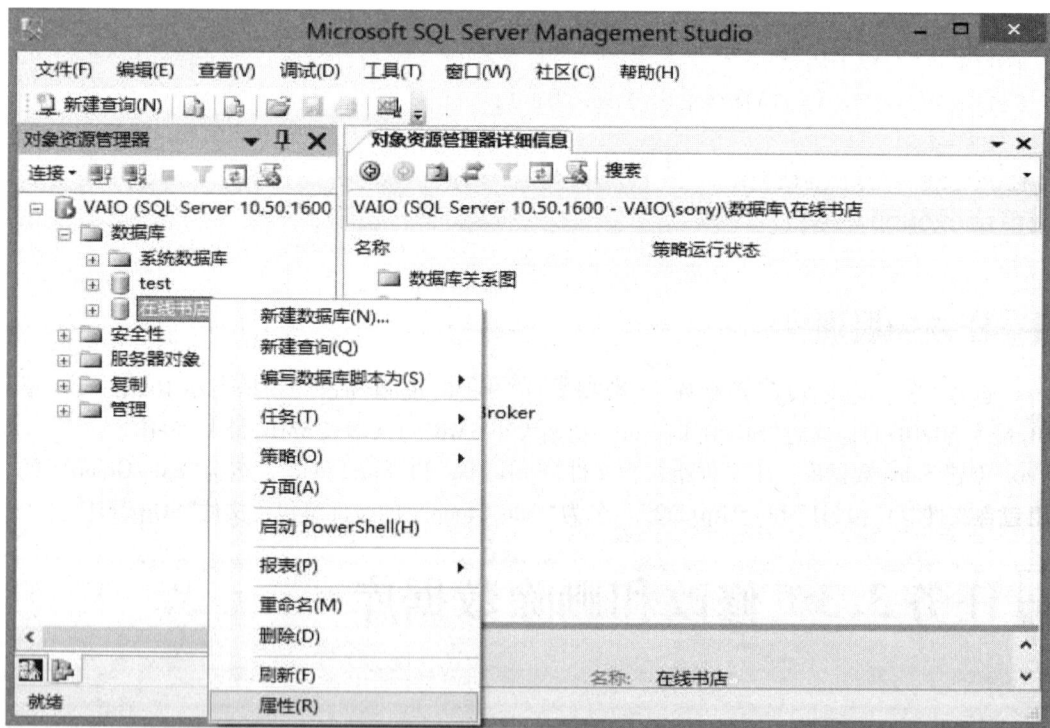

图 3 – 6　选择"在线书店"数据库属性

b. 在数据库属性窗口中选择【文件】选项,可以修改文件的"初始大小""自动增长""最大文件大小"等选项,如图 3 – 7 所示。重新设定的数据库分配空间必须大于现有空间。

c. 单击【确定】按钮完成数据库的修改。

(2)使用 T – SQL 语句修改数据库(ALTER DATABASE)

"ALTER DATABASE"语句可以用来增加删除数据库文件、增加删除文件组和更改文件大小等属性,基本语法格式如下:

```
ALTER DATABASE <数据库名称>
ADD FILE <数据文件>
|ADD LOG FILE <日志文件>
|REMOVE FILE <逻辑文件名>
|ADD FILEGROUP <文件组名>
|REMOVE FILEGROUP <文件组名>
|MODIFY FILE <文件名>
|MODIFY NAME = <新数据库名称>
|MODIFY FILRGROUP <文件组名>
```

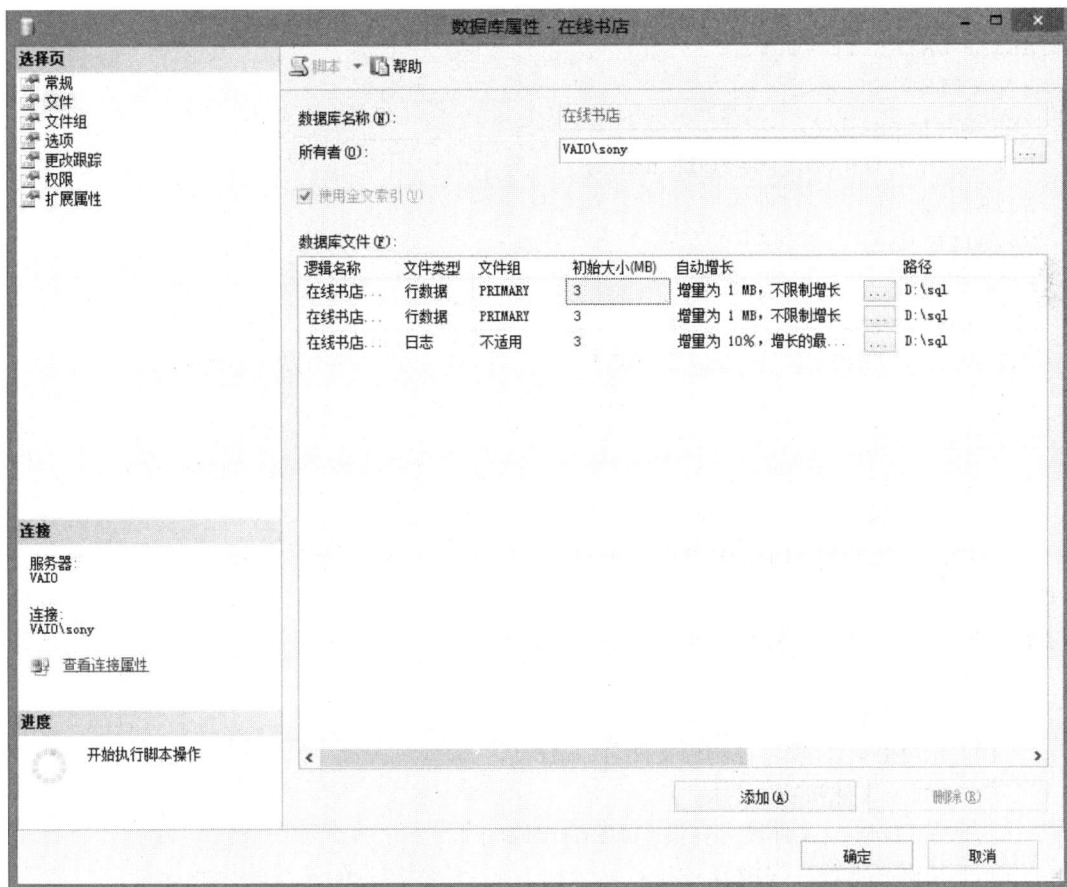

图 3 - 7 【数据库属性】窗口

下面举例说明"ALTER DATABASE"语句的具体用法。

① 增加数据文件用"ADD FILE"子句

在一个"ALTER DATABASE"语句中,一次操作可增加多个数据文件,多个文件之间使用逗号分隔开。

用"ADD FILE"子句增加一个数据文件的语法格式如下:

```
ALTER DATABASE 数据库名
ADD FILE
(  NAME = '逻辑文件名',
```

```
FILENAME = '完整路径物理文件名.mdf'
[,SIZE = 文件初始大小]
[,MAXSIZE = {文件最大容量 | UNLIMITED }]
[,FILEGROWTH = 递增值]
)
```

【例3-4】 向"test"数据库添加两个数据文件："testd2"和"testd3"，"testd2"的初始大小为5MB，最大为20MB，按5%自动增长；"testd3"的初始大小为2MB，最大为10MB，按1MB自动增长。

具体代码如下：

```
USE test
GO
ALTER DATABASE test
ADD FILE
(NAME = 'testd2',
FILENAME = 'E:\sql\testd2.ndf',
SIZE = 5,
MAXSIZE = 20,
FILEGROWTH = 5% ),
(NAME = 'testd3',
FILENAME = 'E:\sql\testd3.ndf ',
SIZE = 2,
MAXSIZE = 10,
FILEGROWTH = 1)
GO
```

② 增加日志文件用"ADD LOG FILE"子句

语法格式如下：

```
ALTER DATABASE 数据库名
ADD LOG FILE
(   NAME = 逻辑文件名,
    FILENAME = '完整路径物理文件名.mdf'
    [,SIZE = 文件初始大小]
    [,MAXSIZE = {文件最大容量 | UNLIMITED }]
    [,FILEGROWTH = 递增值]
)
```

【例3-5】 向"xs"数据库添加两个日志文件："xs_log2"和"xs_log3"，"xs_log2"的初始大小为5MB，最大为20MB，按5%自动增长；"xs_log3"的初始大小为2MB，最大为50MB，按10%自动增长。

具体代码如下：

```
USE xs
GO
ALTER DATABASE xs
ADD LOG FILE
(NAME = 'xs_log2',
FILENAME = 'E:\sql\xs_log2.ldf',
```

```
SIZE = 5,
MAXSIZE = 20,
FILEGROWTH = 5% ),
(NAME = 'xs_log3',
FILENAME = 'E:\sql\xs_log3.ldf',
SIZE = 2,
MAXSIZE = 50,
FILEGROWTH = 10% )
GO
```

③ 增加文件组用"ADD FILEGROUP"子句

语法格式如下:

ALTER DATABASE 数据库名 ADD FILEGROUP 文件组名

【例 3 - 6】 向"student"数据库添加一个文件组"stu_group",并向该文件组添加两个数据文件:"stu_data2"和"stu_data3",文件大小等参数均为默认值。

具体代码如下:

```
ALTER DATABASE student ADD FILEGROUP stu_group
GO
ALTER DATABASE student ADD FILE
(NAME = ' stu_data2',
FILENAME = 'E:\ stu_data2.ndf'),
(NAME = ' stu_data3',
FILENAME = 'E:\ stu_data3.ndf')
TO FILEGROUP stu_group
GO
```

④ 更改文件大小等属性用"MODIFY FILE"子句

语法格式如下:

```
ALTER DATABASE 数据库名
MODIFY FILE
(NAME = '逻辑文件名'
[,SIZE = 新初始大小]
[,MAXSIZE = 新最大容量]
[,FILEGROWTH = 新递增值])
```

【例 3 - 7】 把"test"数据库中的"testd3"文件的最大大小改为 20MB,增长量改为 5%。

具体代码如下:

```
ALTER DATABASE test
MODIFY FILE
(NAME = 'testd3',
MAXSIZE = 20,
FILEGROWTH = 5% )
GO
```

⑤ 删除文件用"REMOVE FILE"子句

语法格式如下:

ALTER DATABASE 数据库名 REMOVE FILE 文件逻辑名

【例 3 - 8】 把"test"数据库中的"testd2"和"testd3"文件删除。

具体代码如下：

```
ALTER DATABASE test
REMOVE FILE testd2
GO
ALTER DATABASE test
REMOVE FILE testd3
GO
```

⑥ 删除文件组用"REMOVE FILEGROUP"子句

语法格式如下：

ALTER DATABASE 数据库名 REMOVE FILEGROUP 文件组名

注意：只有在文件组为空时才能删除。

【例 3 - 9】 删除"xs"数据库中的"xs_d3"文件，并把"xsgp1"文件组删除。

具体代码如下：

```
ALTER DATABASE xs
REMOVE FILE xs_d3
GO
ALTER DATABASE xs
REMOVE FILEGROUP xsgp1
GO
```

⑦ 更改数据库名用"MODIFY NAME"子句

语法格式如下：

ALTER DATABASE 数据库原名 MODIFY NAME = 数据库新名

通常情况下，不建议用户修改创建好的数据库名称，因为许多应用程序可能已经使用了该数据库的名称，在更改了数据库的名称之后，还需要修改相应的应用程序。

【例 3 - 10】 将数据库"test"更名为"try"。

具体代码如下：

```
ALTER DATABASE test
MODIFY NAME = try
GO
```

2. 删除数据库

当数据库不再被使用或者因为数据库有损坏而无法正常运行时，用户可按需从数据库系统中删除数据库。删除数据库的操作非常简单，但是删除数据库一定要慎重，因为删除数据库后，与数据库有关联的文件及存储在系统数据库中的关于该数据库的所有信息都会从服务器上的磁盘中被永久删除。

删除数据库有两种办法：一种是使用 SQL Server Management Studio，另一种是通过"DROP DA-TABASE"语句来删除。

（1）使用 SQL Server Management Studio 删除数据库

在对象资源管理器中展开选定的【数据库】结点，右击要删除的数据库，从弹出的快捷菜单中选择【删除】选项，如图 3 - 8 所示。此时会出现【删除对象】的对话框，可以选择是否同时删除数据库备份以及历史记录。单击【确定】按钮即可删除数据库,如图 3-9 所示。

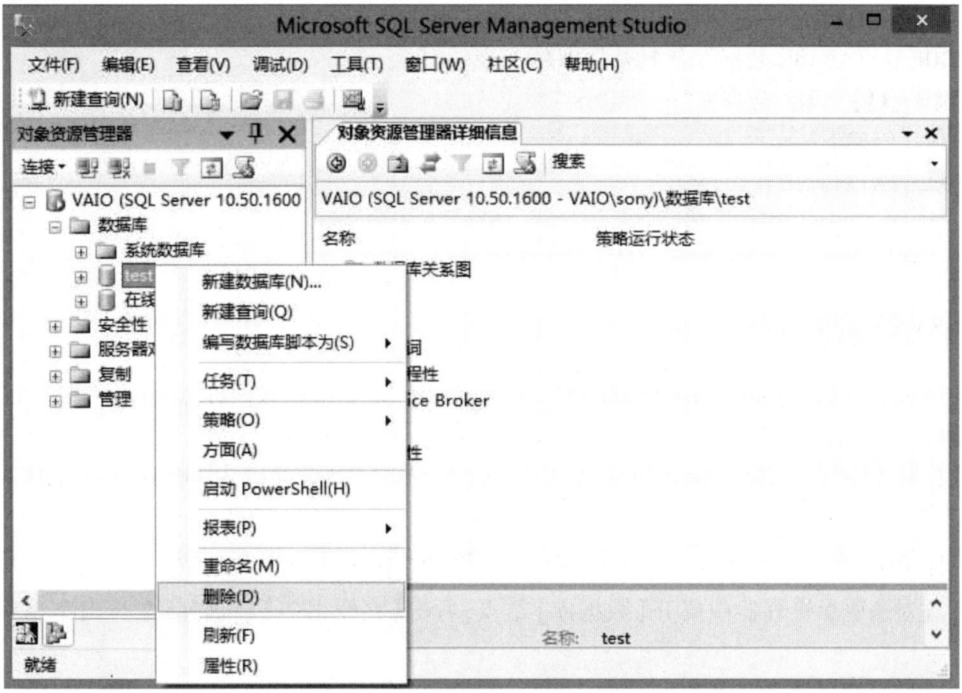

图 3-8　删除数据库

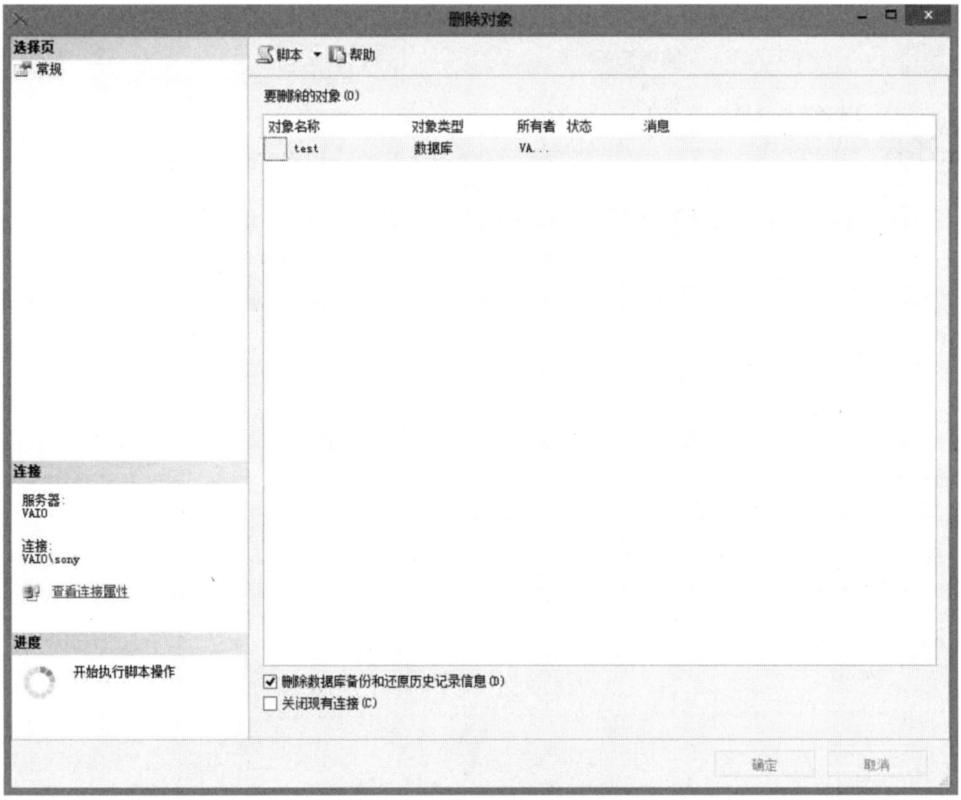

图 3-9　【删除对象】对话框

（2）使用"DROP DATABASE"语句删除数据库

"DROP DATABASE"命令可以从 SQL Server 中一次删除一个或几个数据库。其语法格式如下：

DROP DATABASE 数据库名1,数据库名2,…

【例3-11】　删除数据库"try"和"xs"。

具体代码如下：

```
DROP DATABASE try,xs
GO
```

三　任务实施

使用 SQL Server Management Studio 和"CREATE DATABASE"语句两种方法实现"在线书店"数据库的修改。具体修改为：

主数据文件"在线书店_data1"的初始大小修改为5MB，最大容量改为50MB；日志文件"在线书店_log"的初始大小改为5MB。

1. 使用 SQL Server Management Studio 修改"在线书店"数据库

a. 在对象资源管理器中展开【数据库】结点，右击【在线书店】数据库，在弹出菜单中选择【属性】。

b. 在数据库属性窗口中选择【文件】选项。将主数据文件"在线书店_data1"的初始大小改为5MB，最大容量改为50MB；将日志文件"在线书店_log"的初始大小改为5MB，如图3-10所示。

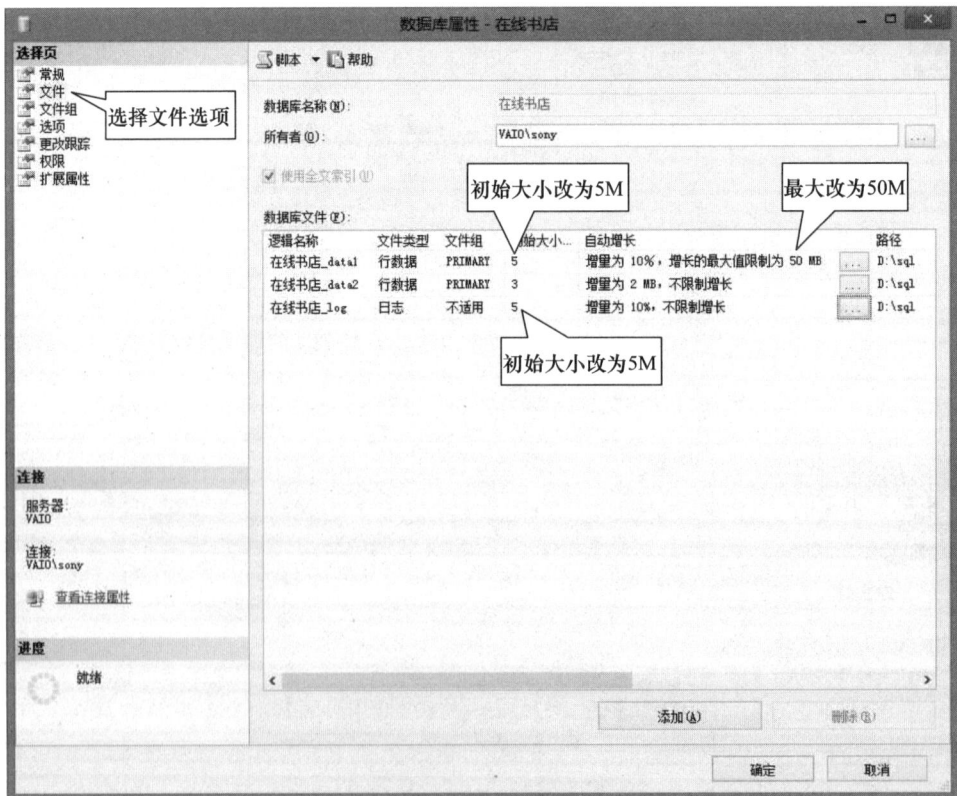

图3-10　修改文件大小

c. 单击【确定】按钮完成数据库的修改。

2. 使用"CREATE DATABASE"语句修改"在线书店"数据库

在 SQL Server 2008 查询编辑器中输入如下代码：

```
ALTER DATABASE 在线书店
MODIFY FILE
(NAME ='在线书店_data1',
SIZE =5,
MAXSIZE =50)
GO
ALTER DATABASE 在线书店
MODIFY FILE
(NAME ='在线书店_log',
SIZE =5)
GO
```

四　任务拓展训练

a. 修改"学生成绩管理"数据库,主数据文件的初始大小改为15MB,每次增长10MB。

b. 为"学生成绩管理"数据库添加一个文件组,名为"stugrp 1"。

c. 为"学生成绩管理"数据库添加两个辅数据文件,分别"SCDB_D2. ndf"和"SCDB_D3. ndf"。

d. 删除辅数据文件"SCDB_D3. ndf"。

e. 把"学生成绩管理"数据库改名为"SCDB"。

f. 删除"SCDB"数据库。

任务 3.4　分离和附加数据库

一　任务说明

1. 任务描述

SQL Server 2008 允许在 SQL Server 实例上分离数据库,然后将其重新附加到另一台服务器甚至同一台服务器上。这时数据库的使用状态与它分离时的状态完全相同。只有分离了的数据库文件才能进行移动、复制和删除。在实际应用中,常常利用数据库的分离与附加功能来实现数据库的移动和复制等。

我们已经把在线书店数据库建立在了"D:\SQL\"路径下,本任务通过数据库的分离与附加功能,实现在线书店数据库的移动,移动到"D:\在线书店\数据库\"路径下。

2. 任务目标

通过本任务的学习,掌握数据库分离与附加的概念,掌握 SQL Server 2008 数据库分离与附加的方法与应用。

二　基本知识

1. 分离数据库

分离数据库是指将数据库从 SQL Server 2008 实例上删除,但该数据库的数据文件和事务日志文件仍然在磁盘上保持不变,并可以将该数据库附加到其他任何 SQL Server 2008 实例上。

以下任何情况之一将不能分离数据库。

a. 已复制并发布的数据库。如果进行复制,则数据库必须是未发布的,如果要分离数据库,必须先通过执行"sp_replicationdboption",存储过程禁用后再分离。

b. 数据库中存在数据库快照。此时必须先删除所有的数据库快照,才能分离数据库。

c. 数据库处于未知状态。在 SQL Server 2008 中,无法分离可疑和未知状态的数据库,必须将数据库设置为紧急状态模式,才能对其进行分离操作。

（1）使用 SQL Server Management Studio 分离数据库

a. 在【对象资源管理器】窗格中展开【数据库】结点,右击要分离的数据库名称结点,比如"test",选择【任务】→【分离】命令,如图 3 - 11 所示。

图 3 - 11　分离数据库

b. 打开【分离数据库】窗口,查看在"数据库名称"列中的数据库名称,验证是否为分离的数据库,如图 3 - 12 所示。

c. 分离数据库准备就绪后,单击【确定】按钮。

（2）使用"sp_deatch_db"存储过程分离数据库

语法格式如下：

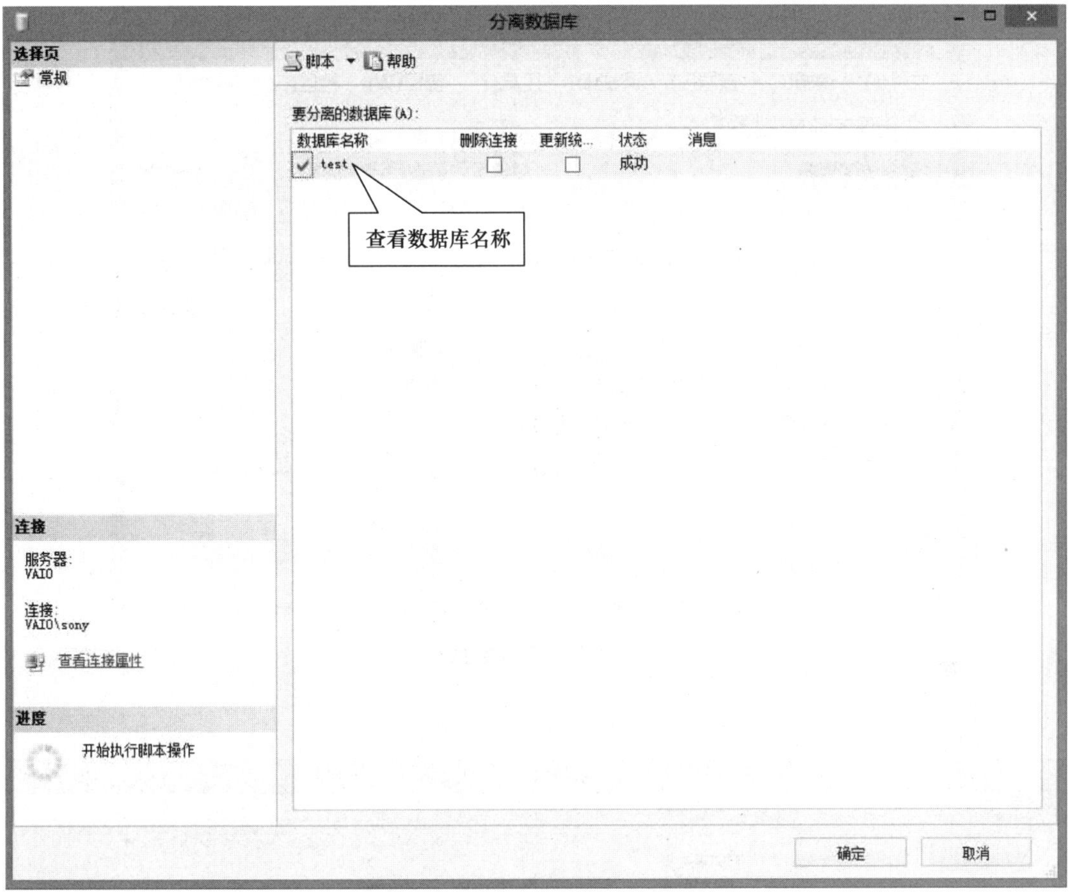

图 3 - 12　【分离数据库】对话框

EXEC sp_detach_db 数据库名称

【例 3 - 12】　分离"test"数据库。

具体代码如下：

EXEC sp_detach_db test

2. 附加数据库

附加数据库时,所有数据库文件都必须为"可用"状态,如果数据文件的路径与创建数据库或前一次附加数据库时的路径不同,则必须指定文件的当前路径。在附加数据库的过程中,如果没有日志文件,系统将创建一个新的日志文件。

（1）使用 SQL Server Management Studio 附加数据库

a. 在【对象资源管理器】窗格中展开【数据库】结点并右击,选择【附加】命令,如图 3 - 13所示。

b. 打开【附加数据库】窗口,如图 3 - 14 所示,在该窗口中单击【添加】按钮,从打开的定位数据库文件窗口中选择要附加的数据库所在的位置。单击【确定】按钮返回【附加数据库】窗口,效果如图 3 - 15 所示。

c. 单击【确定】按钮,完成数据库的附加。在【对象资源管理器】窗格中右击【数据库】结点,选择【刷新】命令,就可以在展开的【数据库】结点中看到刚刚附加进来的数据库了。

图 3 - 13 附加数据库

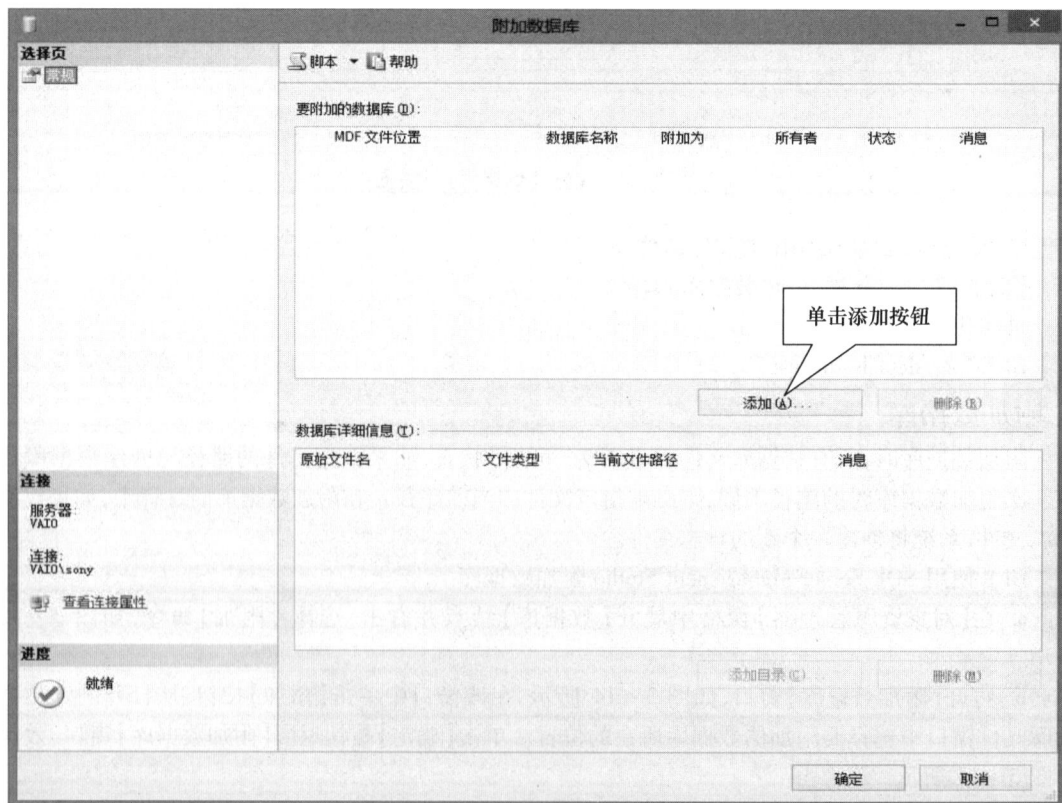

图 3 - 14 【附加数据库】窗口

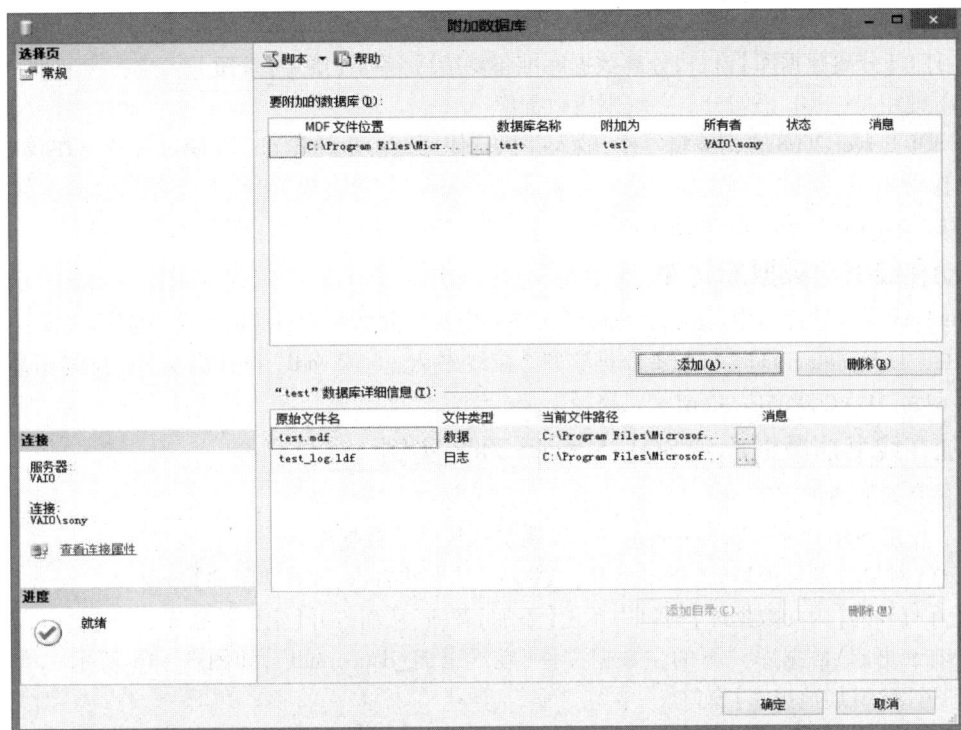

图 3-15　添加数据库文件

（2）使用 T-SQL 语句附加数据库

可以使用 T-SQL 语句附加数据库，语法格式如下：

```
EXEC sp_attach_db @ dbname = '数据库名',
    @ filename1 = 'MDF 文件的路径',
    @ filename2 = 'LDF 文件的路径'
```

【例 3-13】　附加一个存放在"D:\data\"文件夹下的学生成绩管理数据库，数据库的名字为"student"，数据文件为"student_data. mdf"，日志文件为"student_log. log"。

具体代码如下：

```
EXEC sp_attach_db @ dbname = 'student',
    @ filename1 = 'D:\data\student_data.mdf',
    @ filename2 = 'D:\data\student_log.log'
```

三　任务实施

通过数据库的分离与附加，实现在线书店数据库的移动，从"D:\SQL\"路径下移动到"D:\在线书店\数据库\"路径下。

具体实现步骤如下：

1. 把在线书店数据库从 SQL Server 实例中分离

具体有如下两种方法：

（1）使用 SQL Server Management Studio 分离在线书店数据库

a. 在【对象资源管理器】窗格中展开【数据库】结点，右击"在线书店"数据库，选择【任务】→

【分离】命令。

b. 打开【分离数据库】窗口,分离数据库准备就绪后,单击【确定】按钮。

（2）使用 T－SQL 语句分离在线书店数据库

在 SQL Server 2008 查询编辑器中,输入并执行使用"sp_deatch_db"存储过程分离在线书店数据库的代码:

```
EXEC sp_detach_db 在线书店
```

2. 移动在线书店数据库文件

Windows 资源管理器中,在"D:\SQL\"文件夹中找到数据库所对应的三个数据库文件:主数据文件"在线书店_data1. mdf"、次要数据文件"在线书店_data2. ndf"和日志文件"在线书店_log. ldf",移动到"D:\在线书店\数据库\"路径下。

3. 附加在线书店数据库到 SQL Server 2008 实例

具体有如下两种方法:

（1）使用 SQL Server Management Studio 附加在线书店数据库

a. 在【对象资源管理器】窗格中展开【数据库】结点并右击,选择【附加】命令。

b. 在打开的【附加数据库】窗口中单击【添加】按钮,从而打开【定位数据库文件】窗口,从中选择"D:\在线书店\数据库\"下的主数据文件"在线书店_data1. mdf",如图 3－16 所示。单击【确定】按钮返回【附加数据库】窗口。

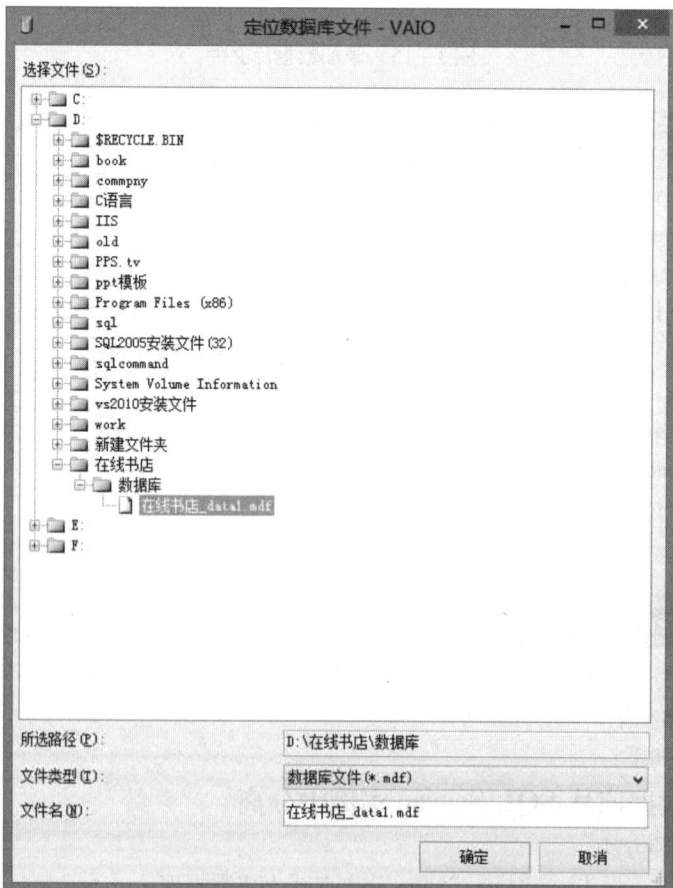

图 3－16　定位数据库文件

c. 【附加数据库】窗口中单击【确定】按钮，完成数据库的附加。

（2）使用 T – SQL 语句附加在线书店数据库

在 SQL Server 2008 查询编辑器中，输入并执行附加在线书店数据库的代码：

```
EXEC sp_attach_db @ dbname = '在线书店',
    @ filename1 = 'D:\在线书店\数据库\在线书店_data1.mdf',
    @ filename2 = 'D:\在线书店\数据库\在线书店_data2.ndf',
    @ filename3 = 'D:\在线书店\数据库\在线书店_log.ldf'
```

4. 完成

四　任务拓展训练

使用数据库的分离、附加功能，将在线书店数据库从当前的 SQL Server 服务器移动到另一个 SQL Server 服务器上。

数据表的创建和管理

创建了用户数据库之后,就可以在数据库中创建表了。表是最重要的数据库对象,它用来存储数据库中的数据。本学习情境主要介绍数据库表的创建、修改、删除及表数据的各种操作,另外还将介绍对表索引的创建与管理、数据完整性操作等方面的内容。

任务 4.1 数据表的创建

一 任务说明

1. 任务描述

在 SQL Server 数据库管理系统中,数据存放在表中。例如,用户在图 4-1 所示的在线书店选择图书时,图书列表中显示的图书信息来自于在线书店数据库中的图书表。

图 4-1 在线书店图书列表

数据库中的表与 Excel 电子表格相似,数据在表中按行和列的格式组织排列。每行代表唯一的一条记录,是组织数据的单位;每列代表记录中的一个域,用来描述数据的属性。例如,在图书表中,每行代表一种图书信息,每列代表图书的某方面的属性,如图书名称、作者、出版社和书号等。本任务要求在在线书店数据库中创建存放图书信息的图书表,如图 4 - 2 所示。

图书编号	图书名称	作者	出版社	类别	定价	书号	图书简介	库存量	销售量	上架时间	图片
1	C程序设计	谭浩强	清华大学出…	1	20.30	ISBN:978…	本书按照C…	495	5	2012-5-1…	1.jpg
2	疯狂java讲义	李刚	电子工业出…	1	90.20	ISBN:978…	本书深入…	410	21	2011-12-…	2.jpg
3	数据库系统…	王珊	高等教育出…	1	39.00	ISBN:978…	本书系统…	330	100	2011-11-…	3.jpg
4	多媒体应用…	杨森香	北京理工大…	1	16.80	ISBN:978…	本书简明…	421	0	2012-1-2…	4.jpg
5	Photoshop…	杨品	中国电力出…	1	36.00	ISBN:978…	本书通过…	519	5	2012-1-9…	5.jpg
6	MATLAB神…	MATLAB…	北京航空航…	1	39.00	ISBN:978…	本书是MAT…	423	102	2012-1-1…	6.jpg
8	物联网	胡铮	科学出版社	1	38.60	ISBN:978…	本书根据…	320	100	2011-9-9…	8.jpg
9	机械制造基础	赵建中	北京理工大…	2	34.90	ISBN:978…	本教材是…	428	0	2011-11-…	9.jpg
10	机械制图	郝利华	中国农业出…	2	24.50	ISBN:978…	本书根据…	190	15	2011-7-8…	10.jpg
11	机械可靠性…	刘混举	科学出版社	2	29.80	ISBN:978…	本书全面…	319	1	2011-8-5…	11.jpg
12	AutoCAD 中…	姜军	人民邮电出…	2	25.60	ISBN:978…	本书是学…	334	0	2011-7-1…	12.jpg
13	压缩机工程…	郁永章	中国石化出…	2	152.20	ISBN:978…	全面介绍…	522	0	2011-5-8…	13.jpg
14	自动机与自…	丁加军	机械工业出…	2	15.40	ISBN:978…	本书共9章…	430	0	2011-7-2…	14.jpg
15	青春	韩寒	湖南人民出…	3	29.00	ISBN:978…	特别收录…	348	20	2011-8-5…	15.jpg
16	百年孤独	马尔克斯	南海出版社	3	39.00	ISBN:978…	《百年孤…	347	0	2012-1-9…	16.jpg
17	幸福了吗	白岩松	长江文艺出…	3	20.00	ISBN:978…	《幸福了…	433	0	2012-1-3…	17.jpg
18	人生不过如此	林语堂	陕西师范大…	3	12.50	ISBN:978…	在不违背…	303	0	2012-1-5…	18.jpg
19	梦里花落知…	三毛	北京十月文…	3	18.90	ISBN:978…	书中先是…	447	0	2011-10-…	19.jpg
20	你是那人间…	林徽因	苏州古吴轩…	3	18.30	ISBN:978…	在林徽因…	332	0	2011-6-6…	20.jpg

图 4 - 2　图书表

2. 任务目标

通常,一个数据库中包含有各个方面的数据,这些数据都保存在各个数据表中。如在线书店数据库中除了包含图书表外,还有用户表、订单表和管理员表等。所以在设计数据库时,应先确定需要创建哪些表,各表中包括哪些数据以及各表之间的关系和存取权限等。创建一个完整的表,首先要设计表结构,主要定义如下项目:

a. 表的名称。

b. 表中每一列的名称。

c. 表中每一列的数据类型和长度。

d. 表中的列是否允许空值、是否唯一、是否设置默认值或定义约束。

e. 表间的关系,即确定哪些列是主键,哪些列是外键。

表结构设计完成后,就可以根据列名及其数据类型录入对应的内容,形成一个完整的表。

本任务的目标是能够熟练使用 SQL Server Management Studio 和 T – SQL 语句两种方法创建表结构。

二　基本知识

1. 数据类型

定义表结构时必须指出每列可存储的数据类型。数据类型就是定义每列所能存放的数据值和存储格式。例如,如果某列只用于存放姓名,则可以定义该列的数据类型为字符型;如果某列要存储数字,则可以定义该列的数据类型为数字型数据。

列的数据类型可以是 SQL Server 2008 提供的系统数据类型,也可以是用户自定义数据类型。

(1) 系统数据类型

SQL Server 2008 提供了丰富的系统数据类型,常用的数据类型如表 4 - 1 所示。

表 4 - 1　SQL Server 2008 系统数据类型

数据类型	符号标识
字符型	char,varchar
Unicode 字符型	nchar,nvarchar
文本型	text,ntext
整数型	bigint,int,smallint,tinyint
精确数值型	decimal,numeric
近似数值型	float,real
货币型	money,smallmoney
位　型	bit
二进制型	binary,varbinary
日期时间类型	datetime、smalldatetime、date、time、datetime2、datetimeoffset
时间截型	timestamp
其他	cursor、sql_variant、table、uniqueidentifier、xml、hierarchyid、geography、geometry

① 字符型

字符型数据用于存储字符串,字符串包括字母、数字和其他特殊符号(如#,@,& 等)。在输入字符串时,需将串中的符号用单引号或双引号括起来,如'济南'"A&B"。

SQL Server 字符型包括两类:固定长度(char)字符数据类型和可变长度(varchar)字符数据类型。

char[(n)]:定长字符数据类型,其中 n 定义字符型数据的长度,n 在 1～8 000 之间。当表中的列定义为 char(n)类型时,若实际要存储的串长度不足 n,则在串的尾部添加空格,若输入的字符超出了 n,则超出的部分被截断。

varchar[(n|max)]:变长字符数据类型,其中 n 在 1～8 000 之间。n 表示的是字符串可达到的最大长度。varchar(n)的长度为输入字符串的实际字符个数,而不一定是 n。例如,图书表中图书名称数据类型为 varchar(50),若输入书名为"机械制图",图书名称列的实际存储长度为 8 个字节。max 指示最大存储大小是 $2^{31} - 1$ 字节,大约为 2GB 的字符数据。

当列中的字符数据值长度接近一致时,此时可使用 char;而当列中的数据值长度显著不同时,使用 varchar 较为恰当,可以节省存储空间;如果列中的数据值长度相差很大,而且可能超过 8 000字节,建议使用 varchar(max)。

② Unicode 字符型

Unicode 是"统一字符编码标准",用于支持国际上非英语语种的字符数据的存储和处理。Unicode 字符包括 nchar(n)和 nvarchar(n)两类,n 的值在 1～4 000 之间,二者均使用 Unicode 字符集。

nchar[(n)]是固定长度 Unicode 字符型,长度为 2n 字节。

nvarchar[(n)]是可变长度 Unicode 字符型,数据长度是所输入字符个数的两倍。

实际上,nchar,nvarchar 与 char,varchar 的使用非常相似,只是字符集不同(前者使用 Unicode 字符集,后者使用 ASCII 字符集)。

③ 文本型

当需要存储大量的字符数据,如较长的备注、日志信息等,字符型数据最长 8 000 个字符的限制可能使它们不能满足这种应用需求,此时可使用文本型数据。text 数据类型在以后的 SQL Server 版本中,将被 varchar(max)替代。

文本型包括 text 和 ntext 两类,分别对应 ASCII 字符和 Unicode 字符。

text 类型可以表示最大长度为个 $2^{31}-1(2\,147\,483\,647)$ 个字符,其数据的存储长度为实际字符数个字节。ntext 可表示最大长度为 $2^{30}-1(1\,073\,741\,823)$ 个 Unicode 字符,其数据的存储长度是实际字符个数的两倍(以字节为单位)。

④ 整数型

整数型包括 bigint,int,smallint 和 tinyint,数值范围逐渐缩小。

bigint:大整数,数值范围为 $-2^{63}\sim(2^{63}-1)$,即 $-9\,223\,372\,036\,854\,775\,808\sim9\,223\,372\,036\,854\,775\,807$,其精度为 19,长度为 8 字节。

int:整数,数值范围为 $-2^{31}\sim(2^{31}-1)$,即 $-2\,147\,483\,648\sim2\,147\,483\,647$,其精度为 10,长度为 4 字节。

smallint:短整数,数范围为 $-2^{15}\sim(2^{15}-1)$,即 $-32768\sim32767$,其精度为 5,长度为 2 字节。

tinyint:微短整数,数范围为 $0\sim255$,其精度为 3,长度为 1 字节。

⑤ 精确数值型

精确数值型数据由整数部分和小数部分构成,其所有的数字都是有效位,能够以完整的精度存储十进制数。精确数值型包括 decimal 和 numeric 两类。从功能上说两者完全等价,两者的唯一区别在于 decimal 不能用于带有 identity 关键字的列。

声明精确数值型数据的格式是 numeric(p[,s])|decimal(p[,s]),其中 p 为精度,s 为小数位数,s 的默认值为 0。例如指定某列为精确数值型,精度为 5,小数位数为 2,即 decimal(5,2),那么若向某记录的该列赋值 12.345 6 时,则该列实际存储的是 12.34。

decimal 和 numeric 可存储 $(-10^{38}+1)\sim(10^{38}-1)$ 的固定精度和小数位的数字数据,它们的存储长度随精度变化而变化,最少为 5 字节,最多为 17 字节。

⑥ 近似数值型

近似数值型也称浮点型。这种类型不能提供精确表示数据的精度,使用这种类型来存储某些数值时,有可能会损失一些精度,所以它可用于处理取值范围非常大且对精度要求不高的数值,如分数 1/3 用小数表示为 0.333 33…,这个值只能用近似的小数表示,而不可能用精确值表示。

有两种近似数值数据类型:float[(n)]和 real。两者通常都使用科学计数法表示数据,其表示为:尾数 E 阶数,如 1.23E40,1.23E-4 等。

real 类型数据使用 4 字节存储数据,表示数据范围为 $(-3.40E+38)\sim(3.40E+38)$,数据精度为 7 位有效数字。float 定义中的 n 取值范围是 $1\sim53$,用于指示其精度和存储大小。当默认 n 时,存储长度为 8 字节,精度为 15 位有效数字。数据的数范围为 $-(1.79E+308)\sim(1.79E+308)$。

⑦ 货币型

SQL Server 提供了两种专门用于处理货币的数据类型:money 和 smallmoney,它们用十进制数表示货币值。

money 类型的数据的数范围为 $-2^{63}\sim(2^{63}-1)$,其精度为 19,小数位数为 4,长度为 8 字节。

smallmoney 数的范围为 $-2^{31}\sim(2^{31}-1)$,其精度为 10,小数位数为 4,长度为 4 字节。

当向表中插入 money 或 smallmoney 类型的值时,必须在数据前面加上货币表示符号($),并且数据中间不能有逗号(,);若货币值为负数,则需要在符号 $ 的后面加上负号(-)。例如 \$100.5,\$200,\$ -30.5 都是正确的货币数据表示形式。

⑧ 位型

SQL Server 中的位型(bit)数据相当于其他语言中的逻辑型数据,它只存储 0 和 1,长度为 1 个字节。SQL Server 对表中 bit 类型列的存储做了优化:如果一个表中不多于 8 个 bit 列,这些列将作为一个字节存储;如果表中有 9 ~ 16 个 bit 列,这些列将作为 2 个字节存储,更多列的情况依次类推。

若表中某列为 bit 类型数据,那么该列不允许为空值,并且不允许对其建立索引。

⑨ 二进制型

二进制数据类型表示的是位数据流,包括 binary(固定长度)和 varbinary(可变长度)两种。

binary[(n)]:固定长度的 n 个字节二进制数据。n 取值范围为 1 ~ 8 000,默认为 1。binary(n) 的存储长度为 n + 4 字节。若输入的数据的长度小于 n,则不足部分用 0 填充;若输入的数据长度大于 n,则多余部分被截断。

varbinary[(n|max)]:n 个字节变长二进制数据。n 取值范围为 1 ~ 8 000,默认为 1。varbinary(n) 数据的存储长度为实际输入数据长度加上 4 个字节。max 指示最大存储大小是 $2^{31} - 1$ 字节。

输入二进制值时,在数据前面要加上 0x,可以用的数字符号为 0 ~ 9、A ~ F(字母大小写均可)。因此二进制数据有时也被称为十六进制数据。因为每字节的数最大为 FF,故在"0x"格式的数据每两位占 1 个字节。

⑩ 日期/时间类型

日期/时间类型数据用于存储日期和时间信息,除了原有的 datetime 和 smalldatetime 两种类型外,SQL Server 2008 新增了 4 种日期/时间新数据类型:date、time、datetime2 和 datetimeoffset。

日期/时间数据类型的简单描述及所需的存储空间如表 4 - 2 所示。

表 4 - 2　日期/时间数据类型

数据类型	描述	存储空间
datetime	1753 年 1 月 1 日—9999 年 12 月 31 日 精确到最近的 3.33 毫秒	8 字节 日期和时间分别使用 4 个字节存储
smalldatetime	1900 年 1 月 1 日—2079 年 6 月 6 日 精确到 1 分钟	4 字节 日期和时间分别使用 2 个字节存储
date	0001 年 1 月 1 日—9999 年 12 月 31 日	3 字节 只存储日期
time(n)	小时:分钟:秒.9999999 0 ~ 7 之间的 n 指定小数秒	3 ~ 5 字节 只存储时间
datetime2(n)	0001 年 1 月 1 日—9999 年 12 月 31 日 0 ~ 7 之间的 n 指定小数秒	6 ~ 8 字节
datetimeoffset(n)	与 datetime2 数据类型的不同点是它带有时区偏移量,偏移量最大为 +/ - 14 小时	8 ~ 10 字节

⑪ 时间戳类型(timestamp)

若创建表时定义一个列的数据类型为时间戳型,那么每当对该表加入新行或修改已有行时,都由系统自动将一个计数器加到该列,即将原来的时间戳值加上一个增量,表示 SQL Server 在一行上的活动顺序。一个表只能有一个 timestamp 列,长度为 8 字节。

(2) 用户自定义数据类型

除了提供系统数据类型之外,SQL Server 还允许用户定义数据类型。在设计数据库时,如果多个表的列中要存储同种类型的数据,并且想确保这些列具有完全相同的数据类型、长度时,可使用用户自定义数据类型。例如在线书店数据库中,多个表中都使用图书编号字段,所以可以创建一个名为"book_num"的用户自定义数据类型,然后将图书编号字段的数据类型定义为"book_num"。

　　创建用户自定义数据类型时必须提供以下三个参数:数据类型名称、新数据类型所依据的系统数据类型和为空性。创建用户自定义数据类型有两种方法:一是使用 SQL Server Management Studio 创建;二是使用"sp_addtype"系统存储过程创建。

　　① 使用 SQL Server Management Studio 创建或删除用户定义的数据类型

　　a. 启动 SQL Server Management Studio,在【对象资源管理器】树型目录中依次展开要创建用户定义数据类型的数据库,展开【可编程性】→【类型】,右击【用户定义数据类型】,在弹出的快捷菜单中单击【新建用户定义数据类型】命令,打开如图 4-3 所示的【新建用户定义数据类型】对话框。

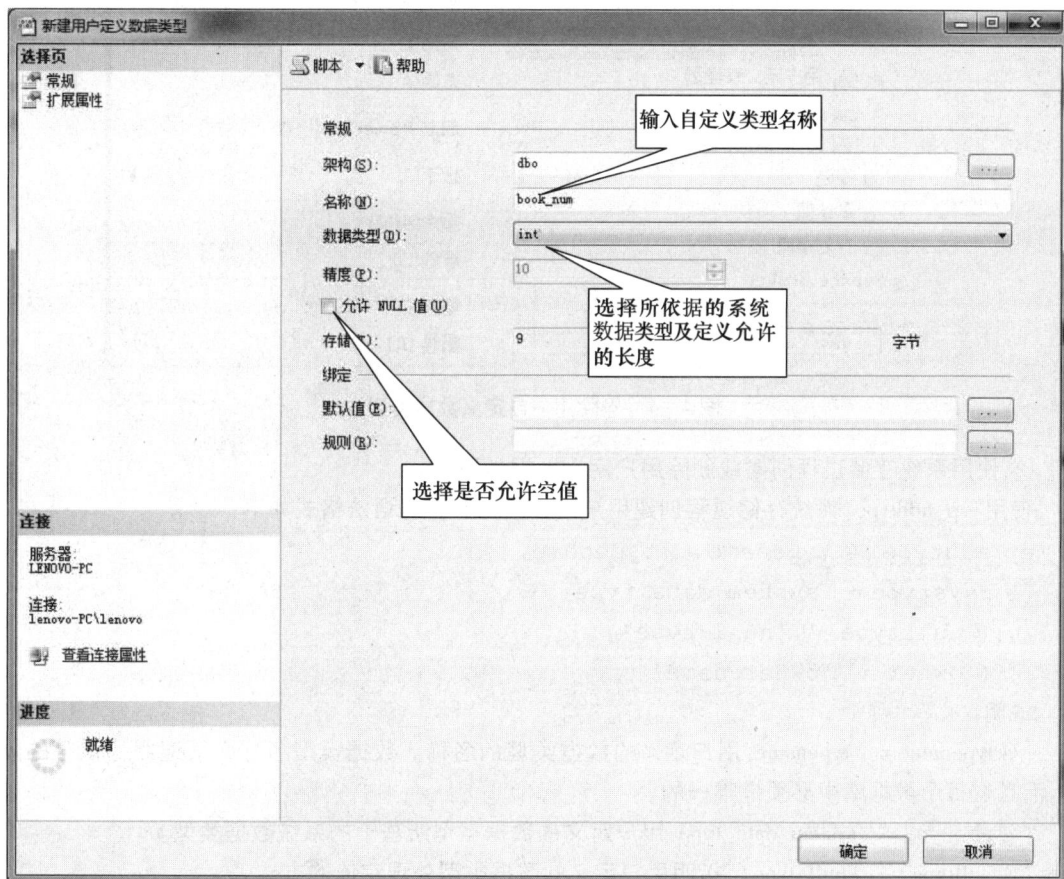

图 4-3　新建用户定义数据类型

　　b. 如图 4-3 所示,在各位置输入或设置相应参数,然后单击【确定】按钮,【用户定义数据类型】文件夹下就会出现定义的"book_num"数据类型。

　　c. 若要删除自定义的数据类型,则在要删除的用户定义数据类型上右击鼠标,在快捷菜单中单击【删除】命令,如图 4-4 所示。

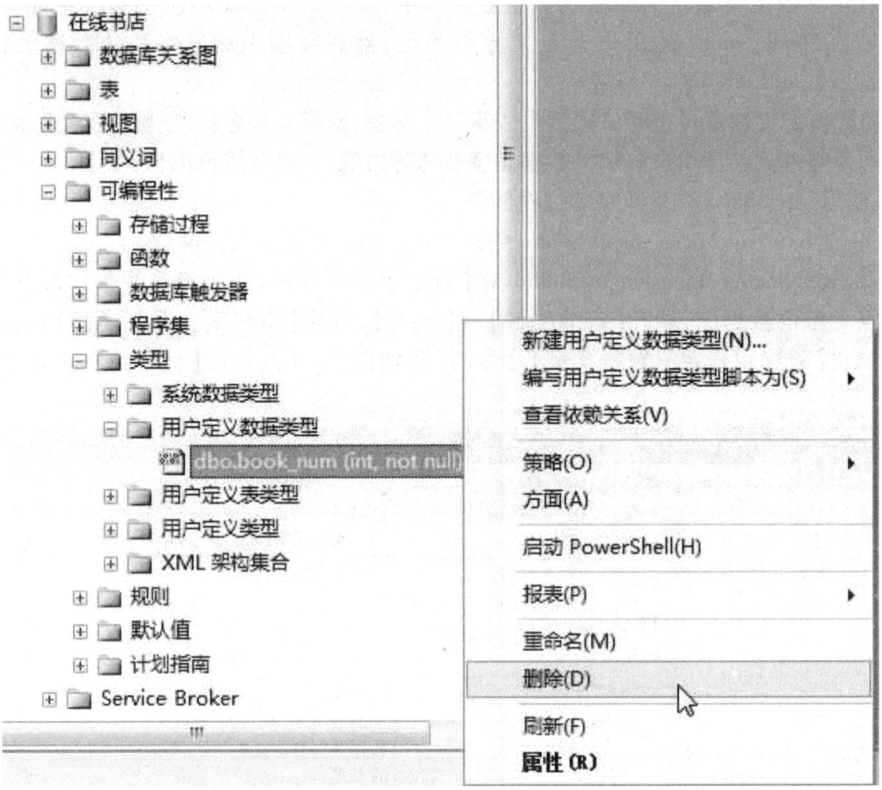

图 4 – 4　删除用户自定义数据类型

② 使用系统存储过程创建或删除用户定义数据类型

使用"sp_addtype"系统存储过程创建用户定义数据类型的语法格式如下：

```
sp_addtype [@ typename = ] typename,
[@ phystype = ] system_data_type
[,[@ nulltype = ] 'null_type']
[,[@ owner = ] 'owner_name']
```

说明：

[@ typename =] typename：用户定义的数据类型的名称。数据类型名称必须遵照标识符的规则，而且在每个数据库中必须是唯一的。

[@ phystype =] system_data_type：用户定义的数据类型所基于的系统数据类型。

[@ nulltype =] 'null_type'：指明用户定义的数据类型处理空值的方式。

[@ owner =] 'owner_name'：指定新数据类型的创建者或所有者。

【例 4 – 1】　创建不为空的用户定义数据类型。

单击【新建查询】按钮，在查询窗口中输入图 4 – 5 中的代码。

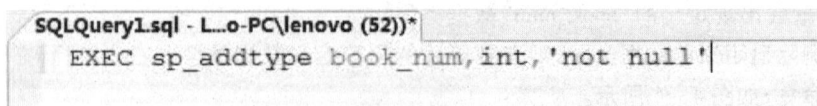

图 4 – 5　使用 sp_addtype 创建数据类型

使用 sp_droptype 系统存储过程可以删除用户定义数据类型。语法格式如下：

sp_droptype [@ typename =] 'type'

【例 4 - 2】　删除用户自定义数据类型"book_num"。

具体代码如下：

EXEC sp_droptype book_num

2. 创建表

创建表的实质就是定义表的结构及约束等属性。本任务主要介绍表结构的定义，而约束等属性将在任务 4.5 中做专门介绍。在创建表之前，先要设计表，即确定表的名字、所包含的各列名、列的数据类型和长度、是否为空值和是否使用约束等，这些属性构成表结构。在 SQL Server 中我们可以使用 SQL Server Management Studio 和 T - SQL 语句两种方式创建表。

（1）使用 SQL Server Management Studio 创建表

a. 启动 SQL Server Management Studio，在【对象资源管理器】中依次展开数据库，右击【表】，在快捷菜单中单击【新建表】命令。

b. 在弹出的编辑窗口（如图 4 - 6 所示）中根据设计好的表结构分别输入各列的名称、数据类型、长度、精度和是否为空等属性。主要属性说明如下：

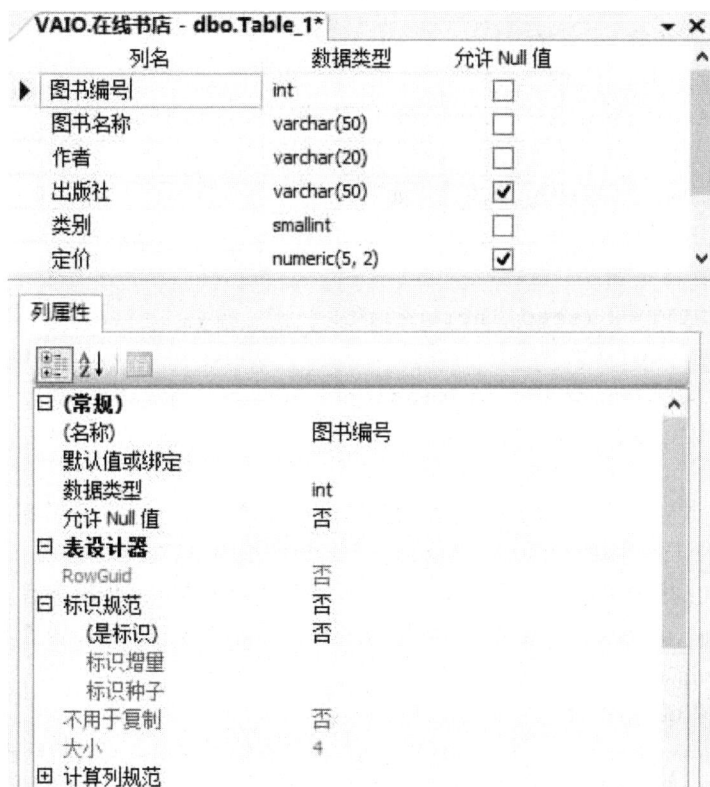

图 4 - 6　定义表结构

允许 Null 值：决定该列在输入时是否允许没有输入，打钩表示允许。空值通常表示未知、不可用或将在以后添加的数据。空值（NULL）仅表示没有输入，并不等于 0 或空格。若某列将作为表的主键，则不允许空。

默认值或绑定:在没有输入任何值时使用此处给出的或绑定的默认值。

标识规范:展开标识规范,可以设置是否为标识列,标识增量及标识种子。标识列提供了一种为表中的每一列自动生成唯一数值的方法。若指定某列为标识列,在插入新数据行时不必为该列输入数据,系统会根据标识种子(初始值)和标识增量(每次自动增加的量)自动生成唯一的、递增的值。

c. 设置完各列的属性后,单击工具栏上的【保存】按钮,弹出【选择名称】对话框。如图 4 – 7 所示,在对话框中输入表的名称,单击【确定】按钮。

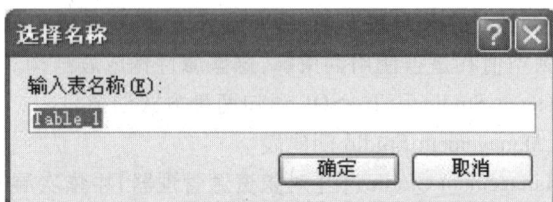

图 4 – 7　输入新建表名的对话框

(2) 使用 T – SQL 语句创建表

使用 T – SQL 语句的"CREATE TABLE"命令创建表的基本语法格式如下:

```
CREATE TABLE table_name (
  { < column_definition >
      |< column_name AS computed_column_expression > }
    [ , …n ] )
```

其中 < column_definition > 的语法如下:

```
< column_definition > :: =
    { colume_name   data_type }
    [ IDENTITY [ (seed,increment) ] ]
    [ NULL | NOT NULL ]
    [ DEFAULT constant_expression ]
    [ PRIMARY KEY ]
```

说明:

table_name:指定新创建表的名称。表名必须符合标识符规则,且在一个数据库中是唯一的。

column_name:指定表中的列名。列名必须符合标识符规则,且在表内唯一。

data_type:指定列的数据类型。可以是系统数据类型或用户自定义数据类型。

IDENTITY(seed,increment):指定该列为标识列。必须同时指定种子和增量,或者二者都不指定。如果二者都未指定,则取默认值 (1,1)。

NULL| NOT NULL:指出该列中是否允许空值。

DEFAULT constant_expression:指定列的默认值,在没有输入任何值时使用给出的常量值。

PRIMARY KEY:指定列为主键。作为主键的列不能为空,一个表有且仅有一个主键。

computed_column_expression:定义计算列值的表达式。计算列是物理上并不存储在表中的虚拟列。列由同一表中的其他列通过表达式计算得到。表达式可以是非计算列的列名、常量、函数和变量,也可以是用一个或多个运算符连接的上述元素的任意组合。表达式不能为子查询。

【例4 –3】　使用 T – SQL 语句创建学生表。

具体代码如下：

```
CREATE TABLE 学生(
    学号 int not null identity primary key,/*指定学号是主键,值从1开始自动生成*/
    姓名 varchar(20)not null,
    性别 char(2),
    出生日期 smalldatetime,
    入学时间 smalldatetime default (getdate()),/*入学时间默认为当前时间*/
    班级 varchar(10)null
)
```

三　任务实施

创建表前应该先确定表的名字和结构,表名为图书,表结构如表 4 - 3 所示。

表 4 - 3　图书表结构

字段名	类　型	长　度	是否允许为空值	说　明
图书编号	int		not null	主键、标识列(1,1)
图书名称	varchar	50	not null	
作者	varchar	20	not null	
出版社	varchar	50	null	
类别	smallint		not null	
定价	numeric	5	null	精度:5,小数位数:2
书号	varchar	30	not null	
图书简介	text		null	
库存量	smallint		null	
销售量	smallint		null	
上架时间	smalldatetime		null	
图片	varchar	50	null	

1. 使用 SQL Server Management Studio 创建表

a. 启动 SQL Server Management Studio,在【对象资源管理器】中展开在线书店数据库,右击【表】,在快捷菜单中单击【新建表】命令。

b. 在弹出的编辑窗口中根据设计好的表结构分别输入各列的名称、数据类型、长度、精度和是否为空等属性,如图 4 - 8 所示。

c. 设置完各列的属性后,单击工具栏上的【保存】按钮,在弹出的【选择名称】对话框中输入表的名称"图书",然后单击【确定】按钮。

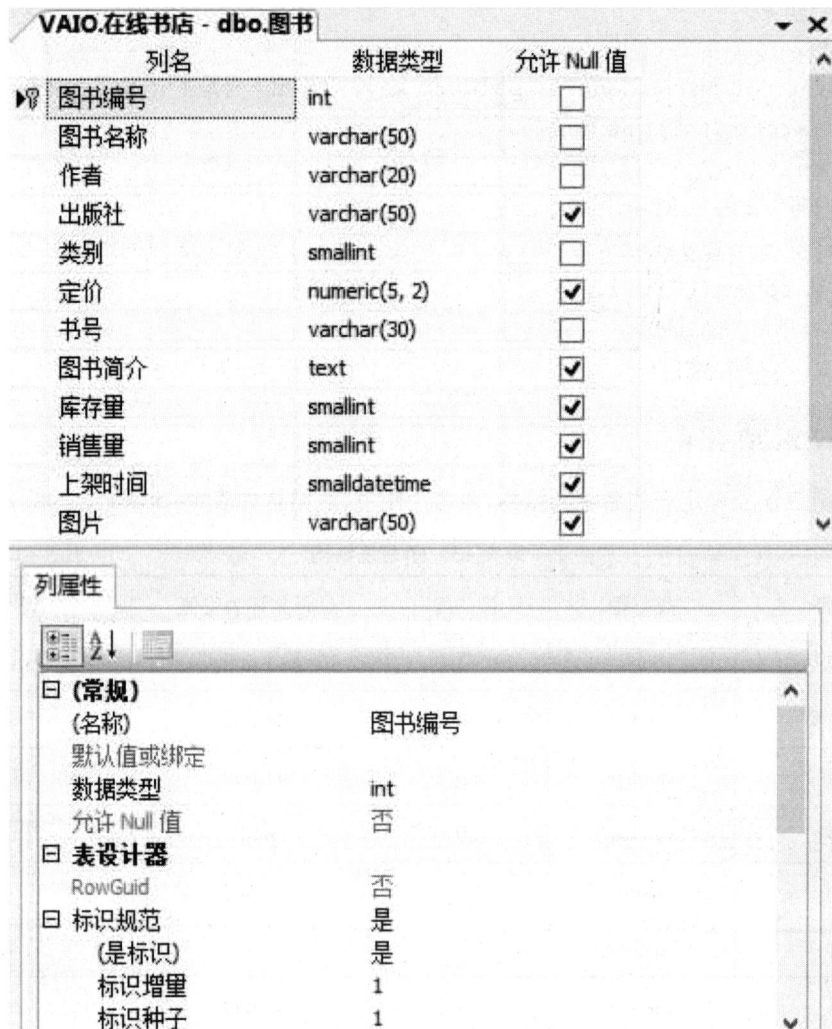

图4-8　图书表结构

2. 使用 T-SQL 语句创建表

使用 T-SQL 语句创建图书表的命令如下：

```
USE 在线书店
GO
CREATE TABLE 图书
    (
    图书编号 int identity(1,1)primary key NOT NULL,
    图书名称 varchar(50)NOT NULL,
    作者 varchar(20)NOT NULL,
    出版社 varchar(50)NULL,
    类别 smallint NOT NULL,
    定价 numeric(5,2)NULL,
    书号 varchar(30)NOT NULL,
```

```
图书简介 text NULL,
库存量 smallint NULL,
图片 varchar(50)NULL
)
```

四　任务拓展训练

1. 创建图书类别表

在在线书店数据库中创建用于保存图书类别的数据表,表名为"图书类别",表结构如表 4 - 4 所示。

表 4 - 4　图书类别表结构

字段名	类　型	长　度	是否允许为空值	说　明
类别编号	smallint		not null	主键、标识列(1,1)
类别名称	varchar	20	not null	

2. 创建用户等级表

在在线书店数据库中创建用户等级表,表名为"等级",表结构如表 4 - 5 所示。

用户等级由消费金额自动确定,用户有几个级别:普通用户、VIP 用户(1 000 元)、银钻用户(5 000)和金钻用户(10 000 元),用户等级能够决定购书折扣:9 折、8 折或 7 折。

表 4 - 5　等级表结构

字段名	类　型	长　度	是否允许为空值	说　明
等级编号	tinyint		not null	主键
消费金额下限	int		null	
消费金额上限	int		null	
等级名称	varchar	10	null	
折扣	numeric(3,1)	3	null	精度:3,小数位数:1

3. 创建订单表

在在线书店数据库中创建用于保存用户订购商品详细信息的"订单表",表结构如表 4 - 6 所示。

表 4 - 6　订单表结构

字段名	类　型	长　度	是否允许为空值	说　明
订单编号	int		not null	主键、标识列(1,1)
用户账号	varchar	20	not null	
订单时间	smalldatetime		not null	
订单状态	varchar	10	not null	
总金额	float		not null	

4. 创建用户表

在在线书店数据库中创建用于保存用户个人账户信息的用户表。表名为"用户",表结构如

表4-7所示。

表4-7 用户表结构

字段名	类型	长度	是否允许为空值	说明
用户账号	varchar	20	not null	主键
密码	varchar	20	not null	
姓名	varchar	10	not null	
性别	char	2	null	
电话	varchar	20	null	
地址	varchar	50	null	
邮编	char	6	null	
邮箱	varchar	30	null	
创建时间	smalldatetime		null	
消费金额	float		null	默认值为0
用户等级	tinyint		null	默认值为1

任务4.2 数据表的修改与删除

一 任务说明

1. 任务描述

数据表创建以后,在使用过程中经常需要对原先定义的表的结构、约束等属性进行修改,例如,任务4.1中创建的图书表,缺少出版时间信息,要求在图书表中添加出版时间列。表的修改与删除和表的创建一样,可以通过 SQL Server Management Studio 和 T-SQL 语句两种方法来进行。

对一个已存在的表可以进行如下修改操作:

a. 更改表名。

b. 增加列。

c. 删除列。

d. 修改已有列的属性(列名、数据类型、是否允许空值)。

e. 删除数据表。

本任务要求对在线书店数据库中的图书表完成以下修改:

a. 将图书数据表名称改为"book"。

b. 向"book"表中增加新列,列名为"出版时间",smalldatetime 数据类型,允许空。

c. 向"book"表中增加新列,列名为"印刷数量",int 数据类型,允许空。

d. 将"book"表中"印刷数量"一列的数据类型改为"char",长度为"10"。

e. 将"book"表中的"印刷数量"列删除。

2. 任务目标

本任务的目标是熟练使用 SQL Server Management Studio 和 T-SQL 语句两种方法完成数据表的修改与删除操作。

二　基本知识

1. 修改表

（1）更改表名

SQL Server 允许改变一个表的名字，但当表名改变后，与此相关的某些对象（如视图等）以及通过表名与表相关的存储过程将失效。因此，建议一般不要更改一个已有的表名，特别是在其上已经定义了视图或者建立了相关的表。

使用 SQL Server Management Studio 修改表名的方法：启动 SQL Server Management Studio，在【对象资源管理器】中依次展开数据库，展开【表】，右击要重命名的表，在弹出的快捷菜单中选择【重命名】命令，然后输入新表名即可。

也可以使用存储过程"sp_rename"更改表名，语句格式如下：

sp_rename [table_name],[new_table_name]

说明：

a. table_name：表的当前名称。

b. new_table_name：指定表的新名称，该名称要遵循标识符的规则。

（2）使用 SQL Server Management Studio 修改表结构

如果需要对已创建的表结构进行修改，应尽可能在表中没有数据时进行。如果增加列到已有数据的表中，必须保证增加的列允许空值；如果修改已经含有数据的表中列的数据类型，则必须保证数据类型兼容，如果数据类型不相符，就会导致错误。

在 SQL Server Management Studio 中修改表结构，首先右击需要修改的表，在弹出的快捷菜单中选择【设计】命令，打开表结构编辑窗口。

① 增加列

若要插入新列，在编辑窗口中任意列上右击鼠标，在弹出的快捷菜单中选择【插入列】命令，如图 4-9（a）所示，则在选中的列之前插入一空白行，如图 4-9（b）所示，然后输入新列名，选择数据类型，确定为空性；也可以在最后一列后面的空白行添加新列。可以向表中添加多个列，最后单击工具栏上的【保存】按钮。

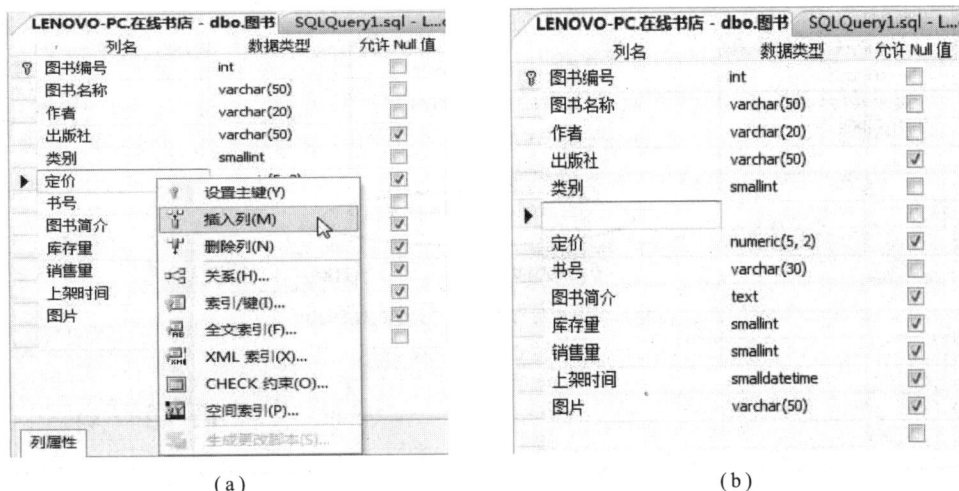

（a）　　　　　　　　　　　　　　　（b）

图 4-9　增加列

提示：

若单击【保存】按钮后弹出如图 4 - 10 所示的警告对话框，提示不允许保存更改。此时用户可以选择【工具】|【选项】菜单，如图 4 - 11 所示，展开【选项】对话框左侧的树形目录，单击【Designers】，取消选择【阻止保存要求重新创建表的更改】复选框，然后单击【确定】按钮。

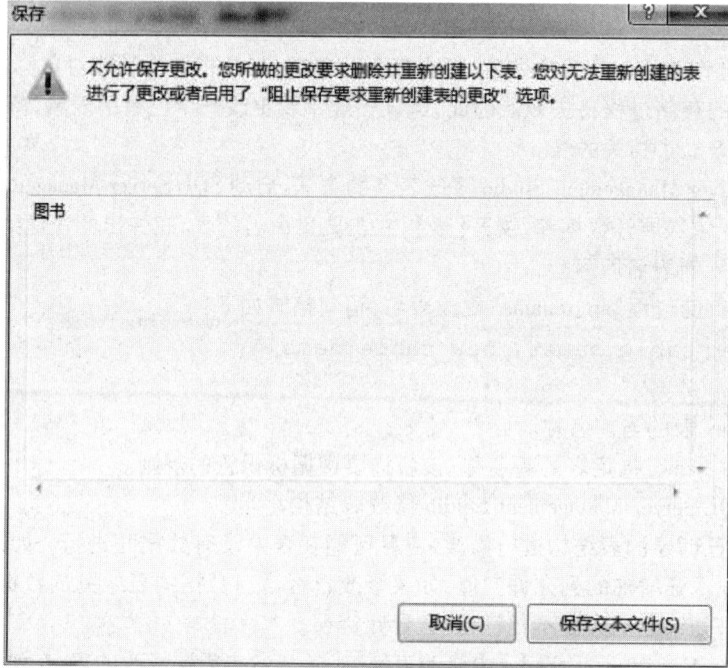

图 4 - 10   警告对话框

图 4 - 11   【选项】对话框

② 删除列

由于在 SQL Server 中被删除的列是不可恢复的,因此在删除列之前要慎重考虑。并且,在删除一个列之前,必须保证基于该列的所有索引和约束都已被删除。

在 SQL Server Management Studio 中删除列,只需在表结构编辑窗口中,右击需要删除的列,然后选择【删除列】命令即可。

③ 修改已有列的属性

修改已有列的属性包括更改列名、列的数据类型、长度和为空性等属性。如果表中已有数据,则尽量不要修改表的结构,特别是修改列的数据类型,以免产生错误。

下列类型的列不能被修改:

a. 数据类型为 text,ntext,image,timestamp 等类型的列。

b. 计算列或计算列中引用的列。

c. 全局标识列。

d. 被复制的列。

e. 用于索引的列。

f. 用于主键约束、外键约束、CHECK 约束或 UNIQUE 约束的列(用于 CHECK 约束或 UNIQUE 约束中的可变长度列的长度仍然允许更改)。

g. 绑定了默认对象的列。

(3) 使用 T - SQL 语句修改表结构

使用 T - SQL 语句的"ALTER TABLE"命令可以完成对表结构的修改。

语法格式如下:

```
ALTER TABLE table_name {
  ALTER COLUMN column_name new_data_type[(precision[,scale])][NULL |
    NOT NULL]
|ADD <column_definition>[,…n]
|DROP COLUMN column_name[,…n]
}
```

说明:

a. ALTER COLUMN:修改表中指定列的属性,要修改的列名由"column_name"给出。

b. new_data_type:指出要更改的列的新数据类型。

c. precision:指定数据类型的精度。

d. scale:指定数据类型的小数位数。

e. ADD:指定要添加一列或多列。列名、数据类型等属性由"column_definition"定义。

f. DROP:指定从表中删除一列或多列。"column_name"给出被删除的列名。

2. 删除表

当数据库中的某些表失去作用时,可以删除表以释放空间。删除表时,表的结构定义、表中所有数据以及表的索引、触发器、约束等均被永久地从数据库中删除。如果要删除的表与其他表有依赖关系,如定义了"FOREIGN KEY"约束,则必须首先删除具有"FOREIGN KEY"约束的表,否则该表不允许被删除。

在 SQL Server Management Studio 中删除表时,首先在【对象资源管理器】中找到要删除的表,在表名上右击鼠标,在弹出的快捷菜单中选择【删除】命令,然后在打开的【删除对象】对话框中单击【确定】按钮即可。

也可以使用 T‒SQL 语句的"DROP TABLE"命令删除表,语法格式如下:

DROP TABLE ＜table_name＞[,…n]

说明:

a. "table_name"为要删除的表名,可以同时删除多个表。

b. 数据库中的表一旦被删除,将不能恢复,表中的数据、在表上建立的索引等都将自动删除;在表上建立的视图虽然保留,但也无法引用。因此,执行删除操作一定要格外小心。

三 任务实施

使用 SQL Server Management Studio 和 T‒SQL 语句两种方法对在线书店数据库中的图书数据表完成修改与删除操作。

1. 更改表名

(1) 使用 SQL Server Management Studio 修改表名的方法

在【对象资源管理器】中展开在线书店数据库,展开【表】,在图书表上右击鼠标,在弹出的快捷菜单中选择【重命名】命令,然后输入新表名"book"即可,如图 4‒12 所示。

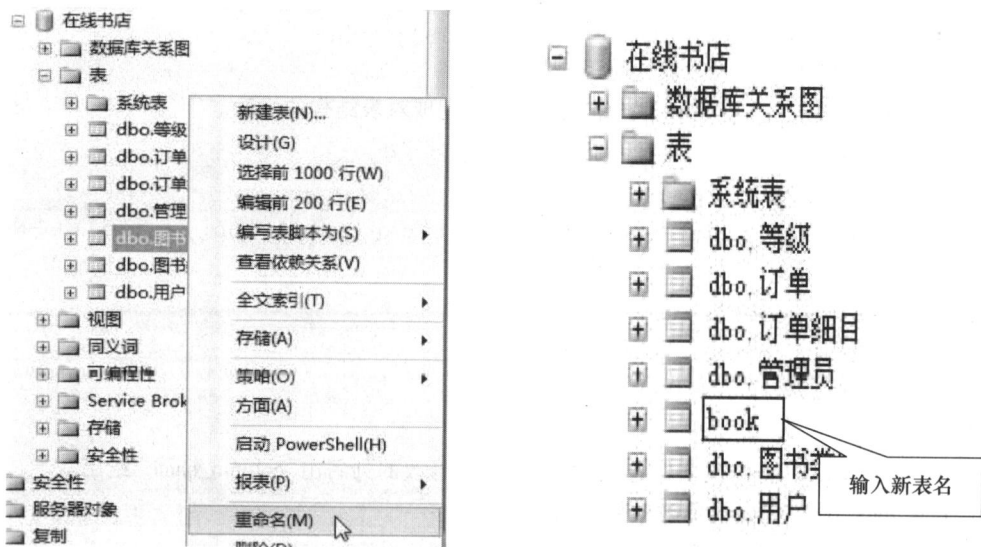

图 4‒12　修改表名称

(2) 使用存储过程"sp_rename"更改表名

命令如下:

```
sp_rename 图书,book
```

命令执行成功后,在【表】上右击鼠标,单击【刷新】命令,即可看到修改结果,如图 4‒13 所示。

2. 增加列

(1) 使用 SQL Server Management Studio 向"book"表中增加出版时间和印刷数量两个新列

a. 在【对象资源管理器】中展开在线书店数据库,展开【表】,在"book"表上右击鼠标,在弹出的快捷菜单中选择【设计】命令,打开表结构编辑窗口;

b. 在【上架时间】列上右击鼠标,在弹出的快捷菜单中选择【插入列】命令,则在【上架时间】列之前插入一空白行;

图 4 - 13　查看修改结果

c. 在插入的空白行的【列名】栏输入【出版时间】,【数据类型】栏选择"smalldatetime",【允许 Null 值】栏单击打对钩;

d. 再一次在【上架时间】列上右击鼠标,选择【插入列】命令,插入一空白行;然后在【列名】栏 输入【印刷数量】,【数据类型】栏选择"int",允许空。

e. 单击工具栏上的【保存】按钮或表结构编辑窗口的【关闭】按钮,在打开的【保存】对话框中 单击【是】按钮,保存修改结果,如图 4 - 14 所示。

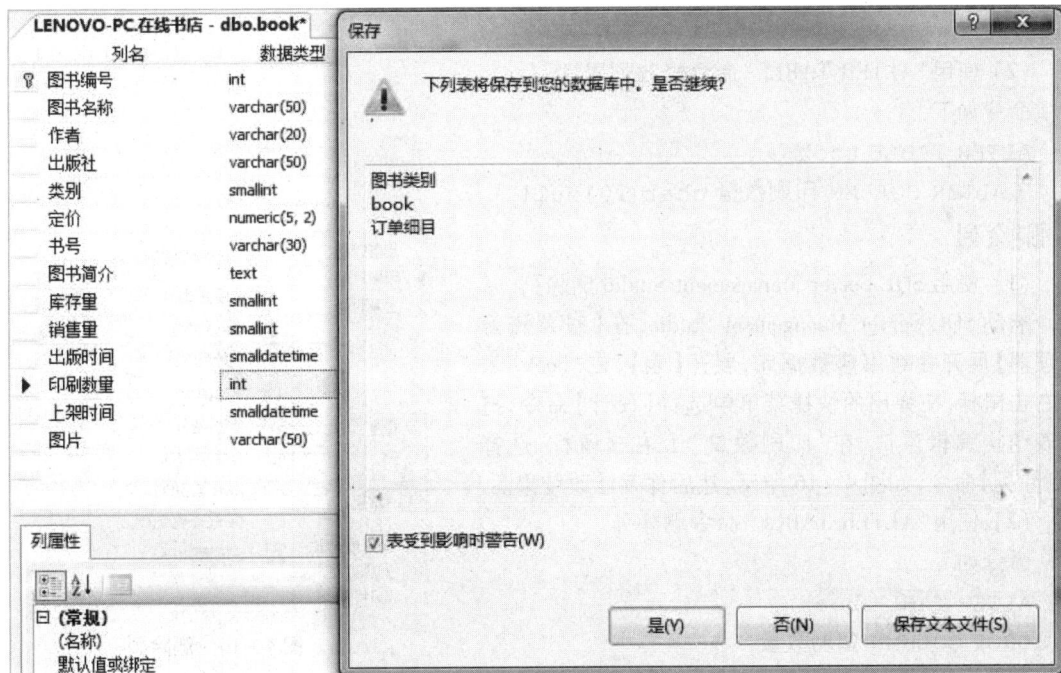

图 4 - 14　保存增加的列

（2）使用"ALTER TABLE"命令向"book"表中增加出版时间和印刷数量两个新列

具体代码如下：

```
ALTER TABLE book
   ADD 出版时间 smalldatetime null,印刷数量 int null
```

3. 修改列属性

（1）使用 SQL Server Management Studio 修改列属性

启动 SQL Server Management Studio,在【对象资源管理器】展开在线书店数据库,展开【表】,在"book"表上右击鼠标,在弹出的快捷菜单中选择【设计】命令,打开表结构编辑窗口;将"印刷数量"一列的数据类型改为"char",长度为"10",如图 4－15 所示,最后保存修改结果。

图 4－15　修改列属性

（2）使用"ALTER TABLE"命令修改列属性

命令如下：

```
ALTER TABLE book
   ALTER COLUMN 印刷数量 char(10)null
```

4. 删除列

（1）使用 SQL Server Management Studio 删除列

启动 SQL Server Management Studio,在【对象资源管理器】展开在线书店数据库,展开【表】,在"book"表上右击鼠标,在弹出的快捷菜单中选择【设计】命令,打开表结构编辑窗口;在"印刷数量"上右击鼠标,选择【删除列】命令,如图 4－16 所示,然后保存修改结果。

（2）使用"ALTER TABLE"命令删除列

命令如下：

```
ALTER TABLE book
DROP COLUMN 印刷数量
```

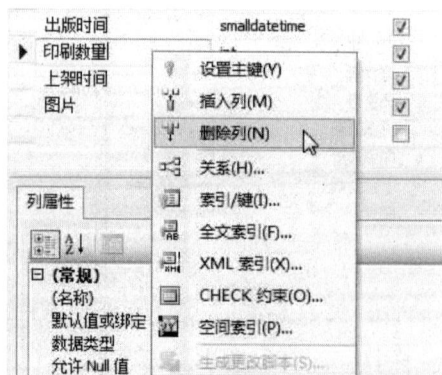

图 4－16　删除列

四　任务拓展训练

使用 SQL Server Management Studio 和 T – SQL 语句两种方法对在线书店数据库中的数据表完成下面操作。

a. 更改表名拓展训练

- "图书类别"表改名为"book_category"。
- 将表示用户等级的"等级"表改名为"user_level"。
- "订单"表改名为"order"。
- "用户"表改名为"user"。

b. 修改表结构拓展训练

- 向"user"表中添加新列,列名为"昵称",数据类型为"char",长度"20",允许空。
- 向"order"表中添加两个新列,列名为"付款状态",数据类型为"char",长度"6",默认值为"未付款"。列名为"发货状态",数据类型为"char",长度"6",默认值为"未发货"。
- 将"order"表中的"付款状态"和"发货状态"列的数据类型改为"bit"型。
- 将"user_level"表中的"消费金额下限"和"消费金额上限"列的数据类型改为"money"型。
- 将"order"表中的"付款状态"和"发货状态"列删除。

任务 4.3　表数据的操作

一　任务说明

1. 任务描述

任务 4.1 中完成了在线数据库各数据表结构的定义,任务 4.2 中又对表结构进行了修改和完善,下一步要做的就是在表中进行数据操作。对表中的数据操作包括表记录的插入、修改和删除。

2. 任务目标

本任务的目标是熟练使用 SQL Server Management Studio 和 T – SQL 语句两种方法完成向在线书店数据库的数据表中添加新记录、修改记录或删除记录的操作。

二　基本知识

1. 表数据的添加

向表中插入数据就是将新记录添加到表尾。

（1）使用 SQL Server Management Studio 向表中添加记录

启动 SQL Server Management Studio,在【对象资源管理器】中依次展开数据库,展开【表】,在要添加记录的数据表上右击鼠标,弹出快捷菜单选择【编辑前 200 行】命令,然后在打开的表数据窗口中依次输入各列的数据值,直到输入完成,如图 4 – 17 所示。可以同时向表中添加多条记录,最后单击数据窗口标题栏右上角的【关闭】按钮或工具栏中的【保存】按钮,完成新记录的添加。

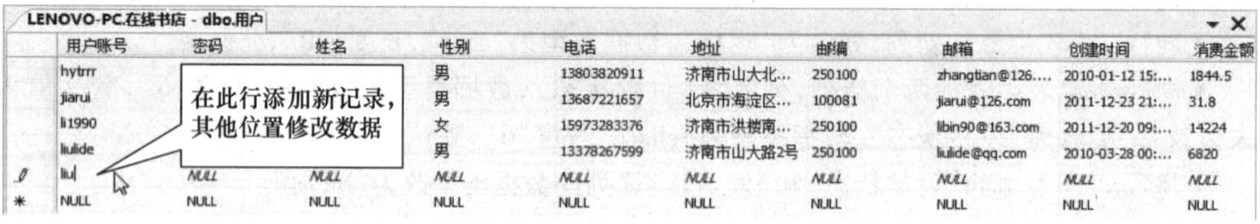

图 4 – 17　添加新记录

注意:输入的数据必须遵循约束规则,并且符合数据类型格式要求,在输入数据过程中可以按 ESC 键取消不符合约束的数据的输入。

(2)使用 T – SQL 语句的"INSERT"命令添加记录

语法格式如下:

```
INSERT [INTO] table_name[(column_name[,…n])] VALUES (constant_ex-
pression[,…n])
```

说明:

a. "INSERT"语句中的"INTO"可以省略。

b. "table_name"指定要添加记录的表名,"table_name"后面的列名可以省略,此时新插入的记录必须指定每列的值,由"VALUES"子句中的"constant_expression"给出各列的值。

c. 若"table_name"后面指定部分列名,"VALUES"子句要给出一一对应的数据,常量的顺序和指定的列名顺序必须一致。允许省略列的原则为:

- 设置为标识的列,其值由系统根据"seed"和"increment"值自动计算得到。
- 具有默认值的列,其值为默认值。
- 没有默认值的列,若允许为空值,则其值为空值;若不允许为空值,则出错。
- 类型为"timestamp"的列,系统自动赋值。

2. 表数据的修改

(1)使用 SQL Server Management Studio 修改表数据

使用 SQL Server Management Studio 修改表中数据与向表中添加记录一样,打开表的数据窗口,在表数据窗口中直接对记录的数据进行修改。使用 SQL Server Management Studio 能逐个修改字段值,可以直观地看到原有数据和修改后的数据,但是如果修改量很大,采用这种方法将会非常麻烦。

在 SQL Server 2008 中,当数据记录的行数大于 200 行时,对表内容进行修改操作,在表上右击鼠标,选择【编辑前 200 行】命令打开的数据窗口中,并没有想要的 200 行后的数据,此时可以采用下面两种方法完成 200 行之后记录的修改操作。

方法一:首先在表上右击鼠标,选择【编辑前 200 行】命令打开的数据窗口,然后在工具栏中选择【显示 SQL 窗格】按钮,在弹出的 sql 窗格中,将 select top(200)... 命令中的 200 改为需要的数字,如 2000 甚至删去"TOP(200)",如图 4 – 18 所示。按 F5 或单击工具栏中的【执行 SQL】按钮,现在就可以在数据窗口中进行修改操作了。

图 4 – 18 修改 200 行之后的数据

方法二:在菜单栏选择【工具】|【选项】命令,在弹出的【选项】对话框中,展开【SQL Server 对象资源管理器】|【命令】,在右边的【"编辑前 <n> 行"命令的值】文本框中设置需要修改的值,如图 4 – 19 所示。

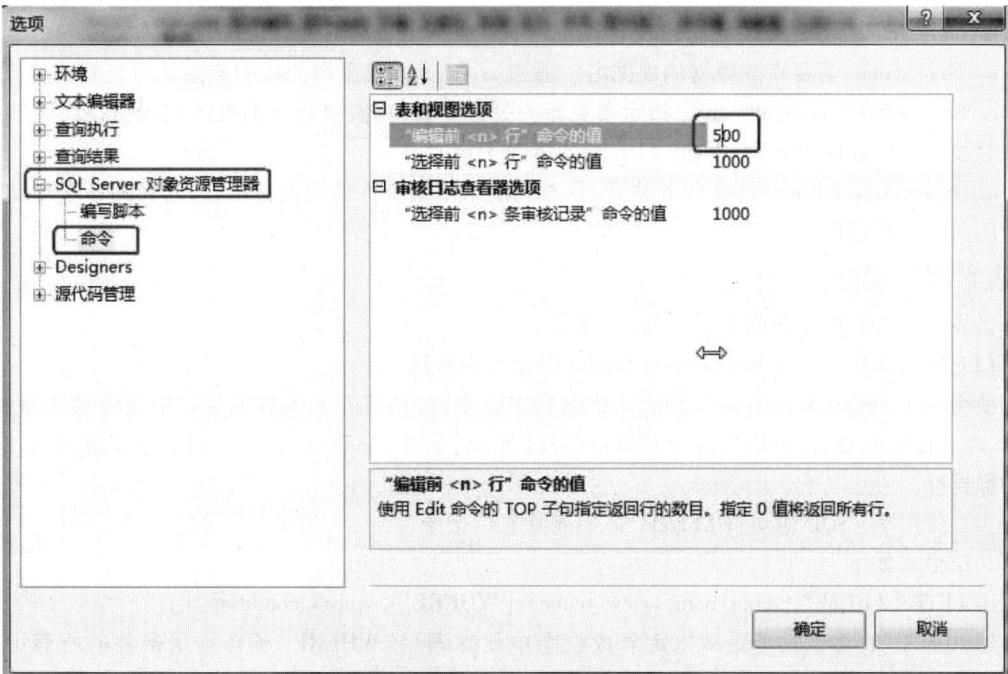

图 4 – 19 设置【选项】参数

单击【确定】按钮后，再次右击表，快捷菜单中出现自己设定的最大行数，如图4-20所示。

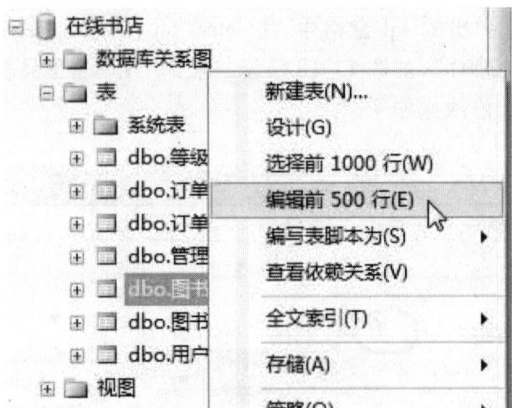

图4-20　编辑最大行改变

（2）使用 T-SQL 语句的"UPDATE"命令修改表数据

使用 T-SQL 语句的"UPDATE"命令可以按照给定条件修改指定表中的字段值，既可以一次修改一行数据，也可以一次修改多行数据，甚至可以修改所有数据行，适用于大量数据的修改。语法格式如下：

```
UPDATE {table_name |view_name}
  SET column_name ={expression |DEFAULT |NULL}[,…n]
  [WHERE <search_condition>]
```

说明：

a. table_name：需要修改数据的表名。

b. view_name：需要修改数据的视图名。通过"view_name"引用的视图必须是可更新的。

c. SET 子句中"column_name"指定要更新的列或变量，其值由给出的表达式的值、默认值或空值来替换。如果要修改多列，需要"，"分隔各修改子句。

d. <search_condition>：条件表达式，只对满足给定的条件的行进行修改，若省略该子句，则对表中的所有行进行修改。

3. 表数据的删除

当表中某些数据不再需要时，要将其删除。

（1）使用 SQL Server Management Studio 删除表中数据

使用 SQL Server Management Studio 删除表中数据时，在打开的表数据窗口中定位要删除的数据行，单击鼠标右键，在弹出的快捷菜单中选择【删除】命令，在确认窗口单击【是】按钮，删除所选择的数据行。

（2）使用 T-SQL 语句"DELETE"命令删除表中记录

语法格式如下：

DELETE [FROM] {table_name|view_name} [WHERE <search_condition>]

"DELETE"命令的功能是从指定表或视图中删除满足"WHERE"子句给定条件的所有记录。如果省略"WHERE"子句，则删除表中全部记录，只保留表结构。

三　任务实施

使用 SQL Server Management Studio 和 T－SQL 语句两种方法对在线书店数据库中的数据表完成数据的添加、修改与删除操作。

1. 使用 SQL Server Management Studio 管理表中的数据

启动 SQL Server Management Studio，在【对象资源管理器】中展开在线书店数据库，展开【表】，在图书表上右击鼠标，弹出快捷菜单选择【编辑前 200 行】命令，打开表数据窗口；如果要修改数据，直接将光标定位到要修改的列值上，输入新值即可，如果要添加新记录，则将光标定位到最下面的空白行中输入各列的值，如图 4－21 所示。

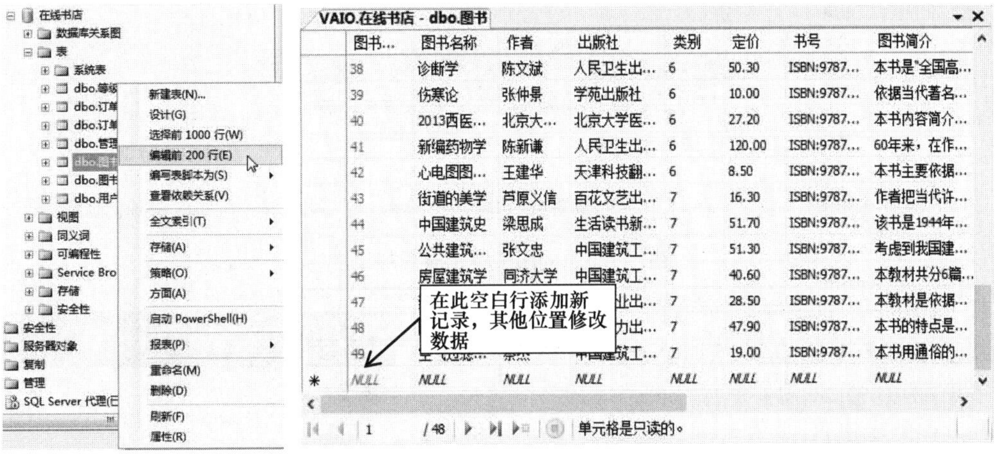

图 4－21　SQL Server Management Studio 中添加和修改记录

如果要删除记录，首先在数据窗口中定位要删除的一行或多行数据，单击鼠标右键，在弹出的快捷菜单中选择【删除】命令，在确认窗口单击【是】按钮，删除所选择的数据行，如图 4－22 所示。

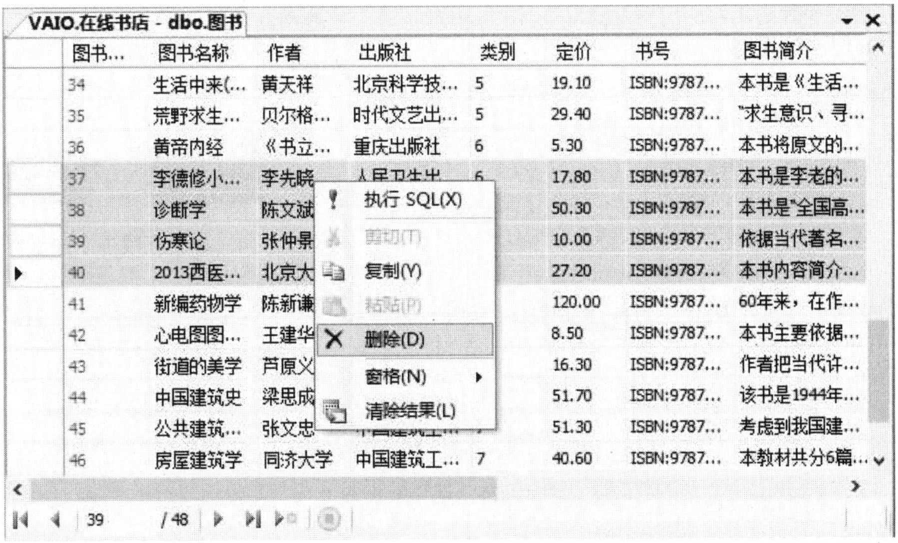

图 4－22　SQL Server Management Studio 中删除记录

最后单击数据窗口标题栏右上角的【关闭】按钮或工具栏中的【保存】按钮,完成操作。

2. 使用 T - SQL 语句添加记录

(1) 向图书类别表中添加新记录

在图书类别表已录入 7 条记录的基础上,使用"INSERT"命令向图书类别表中添加类别名称为"官场"的新记录,如图 4 - 23 所示。

"INSERT"命令如下:

INSERT INTO 图书类别 VALUES('官场')

图书类别表只有"类别编号"和"类别名称"两列,"类别编号"定义为标识列,其值由系统根据"seed"和"increment"值自动给出,所以,在表名后面不需要指定列名。

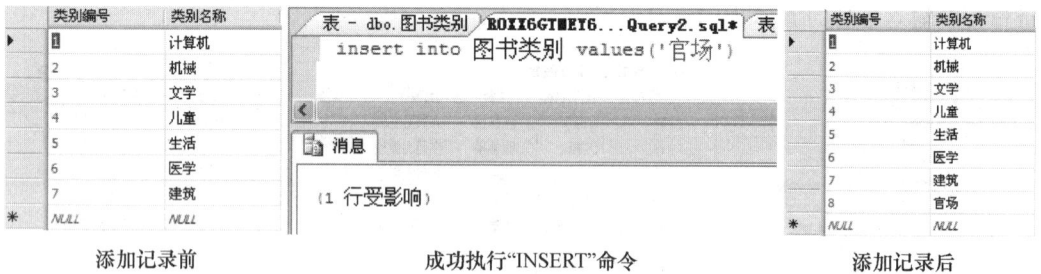

类别编号	类别名称
1	计算机
2	机械
3	文学
4	儿童
5	生活
6	医学
7	建筑
* NULL	NULL

添加记录前

insert into 图书类别 values('官场')

消息

(1 行受影响)

成功执行"INSERT"命令

类别编号	类别名称
1	计算机
2	机械
3	文学
4	儿童
5	生活
6	医学
7	建筑
8	官场
* NULL	NULL

添加记录后

图 4 - 23 向图书类别表添加记录

(2) 向用户数据表中添加数据

用户在在线书店网站上注册时,注册信息会保存在用户表中,如图 4 - 24 所示。

用户数据表中有"创建时间""消费金额"和"用户等级"三列,"创建时间"是根据用户注册的时间自动生成的;"消费金额"是由用户购买图书订单计算得到的,"用户等级"是根据消费金额系统给出的。

下面给出向用户表添加如图 4 - 25 所示的基本信息的"INSERT"命令。

"INSERT"命令如下:

INSERT INTO 用户(用户账号,密码,姓名,性别,电话,地址,邮编,邮箱)VALUES('hytrrr','6433hy','张天','男','13803820911','济南市山大北路 42 号','250100','zhangtian@126.com')

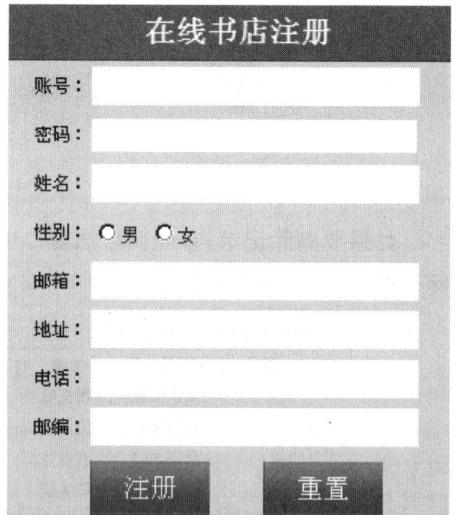

图 4 - 24 在线书店注册界面

用户账号	密码	姓名	性别	电话	地址	邮编	邮箱
hytrrr	6433hy	张天	男	13803820911	济南市山大北路42号	250100	zhangtian@126.com
jiarui	jiajia	贾瑞	男	13687221657	北京市海淀区中关村南大街5号	100081	jiarui@126.com
li1990	199002	李斌	女	15973283376	济南市洪楼南路33号	250100	libin90@163.com
liulide	liuliu	刘立德	男	13378267599	济南市山大路2号	250100	liulide@qq.com

图 4 - 25 用户数据表

INSERT INTO 用户(用户账号,密码,姓名,性别,电话,地址,邮编,邮箱)VALUES('jia-

rui','jiajia','贾瑞','男','13687221657','北京市海淀区中关村南大街 5 号','
100081','jiarui@ 126. com','2011 -12 -23 21:19:00',31.8,1)

INSERT INTO 用户(用户账号,密码,姓名,性别,电话,地址,邮编,邮箱) VALUES ('
li1990','199002','李斌','女','15973283376','济南市洪楼南路 33 号','250100
','libin90@ 163. com','2011 -12 -20 9:00:00',14224,4)

INSERT INTO 用户(用户账号,密码,姓名,性别,电话,地址,邮编,邮箱) VALUES ('li-
ulide','liuliu','刘立德','男','13378267599','济南市山大路 2 号','250100','
liulide@ qq. com','2010 -3 -28 0:00:00',6820,3)

（3）向用户数据表中添加新记录

向用户表添加新记录:用户账号为"liujiateng",密码"ljt2012",姓名"刘加腾",用户等级为
"1"。具体代码为:

INSERT 用户(用户账号,密码,姓名,用户等级) VALUES('liujiateng', 'ljt2012', '刘加腾',1)

添加结果如图 4 -26 所示。

用户账号	密码	姓名	性别	电话	地址	邮编	邮箱	创建时间	消费金额	用户等级
hytrrr	6433hy	张天	男	13803820911	济南市山大北路42号	250100	zhangtian@126.com	2010-1-12 15:40:00	1844.5	2
jiarui	jiajia	贾瑞	男	13687221657	北 **新记录** 村南大街5号	100081	jiarui@126.com	2011-12-23 21:19:00	31.8	1
li1990	199002	李斌	女	15973283376		250100	libin90@163.com	2011-12-20 9:00:00	14224	4
liujiateng	ljt2012	刘加腾	NULL	NULL	NULL	NULL	NULL	NULL	0	1
liulide	liuliu	刘立德	男	13378267599	济南市山大路2号	250100	liulide@qq.com	2010-3-28 0:00:00	6820	3

图 4 -26　向用户数据表添加新记录

3. 使用 T -SQL 语句修改数据

a. 将图书表中所有图书的库存量增加"100"。

具体代码为:

UPDATE 图书 SET 库存量 =库存量 +100

b. 将图书表中图书类别为"2"的图书的库存量增加"200"。

具体代码为:

UPDATE 图书 SET 库存量 =库存量 +200 WHERE 类别 =2

c. 向订单表中添加"付款状态"和 "发货状态"两列,并将所有订单已完成的记录的付款状态
设置为"已付款",发货状态设置为"已发货"。

具体代码为:

ALTER TABLE 订单 ADD 付款状态 char(6),发货状态 char(6)

UPDATE 订单 SET 付款状态 ='已付款',发货状态 ='已发货' WHERE 订单状态 ='订单完成'

结果如图 4 -27 所示。

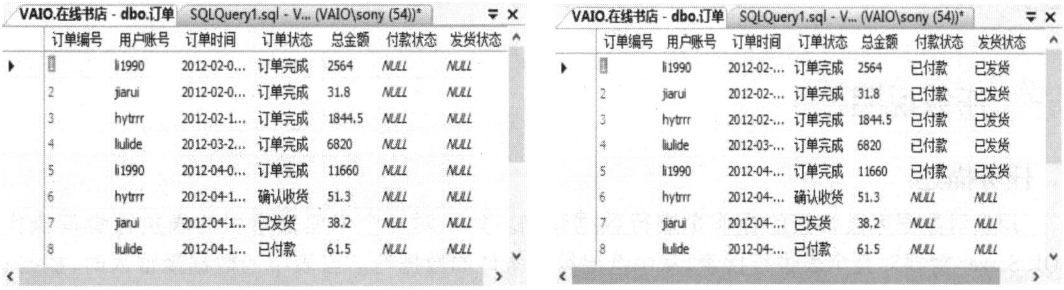

订单编号	用户账号	订单时间	订单状态	总金额	付款状态	发货状态
1	li1990	2012-02-0...	订单完成	2564	NULL	NULL
2	jiarui	2012-02-0...	订单完成	31.8	NULL	NULL
3	hytrrr	2012-02-1...	订单完成	1844.5	NULL	NULL
4	liulide	2012-03-2...	订单完成	6820	NULL	NULL
5	li1990	2012-04-0...	订单完成	11660	NULL	NULL
6	hytrrr	2012-04-1...	确认收货	51.3	NULL	NULL
7	jiarui	2012-04-1...	已发货	38.2	NULL	NULL
8	liulide	2012-04-1...	已付款	61.5	NULL	NULL

插入新列

订单编号	用户账号	订单时间	订单状态	总金额	付款状态	发货状态
1	li1990	2012-02-...	订单完成	2564	已付款	已发货
2	jiarui	2012-02-...	订单完成	31.8	已付款	已发货
3	hytrrr	2012-02-...	订单完成	1844.5	已付款	已发货
4	liulide	2012-03-...	订单完成	6820	已付款	已发货
5	li1990	2012-04-...	订单完成	11660	已付款	已发货
6	hytrrr	2012-04-...	确认收货	51.3	NULL	NULL
7	jiarui	2012-04-...	已发货	38.2	NULL	NULL
8	liulide	2012-04-...	已付款	61.5	NULL	NULL

修改数据

图 4 -27　管理数据

4. 使用 T–SQL 语句删除记录

a. 将图书表中库存量小于"400"的图书删除。

具体代码如下：

DELETE FROM 图书 WHERE 库存量 < 400

DELETE 命令执行后有 2 行记录被删除,如图 4–28 所示。

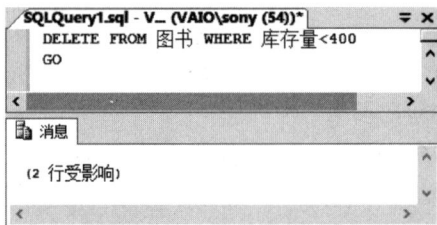

```
SQLQuery1.sql - V_ (VAIO\sony (54))*
DELETE FROM 图书 WHERE 库存量<400
GO
```

消息

(2 行受影响)

图 4–28　删除记录

b. 将用户表中消费金额为"0"的记录删除。

具体代码如下：

DELETE FROM 用户 WHERE 消费金额 = 0

四　任务拓展训练

a. 向等级数据表添加新数据,如图 4–29 所示。

等级编号	消费金额下限	消费金额上限	等级名称	折扣
1	0	1000	注册用户	1.0
2	1000	5000	VIP用户	0.9
3	5000	10000	银钻用户	0.8
4	10000	2000000000	金钻用户	0.7

图 4–29　等级表

b. 将等级表中"金钻用户"的折扣修改为"0.5",其他用户的折扣降低"0.1"。

c. 删除订单表中订单已完成的记录。

d. 将用户表中 2010 年前注册且消费金额在 100 元以下的用户删除。

任务 4.4　索引的创建与管理

一　任务说明

1. 任务描述

用户对数据库最频繁的操作是进行数据查询。如果对一个未建立索引的表执行查询操作,SQL Server 需要对整个表进行搜索,从中选出符合条件的数据行。当表中的数据量很大时,执行查询操作将会花费很长的时间,就会造成服务器的资源浪费。为了提高检索数据的能力,数据库引入了索引机制。

表的索引类似于图书的目录,图书目录能帮助读者无须阅读全书就可以快速地找到所需信息,同样,数据库的索引也能够迅速地找到表中的数据,而不必扫描整个表。在图书中,目录就是内容和相应页码的清单。在数据库中,索引就是表中数据和相应存储位置的列表。利用索引可以快速访问数据库表中的特定数据,索引和数据表间的关系如图 4 - 30 所示。

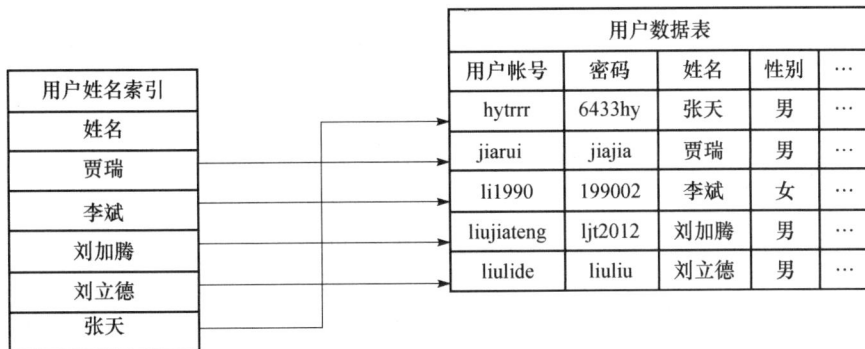

图 4 - 30　用户数据表与索引表关系

2. 任务目标

本任务的目标是理解索引的概念与功能,并能熟练使用 SQL Server Management Studio 和 T - SQL 语句两种方法创建与管理索引。

二　基本知识

1. 索引的概念

索引是一种特殊类型的数据库对象,它依赖于数据库的表,以表列为基础建立,保存着数据表中一列或几列组合的排序结构,并且记录了索引列在数据表中的物理存储位置,实现了表中数据的逻辑排序。对表中某列建立索引后,可以大大提高数据的检索效率。

索引是数据库中一个重要的对象,使用索引的优势有以下几点:

a. 可以大大加快数据检索速度。

b. 通过创建唯一索引,可以保证数据的唯一性。

c. 在使用“ORDER BY”和“GROUP BY”子句检索数据时,可以显著减少查询中分组和排序的时间。

d. 可以加速表与表之间的连接,尤其在实现数据参照完整性方面有特别意义。

通常情况下,只有当经常查询某些列中的数据时,才需要在表上创建索引。创建索引需要占用存储空间;索引的建立虽然加快了数据检索速度,却减慢了数据修改速度。因为每当执行一次数据的插入、删除和更新操作,就要维护索引。修改的数据越多,涉及维护索引的开销也就越大。不过在多数情况下,索引带来的检索速度的提升这一优势大大超过它的不足之处。

在 SQL Server 中,按存储结构的不同,可以把索引分成两种类型:聚集索引和非聚集索引;而根据数据库的功能,可以在数据库设计时创建:聚集索引、唯一索引和主键索引,SQL Server 2008 还具有 XML 索引和空间索引。

（1）聚集索引(Clustered Index)

数据表的物理顺序和索引表的顺序相同,它根据表中的一列或多列值的组合排列记录。每个表有且只能有一个聚集索引,因为一个表的记录只能以一种物理顺序存放。由于聚集索引的顺序与数据行存放的物理顺序相同,因此,聚集索引最适合于范围搜索,因为相邻的行将被物理地存放在相同或相邻的页面上。

创建聚集索引的几个注意事项如下:

a. 每个数据表只能创建一个聚集索引。

b. 由于聚集索引改变表的物理顺序,所以应先创建聚集索引,后创建非聚集索引。

c. 创建索引所需的空间来自用户数据库,而不是"TEMPDB"数据库。

d. 主键最适合作为聚集索引的列。

(2)非聚集索引(Nonclustered Index)

数据表的物理顺序和索引表的顺序不相同,索引表仅仅包含指向数据表的指针,这些指针本身是有序的,用于在表中快速定位数据。一个表可以同时存在聚集索引和非聚集索引,而且一个表可以有多个非聚集索引。创建非聚集索引的几个注意事项如下:

a. 创建非聚集索引实际上是创建了一个表的逻辑顺序的对象。

b. 索引包含指向数据页上的行的指针。

c. 一个数据表可创建多达 249 个非聚集索引。

d. 创建索引时,缺省为非聚集索引。

(3)唯一索引(Unique Index)

唯一索引不允许两行具有相同的索引值。如果现有数据中存在重复键值,则大多数数据库都不允许将新创建的唯一索引与表一起保存;如果数据表创建了唯一索引,当新数据与表中的键值重复时,数据库将拒绝接收此数据。

(4)主键索引

数据库表通常有一列或多列组合,其值用来唯一标识表中的每一行,该列称为表的主键。为表定义一个主键将自动创建主键索引,主键索引为聚集索引,是唯一索引的特殊类型。主键索引要求主键中的每个值是唯一的。

(5)XML 索引

为 XML 数据类型列创建 XML 索引,对列中 XML 实例的所有标记、值和路径进行索引,从而提高 XML 数据类型的查询性能。

(6)空间索引

空间索引是一种扩展索引,允许对空间数据类型的列(如 geography 或 geometry)定义索引,每个空间索引指向一个有限空间。空间索引和 XML 索引的详细内容请参考联机丛书。

在确定某一索引适合某一查询后,可以选择最适合的索引类型为数据表创建索引。

2. 创建索引

在 SQL Server 中,我们可以使用 SQL Server Management Studio 和 T – SQL 语句等方式创建索引。

(1)使用 SQL Server Management Studio 创建索引

方法一:

a. 启动 SQL Server Management Studio,在【对象资源管理器】中展开在线书店数据库。

b. 展开【表】,展开要在其上创建索引的表,例如,展开图书表,然后展开【索引】,可以看到已经存在一个索引,此索引是在定义表的主键时自动创建的主键索引,如图 4 – 31 所示。

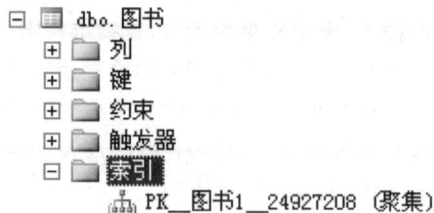

图 4 – 31 新建索引

c. 在【索引】文件夹上右击鼠标,选择【新建索引】命令,弹出【新建索引】对话框。在【索引名称】文本框中输入索引的名称"book_name"。【索引类型】列表框提供了聚集、非聚集、主 XML 和空间四个选项,用于设置索引类型,选择【非聚集】选项,并且选中【索引类型】列表框下面的【唯一】复选框,如图 4-32 所示。

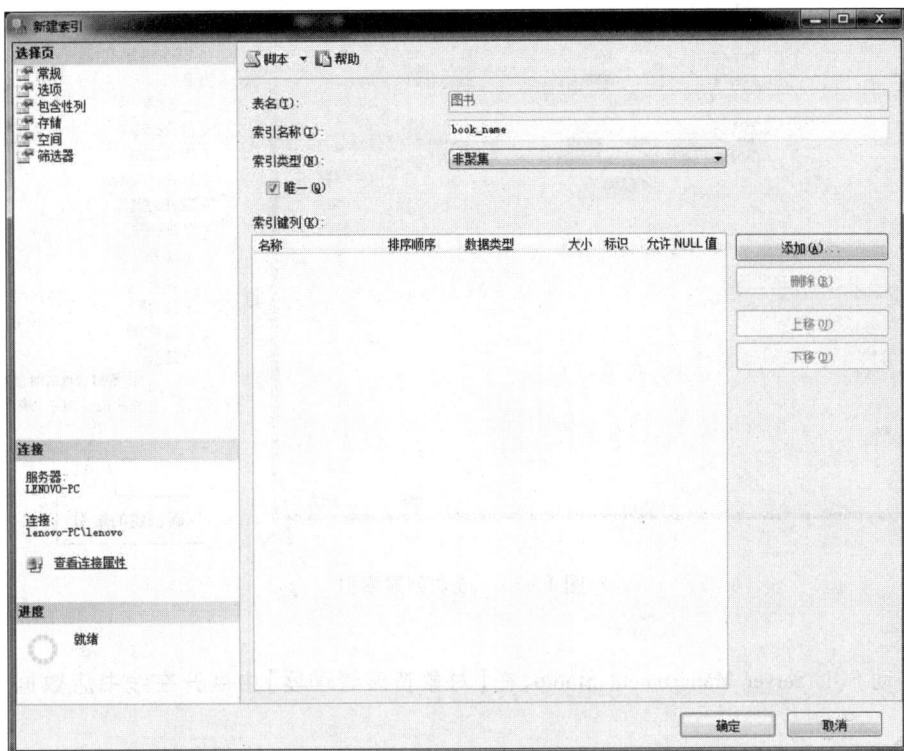

图 4-32　【新建索引】对话框

　　d. 单击【添加】按钮,弹出如图 4-33 所示的对话框,选中"图书名称",单击【确定】按钮,回到【新建索引】对话框。

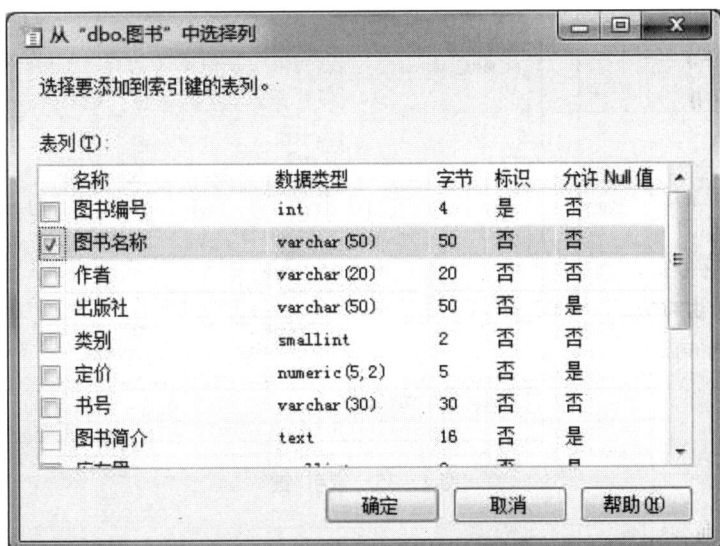

图 4-33　选择索引列

e.【排序顺序】下拉列表框用于设置索引的排列顺序,默认为升序,单击【确定】按钮,成功创建一个唯一、非聚集索引,如图4-34所示。

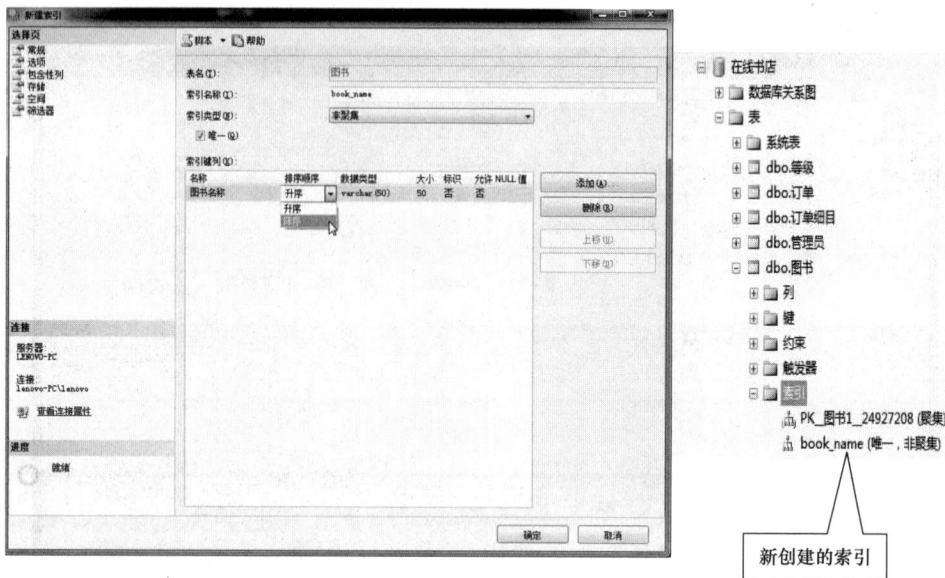

图4-34　成功创建索引

方法二:

a. 启动 SQL Server Management Studio,在【对象资源管理器】中展开在线书店数据库,展开【表】。

b. 右击要创建索引的表,例如,右击图书表,在弹出的快捷菜单中选择【设计】命令,打开图书表结构编辑窗口。在表结构编辑窗口中任意位置右击鼠标,在弹出的快捷菜单中选择【索引/键】命令,打开【索引/键】对话框,如图4-35所示。

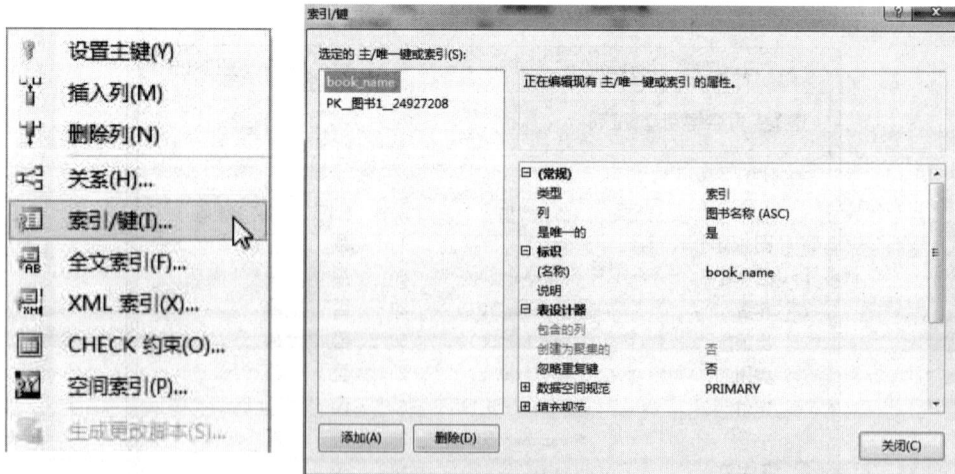

图4-35　索引/键

c. 在【索引/键】对话框中可以对已创建的索引进行管理,如修改、删除。单击【添加】按钮,然后修改新建索引名、选择索引列及列的排序顺序,再设置是否是聚集索引或唯一索引等选项,单击

【关闭】按钮,完成索引的创建。

提示:使用 SQL Server Management Studio 查看索引、修改索引、删除索引的方法与创建索引操作相似,后面不再赘述。另外,还可以使用向导创建索引,读者可以自己操作练习。

(2) 使用 T – SQL 语句创建索引

使用 T – SQL 语句的"CREATE INDEX"命令创建索引的语法格式如下:

```
CREATE [UNIQUE][CLUSTERED |NONCLUSTERED] INDEX index_name
ON {table_name |view_name}
(column_name [ASC |DESC][,…n])[ON filegroup_name]
```

说明:

a. UNIQUE:创建一个唯一索引,即索引项对应的值无重复值。在列包含重复值时不能创建唯一索引。如果使用此项,则应确定索引所包含的列不允许"NULL"值,否则在使用时会经常出错。对于视图创建的聚集索引必须是"UNIQUE"索引。

b. CLUSTERED |NONCLUSTERED:指明创建聚集索引还是非聚集索引,前者表示创建聚集索引。如果此选项缺省,则创建的索引为非聚集索引。

c. index_name:指明索引名,索引名在一个表中必须唯一,但在数据库中不必唯一。

d. table_name |view_name:指定创建索引的表或视图的名称。

e. column_name[,…n]:指定建立索引的列名,参数"n"表示可以指定多列作为索引的键。如果使用两个或两个以上的列组成一个索引,则称为复合索引。

f. ASC |DESC:指定索引列的排序方式是升序还是降序,默认为升序(ASC)。

g. ON filegroup_name:指定保存索引文件的数据库文件组名称。

【例 4 – 4】　为在线书店数据库中图书表的图书名称列创建非聚集索引。

具体代码如下:

```
USE 在线书店
CREATE INDEX book_name ON 图书(图书名称)
GO
```

【例 4 – 5】　根据图书表的图书名称列和作者列创建唯一复合索引。

具体代码如下:

```
USE 在线书店
CREATE UNIQUE INDEX book_author ON 图书(图书名称,作者)
GO
```

3. 查看索引

在表上创建索引后,可能需要查找有关索引的信息。例如,查看索引类型以及表的哪些列作为索引列等。可以使用系统存储过程"sp_helpindex"查看索引信息。

语法格式:

```
sp_helpindex [@ objname =] 'name'
```

其中,"[@ objname =] 'name'"用来指定当前数据库中的表名称。

【例 4 – 6】　查看图书表的索引情况。

具体代码如下:

```
sp_helpindex 图书
```

执行系统存储过程,结果如图 4 – 36 所示。

	index_name	index_description	index_keys
1	book_author	nonclustered, unique located on PRIMARY	图书名称, 作者
2	book_name	nonclustered, unique located on PRIMARY	图书名称
3	PK__图书1__24927208	clustered, unique, primary key located on PRIMARY	图书编号

图4-36 图书表索引信息

4. 删除索引

当一个索引不再需要时，可以将其从数据库中删除，以回收它当前使用的存储空间，便于数据库中的任何对象对此空间的使用。

使用 T-SQL 的"DROP INDEX"命令删除索引的语法格式：

```
DROP INDEX 'table.index |view.index'[,...n]
```

其中，"table|view"是索引列所在的表或视图名；"index"为要删除的索引名称。

【例4-7】 删除图书表中的索引"book_author"。

具体代码如下：

```
USE 在线书店
DROP INDEX 图书.book_author
GO
```

三　任务实施

用户在"在线书店"网站上搜索图书时（如图4-37所示），可以按分类搜索，或输入书名、作者、书号或出版社进行高级搜索，也可以搜索某价格范围内的图书。为提高搜索速度，需要对图书表创建索引。

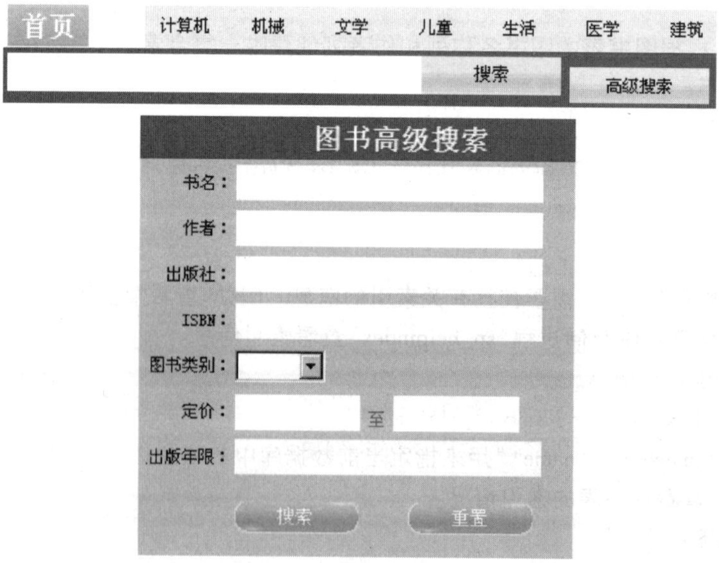

图4-37 搜索图书

1. 以书号为索引键创建唯一索引

具体代码如下：

CREATE UNIQUE INDEX book_no ON 图书(书号)

2. 以图书类别为索引键创建索引

具体代码如下：

CREATE INDEX book_category ON 图书(类别)

3. 以图书定价为索引键创建索引,并按价格降序排列

具体代码如下：

CREATE INDEX book_price ON 图书(定价 DESC)

4. 以书名、作者、出版社,销售量降序为索引键创建索引

具体代码如下：

CREATE INDEX book ON 图书(图书名称,作者,出版社,销售量 DESC)

5. 查看图书表索引信息

具体代码如下：

sp_helpindex 图书

查看结果如图 4 - 38 所示。

	index_name	index_description	index_keys
1	book	nonclustered located on PRIMARY	图书名称,作者,出版社,销售量(-)
2	book_author	nonclustered, unique located on PRIMARY	图书名称,作者
3	book_category	nonclustered located on PRIMARY	类别
4	book_name	nonclustered, unique located on PRIMARY	图书名称
5	book_no	nonclustered, unique located on PRIMARY	书号
6	book_price	nonclustered located on PRIMARY	定价(-)
7	PK__图书1__24927208	clustered, unique, primary key located on PRIMARY	图书编号

图 4 - 38　图书表索引

四　任务拓展训练

a. 在订单表上创建一个名为"user_date"的索引,选取"用户账号"和"订单时间"两列作为索引列,用户账号在前,按订单的早晚顺序排序。

b. 在用户表上创建一个名为"xiaofei"的索引,选取"消费金额"作为索引列,按降序排序。

c. 在图书类别表上创建一个名为"ca_name"的唯一索引,选取"类别名称"作为索引列。

d. 查看以上各表创建的索引信息。

e. 将为图书类别表创建的索引删除。

任务 4.5　数据完整性

1. 任务描述

　　数据库中的数据在从外界输入的过程中，由于种种原因，有时会输入无效或错误的数据。如何保证输入数据的正确性、一致性和可靠性，就成了数据库系统关注的重要问题。例如，在线书店数据库中的图书表的类别列指明了图书的所属类别编号，图书类别的定义保存在图书类别表中。向图书表录入图书信息时，录入的图书类别编号必须是图书类别表中定义的类别，否则就是错误数据。

　　本任务通过在线书店数据库中各数据表的数据完整性约束的实施，保证数据的一致性和正确性。

2. 任务目标

　　本任务的目标是理解与掌握数据完整性的概念与分类，通过完成在线书店数据库中各数据表数据完整性的实施任务，熟练掌握各种实施数据完整性的方法。

1. 数据完整性概念

　　数据完整性是指存放在数据库中的数据的一致性和正确性，它限制了数据库表中可以输入的数据。数据完整性防止了数据库中存在不符合语义规定的数据，它是为了防止因错误信息的输入输出造成无效操作或错误信息而提出的。

　　根据数据完整性措施所作用的数据库对象和范围的不同，数据完整性可以分为四种类型：域完整性、实体完整性、参照完整性和用户定义完整性。

　　（1）域完整性

　　域完整性又称为列完整性，用于保证用户向列中输入内容的有效性，即保证指定列的数据具有正确的数据类型、格式和有效的数据范围。实现域完整性可通过定义相应的"CHECK"约束、默认值约束、"FOREIGN KEY"约束、默认值对象和规则对象等方法来实现，另外，通过在表定义中指定数据类型和"NOT NULL"也可以实现域完整性。

　　例如，在线书店数据库中的用户表的性别列取值为"男"或"女"，默认值为"男"，数据的输入范围可以在定义用户表结构的同时通过定义性别的"CHECK"约束来实现，默认值通过默认值约束实现。

　　（2）实体完整性

　　实体完整性又称为行的完整性，它用于保证表中的每一行在表中都是唯一的。通过索引、"UNIQUE"约束、"PRIMARY KEY"约束或"IDENTITY"属性可以实现数据的实体完整性。

　　例如，图书表中，图书编号是主键，并且定义为标识列，在输入数据时，系统会自动生成图书编号，每本图书的编号都能唯一地标识该图书对应的行信息，实现图书表的实体完整性。

　　（3）参照完整性

　　参照完整性又称引用完整性，是指两个表的主关键字和外关键字的数据应对应一致。当增加、修改或删除数据表中的记录时,可以借助参照完整性来保证相关联表之间数据的一致性,防止数据丢失或无意义的数据在数据库中扩散。在 SQL SERVER 中,参照完整性是通过定义外键与主键之间或外键与唯一键之间的对应关系来实现的。

例如,对于在线书店数据库的订单表中出现的用户账号信息,应该为用户表中存储的用户账号,否则将为非法数据。将用户表作为主表,用户账号字段定义为主键或唯一键,订单表作为从表,表中的用户账号字段定义为外键,建立主表和从表之间的联系,实现主表与从表之间的参照完整性。

用户表和订单表的对应关系如图 4 - 39 所示。

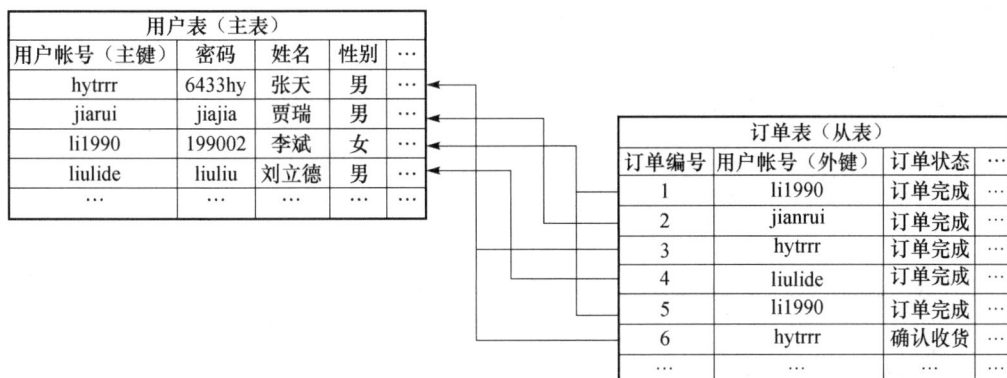

用户表(主表)				
用户帐号(主键)	密码	姓名	性别	…
hytrrr	6433hy	张天	男	…
jiarui	jiajia	贾瑞	男	…
li1990	199002	李斌	女	…
liulide	liuliu	刘立德	男	…
…	…	…	…	…

订单表(从表)			
订单编号	用户帐号(外键)	订单状态	…
1	li1990	订单完成	…
2	jianrui	订单完成	…
3	hytrrr	订单完成	…
4	liulide	订单完成	…
5	li1990	订单完成	…
6	hytrrr	确认收货	…

图 4 - 39　用户表和订单表间的参照完整性关系

如果定义了两个表之间的参照完整性,则要求:

a. 从表不能引用不存在的键值。例如,对于订单表中出现的用户账号必须是用户表中已经存在的用户账号。

b. 如果主表中的键值更改了,那么在整个数据库中,对从表中该键值的所有引用要进行一致的更改。例如,用户表中的某用户账号修改了,订单表中所有对应用户账号也要进行相应的修改。

c. 如果主表中没有关联的记录,则不能将记录添加到从表中。

d. 如果要删除主表中的某一记录,应首先删除从表中与该记录匹配的相关记录。

(4) 用户定义完整性

用户定义完整性指的是用户指定的一组规则,它不属于实体完整性、域完整性或参照完整性。"CREATE TABLE"中的所有列级和表级约束、存储过程和触发器都属于用户定义完整性。

2. 约束

约束是 SQL Server 提供的一种自动保证数据完整性的方法。约束作为数据库定义部分,可以使用"CREATE TABLE"命令在创建表时定义,也可以使用"ALTER TABLE"命令修改表时添加。删除约束只能使用"ALTER TABLE"命令完成,或者删除表时,表中的所有约束定义也随之被删除。在 SQL Server 中主要有下列 6 种约束:

a. 空值约束(NULL/NOT NULL)。

b. 默认值约束(DEFAULT Constraint)。

c. 检查约束(CHECK Constraint)。

d. 主键约束(PRIMARY Constraint)。

e. 唯一键约束(UNIQUE Constraint)。

f. 外键约束(FOREIGN Constraint)。

（1）空值约束

列的为空性决定了表中的行是否允许该列包含空值，它是实施域完整性的方法之一。空值（NULL）不同于零、空白或长度为零的字符串，"NULL"的意思是没有输入，通常表示值未知或未定义。"NOT NULL"表示列值不允许为空，当插入或修改数据时，设置了"NOT NULL"约束的列，必须指定具体的值。

① 使用 SQL Server Management Studio 管理空值约束

启动 SQL Server Management Studio，执行新建表或修改表操作，打开表结构编辑窗口。在【允许 Null 值】选项中，设置为"√"表示允许列值包含空值，否则不允许空值；或者在【列属性】选项区中设置【允许 Null 值】选项的值（是或否）。单击工具栏的【保存】按钮存储空值约束的设置。例如，为图书表定义的空值约束如图 4-40 所示。

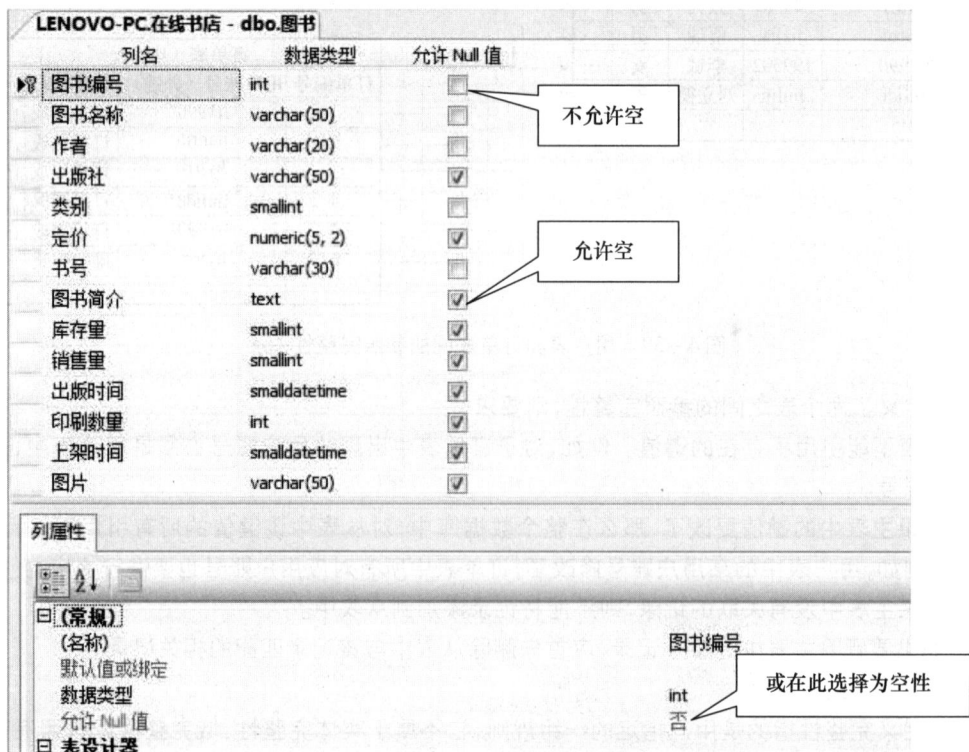

图 4-40　空值约束

② T-SQL 语句管理空值约束

在使用"CREATE TABLE"命令创建表或"ALTER TABLE"命令修改表时，都可以定义空值约束。例如，图书类别表中的类别编号和类别名称列不能为空，否则该记录没有意义。

【例 4-8】　创建图书类别表同时设置空值约束。

具体代码如下：

```
CREATE TABLE 图书类别
    (
    类别编号 smallint identity(1,1)primary key NOT NULL,
    类别名称 varchar(20)NOT NULL
    )
```

如果创建表时没有定义空值约束,默认所有列都允许空,此时可以使用"ALTER TABLE"命令修改表时添加空值约束,完成语句如下所示。

ALTER TABLE 图书类别 ALTER COLUMN 类别编号 smallint not null

ALTER TABLE 图书类别 ALTER COLUMN 类别名称 varchar(20)not null

(2) 默认值约束

使用默认值约束,用户在向表中添加新记录时,如果没有为某一列指定数据,系统会将默认值赋给该列。使用默认值约束,一是可以避免"NOT NULL"值的数据错误,二是可以加快用户的输入速度。它是实施域完整性的方法之一。

① 使用 SQL Server Management Studio 管理默认值约束

启动 SQL Server Management Studio,执行新建表或修改表操作,打开表结构编辑窗口,选择要设置默认值的列,在【列属性】选项区的【默认值或绑定】选项中输入默认值。例如,将用户表中用户等级列的默认值设为"1",如图 4 - 41 所示。单击工具栏的【保存】按钮存储设置。以后向该表中添加新数据时,如果不指定用户等级列的值,系统会将其值自动设置为"1"。

若要删除默认值约束,在图 4 - 41 所示的编辑窗口中将指定的默认值删除即可。

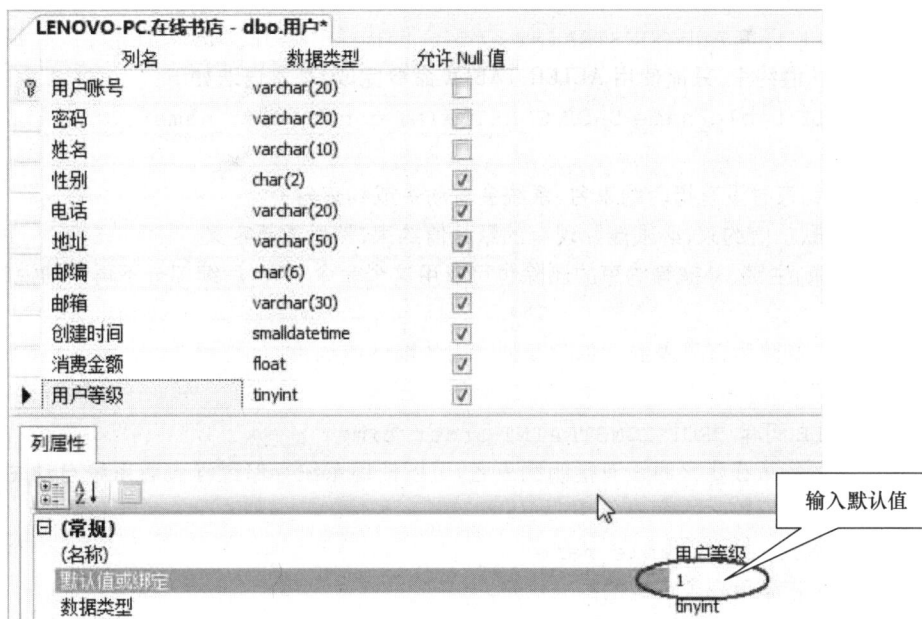

图 4 - 41　定义默认值约束

② T - SQL 语句管理默认值约束

在使用"CREATE TABLE"命令创建表或"ALTER TABLE"命令修改表时,都可以定义默认值约束。基本语法格式如下:

[CONSTRAINT constraint _name] DEFAULT constraint_expression [FOR column_name]

说明:

constraint _name:指定要创建的默认值约束的名称。约束名必须符合标识符规则,且在一个数据库中是唯一的。

constraint_expression:指定默认值。常量、函数、空值等都可以作为列的默认值,给定的默认值必须与列的数据类型匹配。

column_name：指定定义默认值的列。每一列只能定义一个默认值约束。

【例4-9】 创建订单表,定义订单状态列的默认值为"订单生成"。

具体代码如下:

```
CREATE TABLE 订单
    (
    订单编号 int identity(1,1)primary key NOT NULL,
    用户账号 varchar(20)NOT NULL,
    订单时间 smalldatetime NOT NULL,
    订单状态 varchar(10)NOT NULL DEFAULT '订单生成',
    总金额 float NOT NULL
    )
```

【例4-10】 对订单表中的订单时间列添加默认值约束,默认值为输入数据的系统时间。

具体代码如下:

```
ALTER TABLE 订单 ADD CONSTRAINT order_time DEFAULT getdate()FOR 订单时间
```

若要删除默认值约束,只能使用 **ALTER TABLE** 命令完成,基本语法如下:

```
ALTER TABLE table_name DROP CONSTRAINT constraint_name[,...n]
```

说明:

a. 如果定义约束时没有指明约束名,系统会自动生成约束名。

b. 若要修改默认值约束,必须删除现有的默认值约束,然后重新定义。

对于检查约束,主键、外键等约束的删除也可以用这个命令实现,后续部分不再详细说明,读者可以自行验证。

【例4-11】 删除为订单表的订单时间列定义的默认值约束。

具体代码如下:

```
ALTER TABLE 订单 DROP CONSTRAINT order_time
```

如果要删除的约束在定义时没有指明约束名,可以使用系统存储过程查看系统自动生成的约束名。语法格式如下:

```
sp_helpconstraint table_name
```

【例4-12】 查看用户表定义的约束信息。

具体代码如下:

```
sp_helpconstraint 用户
```

(3) 检查约束

检查约束是字段输入内容的验证规则,它限制输入到一列或多列中的值必须满足"CHECK 约束"规定的条件或格式要求,若不满足,则数据无法被正常输入,从而保证数据的域完整性。"CHECK 约束"可以作为表定义的一部分在创建表时创建,也可以添加到现有表中。

① 使用 SQL Server Management Studio 管理检查约束

对于在线书店数据库的用户表,性别列的值只能为"男"或"女",如果对输入数据要施加这一限制,可以按照如下步骤进行操作。

a. 启动 SQL Server Management Studio,右击用户表,选择【新建表】或【设计】命令,打开表结构编辑窗口;

b. 右键单击"性别"列,在弹出的快捷菜单中选择【CHECK 约束】命令,打开【CHECK 约束】对话框,如果表中已存在检查约束,则会在该对话框中显示。

c. 单击【添加】按钮,系统将自动命名一个约束,用户在【表达式】文本框中输入约束表达式(性别 = '男' or 性别 = '女'),【名称】文本框中修改约束名,如图 4 - 42 所示;

d. 单击【关闭】按钮完成约束定义。

创建检查约束后,向性别列输入数据时如果不是"男"或"女",系统将报告错误。

如果要删除"CHECK 约束",在图 4 - 42 所示的【CHECK 约束】对话框中,在【选定的 CHECK 约束】列表框中选择要删除的约束,单击【删除】按钮即可。

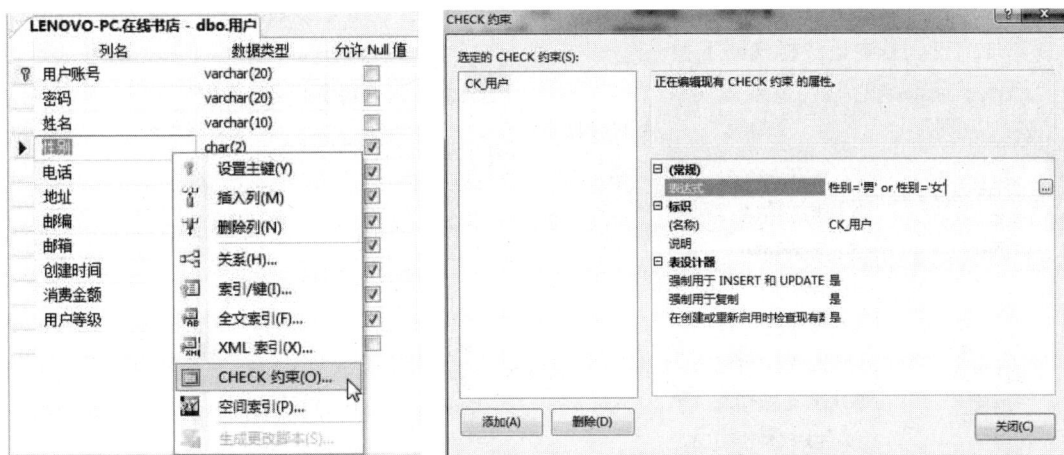

图 4 - 42　定义 CHECK 约束

② T - SQL 语句管理检查约束

在使用"CREATE TABLE"命令创建表或"ALTER TABLE"命令修改表时,都可以定义检查约束。基本语法格式如下:

```
[CONSTRAINT constraint _name] CHECK (logical_expression)
```

说明:

constraint _name:指定要创建的检查约束的名称。约束名必须符合标识符规则,且在一个数据库中是唯一的。

logical_expression:指定逻辑条件表达式,可以是"AND"或"OR"连接的多个简单表达式构成的复合表达式,返回值为"TRUE"或"FALSE"。

【例 4 - 13】　使用 T - SQL 语句为用户表添加检查约束,性别列取值只能为"男"或"女"。

具体代码如下:

```
ALTER TABLE 用户 ADD CONSTRAINT sex CHECK (性别 = '男' or 性别 = '女')
```

(4) 主键约束

主键约束指定表中的一列或几列的组合作为主键,其值能唯一地标识表中的行,用于强制表的实体完整性。一个表只能定义一个主键,并且作为主键的列不能取空值和重复值,如果主键约束是由多列组合定义的,则某一列的值可以重复,但约束定义中所有列的组合值必须唯一。

创建或修改表时可以通过定义"PRIMARY KEY 约束"创建主键。如果已有"PRIMARY KEY 约束",则可对其进行修改或删除,但要修改"PRIMARY KEY 约束",必须先删除现有的"PRIMARY KEY 约束",然后再重新创建。

① 使用 SQL Server Management Studio 管理主键约束

启动 SQL Server Management Studio,右击表,选择【新建表】或【设计】命令,打开表结构编辑窗口,右击要设置"PRIMARY KEY 约束"的列,在快捷菜单中选择【设置主键】命令,或单击工具栏中的【设置主键】按钮,创建主键约束,创建主键约束后,在对应的列名前出现形如图🔑的标志,如图 4－43 所示。

单击【关闭】按钮完成主键的创建。如果要删除主键约束,右击已创建为主键的列,在快捷菜单中选择【删除主键】命令即可。

② T－SQL 语句管理主键约束

主键约束可以使用"CREATE TABLE"命令创建表时定义,或者修改表时使用"ALTER TABLE"命令添加约束。基本语法格式如下:

图 4－43 设置主键

```
[CONSTRAINT constraint _name] PRIMARY KEY [CLUSTERED |NONCLUSTERED]
(column_name1[,column_name2,…,column_name16])
```

说明:

a. constraint _name:指定要创建的检查约束的名称。约束名必须符合标识符规则,且在一个数据库中是唯一的。

b. CLUSTERED|NONCLUSTERED:用于指定索引的类型,即聚集索引或者非聚集索引,"CLUSTERED"为默认值。

c. column_name:指定组成主键的列名,主键最多由 16 列组成,"image""text"数据类型的字段不能设置为主键。

例如【例 4－8】中创建的图书类别表,将类别编号列设置为主键;【例 4－9】创建订单表,将订单编号列设置为主键。

【例 4－14】 在在线书店数据库中新建数据表,表名为"订单细目",包含三列:订单编号(int)、图书编号(int)、数量(smallint),所有列均不允许空。订单编号和图书编号列组合为主键。

具体代码如下:

```
USE 在线书店
GO
```

```
CREATE TABLE 订单细目
  (
  订单编号 int NOT NULL,
  图书编号 int NOT NULL,
  数量 smallint NOT NULL,
  constraint pk_orderbook primary key (订单编号,图书编号)
  )
```

对于主键约束信息的查看,除了用上面介绍的"sp_helpconstraint"系统存储过程查看,还可以使用"sp_pkeys"系统存储过程查看。语法格式如下:

```
sp_pkeys table_name
```

【例 4 - 15】　查看订单细目表的主键约束信息。

具体代码如下:

```
sp_pkeys 订单细目
```

使用"sp_pkeys"系统存储过程,只能查看指定表的主键约束信息,结果如图 4 - 44 所示。

	TABLE_QUALIFIER	TABLE_OWNER	TABLE_NAME	COLUMN_NAME	KEY_SEQ	PK_NAME
1	在线书店	dbo	订单细目	订单编号	1	PK_订单图书表
2	在线书店	dbo	订单细目	图书编号	2	PK_订单图书表

图 4 - 44　使用"sp_pkeys"查看主键约束信息

使用"sp_helpconstraint",可以查看指定表的各类约束信息。

例如:

```
sp_helpconstraint 订单细目
```

结果如图 4 - 45 所示。

	Object Name
1	订单细目

	constraint_type	constraint_name	delete_action	update_action	status_enabled	status_for_replication	constraint_keys
1	FOREIGN KEY	FK_订单明细_图书	Cascade	Cascade	Enabled	Is_For_Replication	图书编号
2							REFERENCES 在线书店.dbo.图书 (图书编号)
3	FOREIGN KEY	FK_订单细目_订单	Cascade	Cascade	Enabled	Is_For_Replication	订单编号
4							REFERENCES 在线书店.dbo.订单 (订单编号)
5	PRIMARY KEY (clustered)	PK_订单图书表	(n/a)	(n/a)	(n/a)	(n/a)	订单编号, 图书编号

图 4 - 45　使用 sp_helpconstraint 查看约束信息

删除主键约束的方法与删除默认约束的方法一样,读者可以自行验证。

注意:当"PRIMARY KEY 约束"由另一表的"FOREIGN KEY 约束"引用时,不能删除被引用的"PRIMARY KEY 约束",要删除它,必须先删除引用的"FOREIGN KEY 约束"。

(5) 唯一键约束

唯一键约束指定一列或多列的组合的值具有唯一性,以防止在列中输入重复的值,可以通过它实施实体完整性。每个唯一键约束要建立一个唯一索引。对于实施唯一键约束的列,不允许有任意两行具有相同的索引值。使用唯一键约束时应注意以下几点:

a. 一个表可以定义多个唯一键约束,但主键约束只能有一个。

b. 主键约束自动使用唯一键约束,所以不能在主键列上再定义唯一键约束,可以在其他非主键列或允许空值的列上定义唯一键约束。

　　c. 唯一键约束指定的列可以为"NULL",但不允许有一行以上的值同时为空,而主键约束不允许空值列。

　　使用 SQL Server Management Studio 管理唯一键约束的方法读者可以参照任务 4.4 索引的创建与管理方法自行验证。使用 T－SQL 语句定义唯一键约束的基本语法格式如下:

　　[CONSTRAINT constraint _name] UNIQUE [CLUSTERED |NONCLUSTERED]

　　(column_name1[,column_name2,…,column_name16])

　　缺省情况下,创建的索引类型为非聚集索引;可以把唯一键约束定义在最多 16 个字段上。

【例 4 － 16】　重新创建图书类别表,为类别名称列定义唯一键约束。

具体代码如下:

```
USE 在线书店
GO
DROP TABLE 图书类别
GO
CREATE TABLE 图书类别
   (
   类别编号 smallint identity(1,1)primary key NOT NULL,
   类别名称 varchar(20)UNIQUE NOT NULL
   )
```

【例 4 － 17】　为图书表的图书名称列定义唯一键约束。

具体代码如下:

```
ALTER TABLE 图书 ADD CONSTRAINT name_uk UNIQUE (图书名称)
```

【例 4 － 18】　删除【例 4 － 17】定义的唯一键约束。

具体代码如下:

```
ALTER TABLE 图书 DROP CONSTRAINT name_uk
```

(6) 外键约束

　　外键约束定义了表之间的关系,当一个表中的一列或多列组合与其他表中的主键定义相同时,就可以将这些列或列组合定义为外键,通过外键约束可以实施参照完整性。这样,当在定义主键约束的表中更新列值时,其他表中有与之相关的外键约束的列也将被相应地更新;另外,外键约束还能够限制插入到表中的被约束列的值必须在被参照表中存在。

　　例如,在线书店数据库的图书类别表中存储的是图书的类别编号和类别名称,因为图书表中的类别列表示的是图书所属类别的编号,所以图书表中类别列的值必须是图书类别表中定义的。通过将图书表的类别列定义为外键来实现图书类别表与图书表之间的参照完整性。

　　定义表间参照关系需要先利用"PRIMARY KEY"或"UNIQUE"约束定义主表主键或唯一键约束,再利用"FOREIGN KEY"对从表定义外键约束。

　　① 使用 SQL Server Management Studio 管理外键约束

　　a. 启动 SQL Server Management Studio,右击图书表,【设计】表,打开表结构编辑窗口。

　　b. 编辑窗口中右击鼠标,在快捷菜单中选择【关系】命令,打开【外键关系】对话框。

　　c. 单击【添加】按钮,系统自动命令一个外键约束,如图 4 － 46 所示。

图 4 – 46 定义外键约束

d. 单击【表和列规范】右边的 按钮,进入【表和列】对话框,在【主键表】下拉列表中选择"图书类别",然后选择"类别编号"列;在【外键表】下面的列中选择"类别"列,如图 4 – 47 所示。

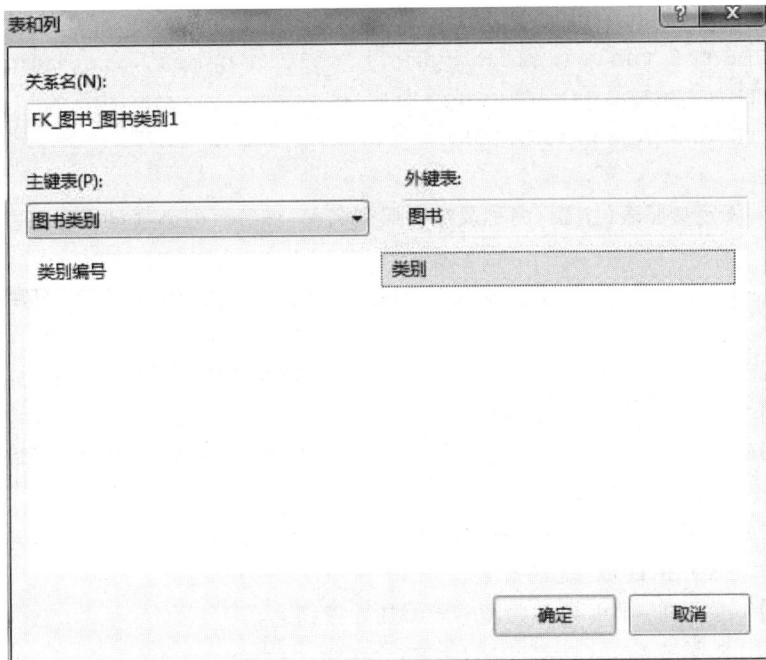

图 4 – 47 设置表和列

e. 单击【确定】按钮,返回【外键关系】对话框,【名称】文本框显示的是系统生成的约束名,可以在此自定义约束名;单击【关闭】按钮,完成图书表的外键约束定义,如图 4 – 48 所示。

② Transact – SQL 语句管理外键约束

外键约束可以使用"CREATE TABLE"命令创建表时定义,或者修改表时使用"ALTER TABLE"命令添加约束。基本语法格式如下:

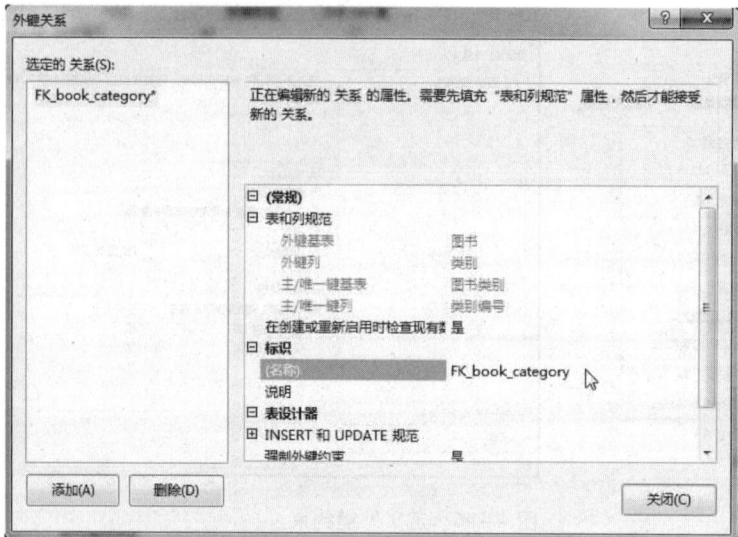

图4-48 外键约束设置

[CONSTRAINT constraint _name]

FOREIGN KEY(column_name1[,column_name2,…,column_name16])

REFERENCES ref_table(column_name1[,column_name2,…,column_name16])

[ON DELETE{CASCADE |NO ACTION}]

[ON UPDATE{CASCADE |NO ACTION}]

说明：

a. ref_table：指定参照表（主表）名称及被参照列名称，被参照列必须已经定义主键约束或唯一键约束。

b. **ON DELETE CASCADE**：表示在删除与外键约束相对应的主键所在行时，级联删除外键所在行的数据。

c. **ON DELETE NO ACTION**：表示在删除与外键约束相对应的主键所在行时，外键所在的行数据不做任何操作，"NO ACTION"是缺省值。

d. **ON UPDATE CASCADE**：表示在修改与外键约束相对应的主键所在行时，级联修改外键所在行的数据。

e. **ON UPDATE NO ACTION**：表示在修改与外键约束相对应的主键所在行时，外键所在的行数据不做任何操作，"NO ACTION"是缺省值。

【例4-19】 使用T-SQL语句为图书表添加外键约束。

ALTER TABLE 图书 ADD CONSTRAINT FK_book_category

FOREIGN KEY(类别)REFERENCES 图书类别(类别编号)

3. 规则

规则是保证域完整性的一种手段，它通过创建一套准则，并将其绑定到表的列或用户自定义数据类型上使之生效，它会检查添加的数据或对表所作的修改是否满足准则要求。规则的作用类似于检查约束，其与检查约束有下列区别：

a. 规则是一种独立的数据库对象，需要单独创建，且只需创建一次，就可以被多次应用于多个表的不同列；而检查约束是表定义的一部分，在创建表或修改表时定义。

b. 检查约束是对列中的值进行限制的首选方法，可以对一列或多列应用多个检查约束；而一列或一个用户自定义数据类型只能绑定一个规则,列可以同时绑定一个规则和多个约束。

c. 规则与其作用的表或用户自定义数据类型是相互独立的,即表或用户自定义对象的删除修改不会对与之相连的规则产生影响;但检查约束是与作用的表相连的。

规则作为独立的数据库对象,在使用它之前要首先进行定义,然后绑定到列或用户定义数据类型,不需要它时可以解除绑定,然后删除。

(1) 创建规则

基本语法格式如下:

CREATE RULE rule_name AS condition_expression

说明:

a. rule_name:指定规则名,规则名必须符合标识符规则。

b. condition_expression:规则的条件表达式,表达式中不能包含列或其他数据库对象,一般使用局部变量表示,每个局部变量的前面都有一个"@"符号。

c. 创建的规则对先前已存在于数据库中的数据无效。

d. 在单个批处理中,"CREATE RULE"语句不能与其他 T – SQL 语句组合使用。

(2) 绑定规则

要使创建好的规则起到作用,还必须使用存储过程将规则绑定到列或用户自定义数据类型上。

[EXECUTE] sp_bindrule ' rule_name ',{'table_name. column_name |type_name'}

说明:

a. table_name. column_name:通过"表名. 列名",指定规则绑定到表的列上。

b. type_name:用户自定义数据类型名,指定规则绑定到用户自定义数据类型上。

【例 4 – 20】 对于用户表,性别列只能输入"男"或"女",按此要求定义一个规则,并绑定到用户表的性别列,用于限制性别的输入值。

具体代码如下:

USE 在线书店

GO

CREATE RULE sex_rule AS @ sex = '男' or @ sex = '女'

GO

sp_bindrule sex_rule,'用户. 性别'

GO

(3) 解除绑定关系

删除规则之前,首先应使用系统存储过程"sp_unbindrule"解除被绑定对象与规则之间的绑定关系。其基本语法格式如下:

[EXECUTE] sp_unbindrule {'table_name. column_name |type_name'}

(4) 删除规则

解除列或用户自定义数据类型与规则之间的绑定关系后,就可以删除规则了。其基本语法格式如下:

DROP RULE {rule_name}[,...n]

说明:

参数 rule_name 指定删除的规则名,可以包含规则所有者名;参数"n"表示可以指定多个规则同时删除。

【例 4 –21】 将【例 4 –20】中定义的规则删除。

具体代码如下：

```
USE 在线书店
GO
EXECUTE sp_unbindrule '用户.性别'
GO
DROP RULE sex_rule
GO
```

4. 默认值

默认值也是保证域完整性的一种手段，它是一种数据库对象，其作用类似于默认约束，但与默认约束又有区别。默认约束是表定义的一部分，在创建表或修改表时定义；默认值作为一种单独的数据库对象，它独立于表，需要单独创建或删除。

（1）创建默认值

创建默认值的基本语法格式如下：

```
CREATE DEFAULT default_name AS constant_expression
```

说明：

a. default_name：创建的默认值名称，该名称必须符合标识符的规则。

b. constant_expression：默认值定义，"constant_expression" 可以是常量、算术表达式、数学表达式或函数，但不可以包含表的列名或其他数据库对象。

【例4-22】 创建性别默认值"sex_defa"。

具体代码如下：

```
USE 在线书店
GO
CREATE DEFAULT sex_defa AS '男'
GO
```

（2）绑定默认值

刚创建的默认值，只是一个存在于数据库中的对象，并未发生作用。同规则一样，需要将默认值与数据库表的列或用户自定义数据类型进行绑定。基本语法格式为：

```
[EXECUTE] sp_bindefault default_name,{'table_name.column_name |type_name'}
```

【例4-23】 将【例4-22】创建的默认值绑定到用户表的性别列。

具体代码如下：

```
sp_bindefault sex_defa,'用户.性别'
```

（3）解除绑定关系

删除默认值之前，首先应使用系统存储过程"sp_unbindefault"解除被绑定对象与默认值之间的绑定关系。其基本语法格式：

```
[EXECUTE] sp_unbindefault {'table_name.column_name |type_name'}
```

（4）删除默认值

解除列或用户自定义数据类型与默认值之间的绑定关系后，就可以将其删除。具体语法如下：

```
DROP DEFAULT {default_name}[,...n]
```

【例4-24】 将默认值"sex_defa"删除。

具体代码如下：

```
USE 在线书店
GO
sp_unbindefault '用户. 性别'
GO
DROP DEFAULT sex_defa
GO
```

三　任务实施

为在线书店数据库中各数据表实施下列数据完整性操作。

a. 对用户表中的消费金额列设置默认值(0),用添加约束和定义默认对象两种方法完成。

具体代码如下:

```
USE 在线书店
GO
CREATE DEFAULT def AS 0
GO
sp_bindefault def,'用户. 消费金额'
GO
```

[读者自行验证默认值生效情况]

```
sp_unbindefault '用户. 消费金额'
GO
DROP DEFAULT def
GO
ALTER TABLE 用户 ADD CONSTRAINT def DEFAULT 0 FOR 消费金额
```

[读者自行验证默认值约束生效情况]

b. 分别用创建规则和检查约束两种方法实现等级表折扣列输入值的限制(值为 0 ~ 1.0)。

具体代码如下:

```
USE 在线书店
GO
CREATE RULE chk AS @ discount > =0 and @ discount < =1
GO
sp_bindrule chk,'等级. 折扣'
GO
```

[读者自行验证规则生效情况]

```
sp_unbindrule '等级. 折扣'
GO
DROP RULE chk
GO
ALTER TABLE 等级 ADD CONSTRAINT chk CHECK (折扣 > =0 and 折扣 < =1)
```

[读者自行验证检查约束生效情况]

c. 为在线书店数据库新建数据表,表名为"管理员",包含管理员账号(varchar(20))和密码

（varchar(20)）两列,所有列均不允许空,管理员账号为主键。

具体代码如下：

```
CREATE TABLE 管理员
  (
  管理员账号 varchar(20)PRIMARY KEY NOT NULL,
  密码 varchar(20)NOT NULL
  )
GO
```

d. 为在线书店数据库等级表的等级名称列定义唯一键约束。

具体代码如下：

```
ALTER TABLE 等级 ADD CONSTRAINT deg_uk UNIQUE (等级名称)
```

e. 重新创建【例4-14】中的"订单细目"表,订单编号和图书编号列组合为主键。订单编号和图书编号列均为外键,分别与订单表和图书表实现表间的参照完整性。

具体代码如下：

```
USE 在线书店
GO
DROP TABLE 订单细目
GO
CREATE TABLE 订单细目
  (
  订单编号 int NOT NULL,
  图书编号 int NOT NULL,
  数量 smallint NOT NULL,
  constraint pk_orderbook primary key (订单编号,图书编号),
  constraint fk_orderbook_order foreign key (订单编号) references 订单
    (订单编号),
  constraint fk_orderbook_book foreign key (图书编号) references 图书 (图
    书编号)
  )
GO
```

四 任务拓展训练

a. 创建时间默认值对象,名称为"time_defa",缺省值为系统时间,并将其绑定到用户表的"创建时间"列和订单表的"订单时间"列。

b. 创建规则,实现等级表等级名称列输入值的限制(其值只能为:注册用户、VIP用户、银钻用户和金钻用户四种之一)。

c. 将上题中创建的规则删除,并定义检查约束,实现等级表等级名称列输入值的限制(其值只能为:注册用户、VIP用户、银钻用户和金钻用户四种之一)。

d. 为用户表添加外键约束,实现用户表与等级表的参照完整性关系。

e. 为订单表添加外键约束,实现用户表与订单表的参照完整性关系。

数据查询和视图

在数据库应用中,最常用的操作是查询,它是数据库的其他操作的基础。在线书店系统中,用户需要搜索自己喜欢的图书,查询自己的订单等,管理员需要查询管理图书情况和用户订单情况等。在 SQL Server 2008 中,使用"SELECT"语句来实现数据查询。"SELECT"语句功能强大,使用灵活。用户通过"SELECT"语句可以从数据库中查找所需要的数据,也可以进行数据的统计汇总并将结果返回给用户。

任务 5.1　简单查询

一　任务说明

1. 任务描述

在线书店系统中,用户可以查询浏览图书信息,也可以进行高级搜索,界面如图 5-1 所示。

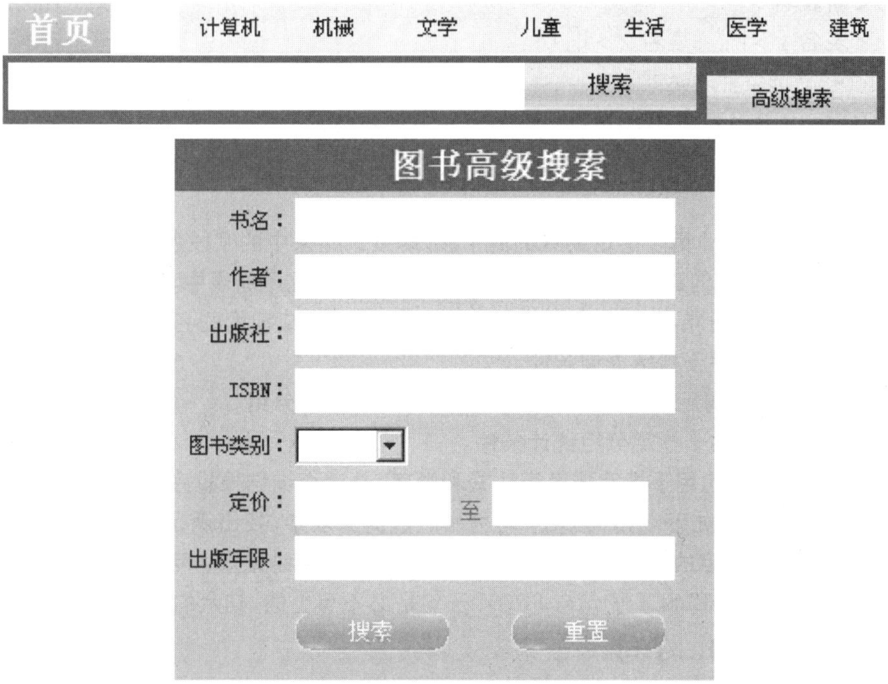

图 5-1　首页图书搜索界面

用户可以查看所有图书的详细信息。在【搜索】左边的文本框输入图书名称中的关键字作为检索条件,单击【搜索】按钮可以查看相应的图书信息,也可以单击【高级搜索】进行查询。

本任务通过实现图书信息的查询,掌握简单的数据查询和应用。

2. 任务目标

在 SQL Server 中,查询语句用 SELECT 语句实现。用户使用 SELECT 语句可以从数据库中按照自身的需要查询数据信息。系统按照用户的要求选择数据,然后将选择的数据以用户规定的格式整理后返回给用户端。

在线书店系统中,首页的图书浏览、图书高级搜索、我的订单、管理员的图书管理、用户管理和订单管理等功能界面都需要实现查询功能。通过本任务的学习,读者可以掌握基本的 SELECT 语句及其应用。

二　基本知识

使用 SELECT 语句可以让用户以不同的方式在复杂的表中找到或查看所需要的数据,其输出结果可以是数量、数据源和数据类型等。所以在数据库操作中会经常使用 SELECT 语句,它是 SQL 标准中最灵活和使用最广泛的语句之一。SQL 查询语句的目标是从数据库中检索满足条件的记录,其通过 SELECT 语句来完成,查询语句并不会改变数据库中的数据,它只是检索数据。

SELECT 语句既可以完成简单的单表查询,也可以完成相当复杂的连接查询、嵌套查询和联合查询。

1. SELECT 查询语句基本语法格式

基本语法格式如下:

SELECT［ALL｜DISTINCT］＜字段表达式 1＞［,＜字段表达式 2＞［,…］］

INTO ＜新表名＞

FROM ＜表名 1＞［,＜表名 2＞［,…］］

［WHERE ＜筛选条件表达式＞］

［GROUP BY ＜分组表达式＞［HAVING ＜分组条件表达式＞］］

［ORDER BY ＜字段＞［ASC｜DESC］］

说明:

a. "＜字段表达式＞"用于指定要查询的字段,即查询结果中的字段名。

b. "INTO"子句用于创建一个新表,并将查询结果保存到这个新表中。

c. "FROM"子句用于指出所要进行查询的数据来源,即表或视图的名称。

d. "WHERE"子句用于指定查询条件。

e. "GROUP BY"子句用于指定分组表达式,并对查询结果分组。

f. "HAVING"子句用于指定分组统计条件。

g. "ORDER BY"子句用于指定排序表达式和顺序,并对查询结果排序。

SELECT 语句的功能如下:从 FROM 子句列出的数据源表中,找出满足 WHERE 查询条件的记录,按照 SELECT 子句指定的字段列表输出查询结果表,在查询结果表中可以进行分组和排序。

在 SELECT 语句中,SELECT 子句与 FROM 子句是必不可少的,其余的子句是可选的。

2. SELECT…FROM…子句

SELECT…FROM…子句是对表中的列进行选择查询,也是 SELECT 语句最基本的使用,基本形式如下:

SELECT 列名 1［,…列名 n］FROM 表名｜视图名

其中,"SELECT"指定了要查看的列(字段),"FROM"指定这些数据的来源(表或者视图)。

在上述基本形式的基础上,通过加上不同的选项,可以实现多种形式的列选择查询,下面分别予以介绍。

(1)选取表中指定的列

【例 5 – 1】 查询在线书店数据库的图书表中所有图书的图书编号、图书名称和作者。

单击 SQL Server Management Studio 窗口工具栏中的【新建查询】按钮,在打开的查询编辑器中输入如下代码:

```
USE   在线书店
GO
SELECT   图书编号,图书名称,作者 FROM 图书
GO
```

执行结果如图 5 – 2 所示。由图可以看出,查询结果中只显示了图书编号、图书名称和作者三个字段的内容。

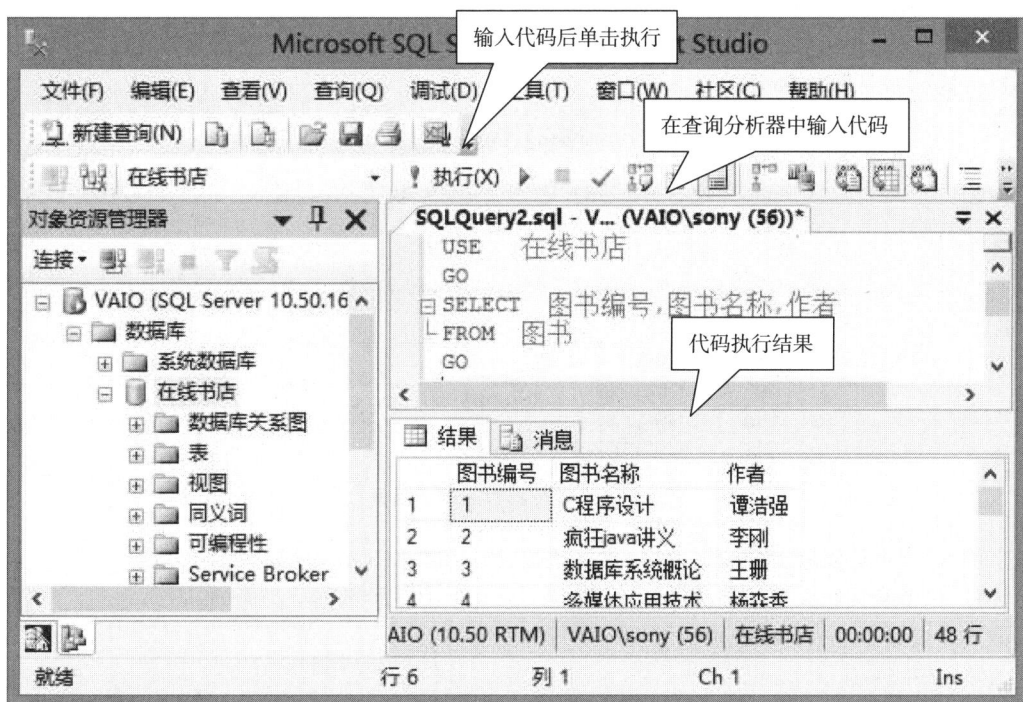

图 5 – 2　查询指定列

如果需要选择表中的所有列进行查询显示,可在"SELECT"后用"＊"号表示所有字段。

【例 5 – 2】 查询图书表中所有图书的全部信息。

在查询编辑器中输入如下代码:

```
USE   在线书店
GO
SELECT   *
FROM   图书
GO
```

上述代码执行后将在查询结果中看到图书表的所有信息。

（2）修改查询结果中的列标题

如果不希望在查询结果中显示表结构中的字段名称，可以用以下方式来更改查询结果中的列标题名。

> 采用"字段名称 AS 别名"的格式。
> 采用"字段名称 别名"的格式。
> 采用"别名＝字段名称"的格式。

【例 5 - 3】 查询用户表中所有用户的姓名和电话，查询结果中要求各列的标题分别指定为用户姓名和联系电话。

具体代码如下：

```
USE   在线书店
GO
SELECT 姓名 AS '用户姓名',电话 AS '联系电话'
FROM   用户
GO
```

执行情况如图 5 - 3 所示。

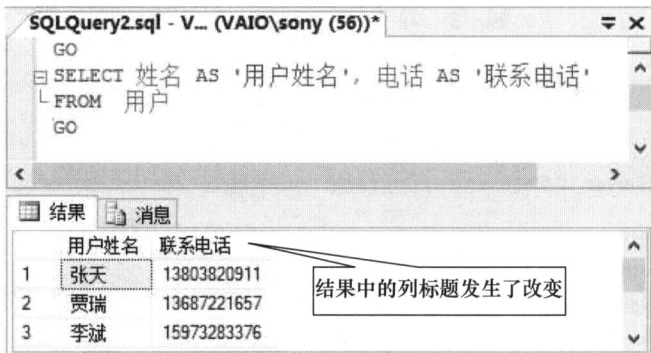

图 5 - 3　修改结果中的列标题

从图 5 - 3 中可以看出查询结果中的列标题显示为 SELECT 语句规定的列标题。

注意：只是查询结果中的列标题发生了改变，原表中的字段名称不受影响。

改变查询结果中的列标题也可以使用以下形式：

```
USE   在线书店
GO
SELECT '用户姓名'＝姓名,'联系电话'＝电话
FROM   用户
GO
```

上述代码执行结果与图 5 - 3 所示完全相同。

（3）显示计算列

SELECT 子句可使用表达式作为查询结果，即在结果中输出对列值计算后的值。格式为：

```
SELECT 表达式 1[,表达式 2,…]
```

【例 5 - 4】 图书表中所有图书的价格按 8 折计算，显示折后价格。

具体代码如下：

```
USE   在线书店
```

```
GO
SELECT   图书编号,图书名称,折后价格 = 定价*0.8
FROM   图书
GO
```

执行结果如图 5－4 所示。由图可以看出“折后价格”列中的值是“定价 ×0.8”之后的结果,“折后价格”为指定的列标题。

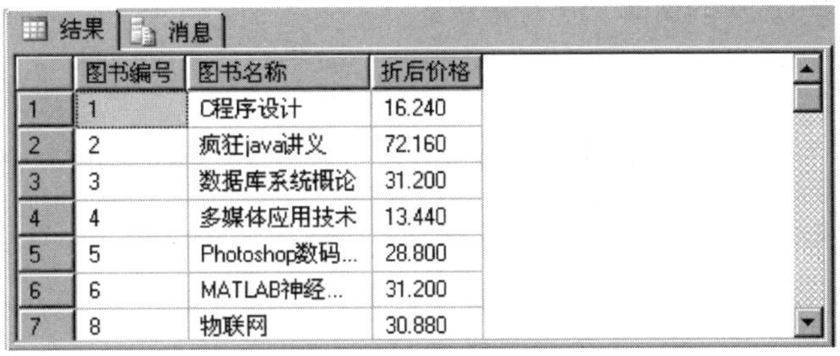

	图书编号	图书名称	折后价格
1	1	C程序设计	16.240
2	2	疯狂java讲义	72.160
3	3	数据库系统概论	31.200
4	4	多媒体应用技术	13.440
5	5	Photoshop数码...	28.800
6	6	MATLAB神经...	31.200
7	8	物联网	30.880

图 5－4　显示计算列

(4) 消除查询结果中的重复行

对表只选择某些列时,可能会在查询结果中出现重复行。比如对订单表只选择订单状态列,由于订单状态相同的记录通常不止一个,因此会在查询结果中出现多行重复的情况。使用“DISTINCT”关键字可以消除结果集中的重复行。语法格式为:

```
SELECT DISTINCT 列名 1[,列名 2,…]
```

【例 5－5】　查询订单表中的订单状态,消除结果集中的重复行。

具体代码如下:

```
USE   在线书店
GO
SELECT DISTINCT   订单状态
FROM   订单
GO
```

执行结果如图 5－5 所示。可以看出,结果中没有重复的订单状态,每种订单状态只显示了一行记录。

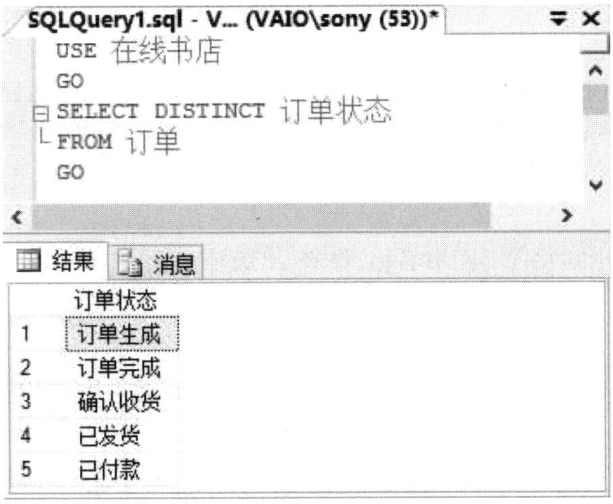

图 5－5　消除结果中的重复行

（5）限制结果集返回的行数

如果表中的记录非常多，而用户只是看看记录的样式和内容，这就没有必要显示全部的记录。如果要在查询结果中限制返回的行数，可以在字段列表之前使用"TOP"关键字。基本格式如下：

SELECT TOP n［PERCENT］列名 1［，列名 2，…］

说明："n"是一个正整数，表示返回查询结果集的前 n 行，若带"PERCENT"关键字，则表示返回结果集的前 n% 行。

【例 5 - 6】 查询用户表的前三个用户情况。

具体代码如下：

USE 在线书店

GO

SELECT TOP 3 *

FROM 用户

GO

执行结果如图 5 - 6 所示。可以看出只显示了用户表的前三条记录。

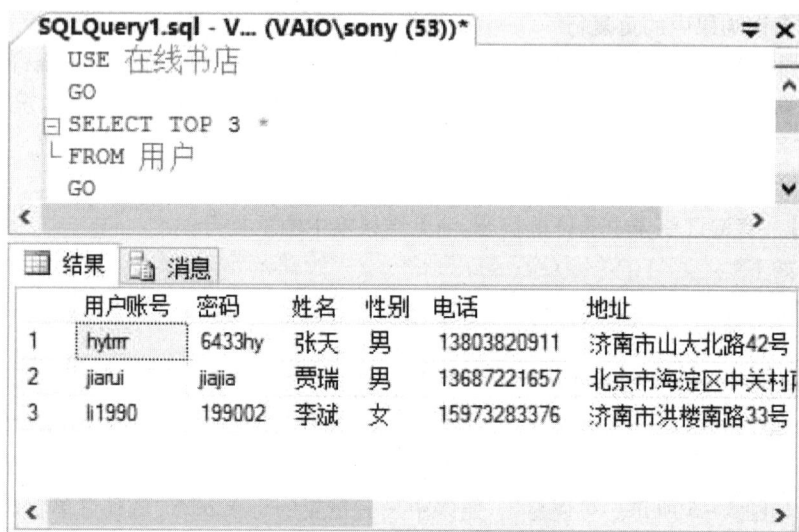

图 5 - 6 限制结果行数

【例 5 - 7】 查询图书表中所有图书的书名、作者、出版社、定价，只返回结果集的前 10% 行。

具体代码如下：

USE 在线书店

GO

SELECT TOP 10 PERCENT 图书名称，作者，出版社，定价

FROM 图书

GO

执行结果如图 5 - 7 所示。可以看出只显示了图书表全部记录的前 10% 条记录。

3. WHERE 子句

WHERE 子句是对表中的行进行选择查询，即选择表中满足条件的记录行。WHERE 子句必须紧跟在 FROM 子句之后，其基本格式为：

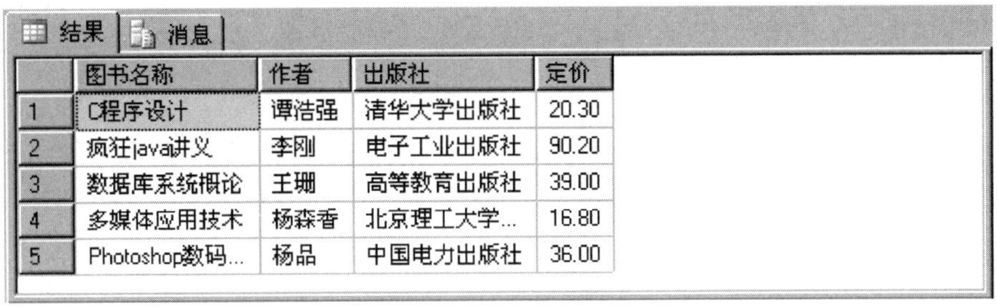

	图书名称	作者	出版社	定价
1	C程序设计	谭浩强	清华大学出版社	20.30
2	疯狂java讲义	李刚	电子工业出版社	90.20
3	数据库系统概论	王珊	高等教育出版社	39.00
4	多媒体应用技术	杨森香	北京理工大学...	16.80
5	Photoshop数码...	杨品	中国电力出版社	36.00

图 5－7　返回前 10% 行

```
SELECT  列名 1[,…列名 n]
FROM  表名
WHERE  筛选条件
```

说明:筛选条件是一个逻辑表达式,其中可以包含的运算符如表 5－1 所示。

表 5－1　运算符

查询条件	运算符	说　明
比较	=,>,<,>=,<=,<>,! =,! >,! <	比较两个表达式值的大小
多重条件	AND,OR,NOT	对两个表达式进行与、或、非的运算
确定范围	BETWEEN...AND...,NOT BETWEEN...AND...	判断值是否在指定的范围内
确定集合	IN,NOT IN	查询值是否属于列表值之一
字符匹配	LIKE,NOT LIKE	字符匹配,用于模糊查询
测试空值	IS NULL,IS NOT NULL	判断值是否为空

下面介绍查询条件取各种运算符时的使用情况。

(1) 比较查询条件

由比较运算符表达式组成,比较运算符用于比较两个表达式的大小。各运算符的含义是:=(等于),>(大于),<(小于),> =(大于等于),< =(小于等于),< >(不等于),! =(不等于),! >(不大于),! <(不小于)。

使用比较表达式作为查询条件的一般格式是:

```
WHERE  表达式 1  比较运算符  表达式 2
```

说明:表达式是除"text""ntext""image"之外类型的表达式。

系统将根据查询条件的真假来决定某一条记录是否满足查询条件,只有满足条件的记录才会出现在最终的结果集中。

【例 5－8】 查询图书表中定价大于 50 元的图书。

具体代码如下:

```
USE  在线书店
GO
SELECT *
FROM  图书
WHERE  定价 >50
GO
```

执行结果如图 5－8 所示。由图可以看出查询结果中只显示了定价在 50 元以上的图书信息。

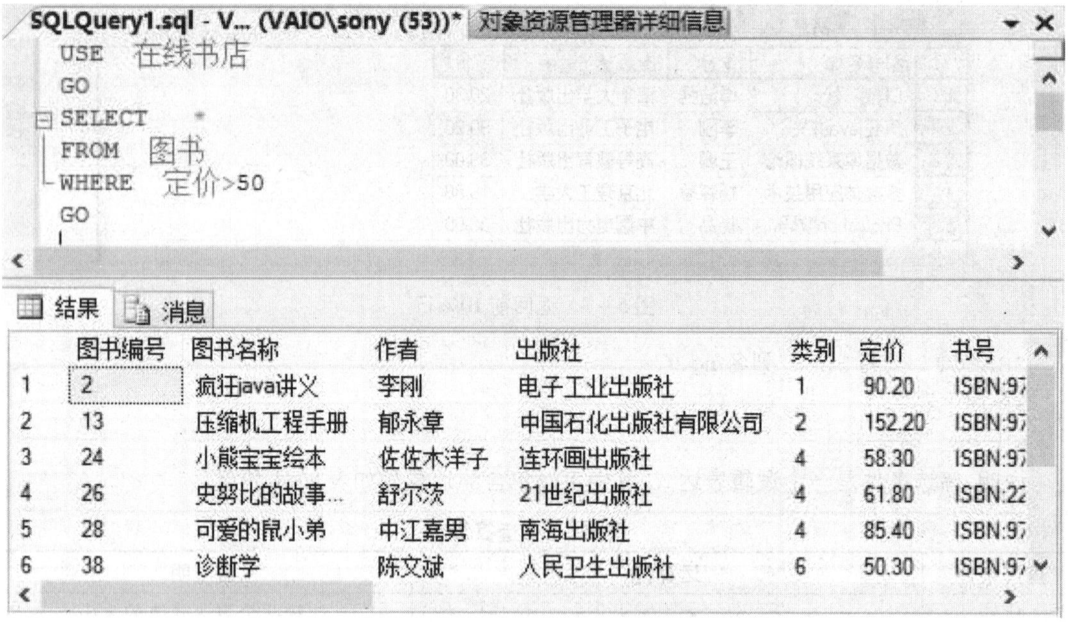

```
SQLQuery1.sql - V... (VAIO\sony (53))*  对象资源管理器详细信息

USE    在线书店
GO
SELECT    *
FROM    图书
WHERE    定价>50
GO
```

	图书编号	图书名称	作者	出版社	类别	定价	书号
1	2	疯狂java讲义	李刚	电子工业出版社	1	90.20	ISBN:97
2	13	压缩机工程手册	郁永章	中国石化出版社有限公司	2	152.20	ISBN:97
3	24	小熊宝宝绘本	佐佐木洋子	连环画出版社	4	58.30	ISBN:97
4	26	史努比的故事...	舒尔茨	21世纪出版社	4	61.80	ISBN:22
5	28	可爱的鼠小弟	中江嘉男	南海出版社	4	85.40	ISBN:97
6	38	诊断学	陈文斌	人民卫生出版社	6	50.30	ISBN:97

图 5 - 8   50 元以上的图书

（2）多重查询条件

逻辑运算符 NOT（非）、AND（与）、OR（或）可用于连接多个查询条件，实现多重条件查询。语法格式如下：

WHERE［NOT］逻辑表达式 AND |OR［NOT］逻辑表达式

【例 5 - 9】   查询用户表中 2010 年以后（不含 2010 年）注册的男用户的账号、姓名、性别、创建时间。

具体代码如下：

USE   在线书店

GO

SELECT   用户账号,姓名,性别,创建时间

FROM   用户

WHERE 创建时间 > '2010 - 12 - 31' AND 性别 = '男'

GO

说明：本例中的"2010 年后"和"男用户"两个条件要同时成立，因此用"AND"（与）连接两个查询条件。

执行结果如图 5 - 9 所示。

（3）范围查询条件

"BETWEEN…AND…"用于限制查询数据的范围。语法格式如下：

WHERE 列表达式［NOT］BETWEEN 起始值 AND 终止值

说明："BETWEEN"后是范围的下限（即低值），"AND"后是范围的上限（即高值），低值必须小于高值，"BETWEEN…AND…"包括边界。"NOT"表示取反，即不在这个范围之内。

【例 5 - 10】   查询用户表中 2011 年注册的用户的账号、姓名、创建时间和消费金额。

具体代码如下：

USE   在线书店

GO

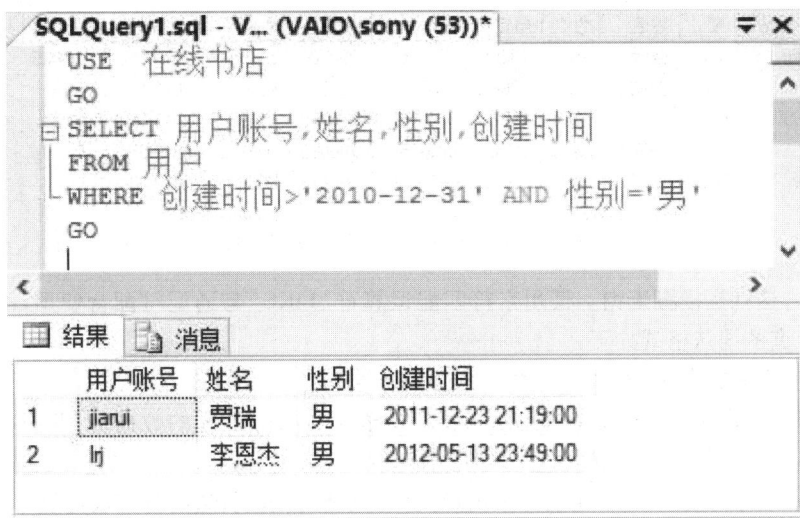

图 5 - 9 2010 年以后注册的男用户

```
SELECT   用户账号,姓名,创建时间,消费金额
FROM   用户
WHERE 创建时间 BETWEEN '2011 - 1 - 1' AND '2011 - 12 - 31'
GO
```
执行结果如图 5 - 10 所示。

图 5 - 10 2011 年注册的用户

（4）列表查询条件

通常使用"IN"关键字来判断一个数值是否属于列表值之一。语法格式如下：

WHERE   表达式 [NOT] IN (值 1,值 2,值 3,…)

说明："IN"表示表达式的值属于列表值之一。"NOT"表示取反,即表达式的值不等于列表中的任何一个。

【例 5 - 11】   查询用户表中等级为 1,2,4 的用户信息。

具体代码如下：

```
USE   在线书店
GO
SELECT*
FROM   用户
WHERE   用户等级 IN (1,2,4)
GO
```
执行结果如图 5 - 11 所示。

（5）模糊匹配查询

在实际应用中,用户不是总能够给出精确的查询条件的。因此,经常需要根据一些不确切的线

	用户账号	密...	姓名	性	电话	地址	邮编	邮箱	创建时间	消费	用户等级
1	hytrrr	64...	张天	男	1380...	济南市...	250100	zhang...	2010-01-...	1844.5	2
2	jiarui	jiajia	贾瑞	男	1368...	北京市...	100081	jiarui...	2011-12-...	31.8	1
3	li1990	19...	李斌	女	1597...	济南市...	250100	libin90...	2011-12-...	14224	4
4	lrj	ab...	李恩杰	男	1852...	北京市...	100082	lrj@12...	2012-05-...	0	1
5	wyh	12...	王红	女	1895...	济南市...	250010	NULL	2012-06-...	0	1

图 5-11　等级为 1,2,4 的用户信息

索来搜索信息,这就是模糊查询。使用字符匹配运算符"LIKE"与通配符配合使用,即可实现模糊查询。模糊查询的语法格式如下:

WHERE 字符串表达式 [NOT] LIKE '匹配串'

其中:"LIKE"关键字用于查询并返回与指定的表达式模糊匹配的数据行,匹配串可以是一个完整的字符串,也可以包含有通配符。"NOT"表示取反。

SQL Server 提供了以下 4 种通配符供用户灵活实现模糊查询,通配符列表如表 5-2 所示。

表 5-2　模糊匹配符

通配符	说　　明
%(百分号)	表示 0 个或多个任意字符
_(下划线)	表示单个任意字符
[ ](方括号)	表示指定范围(如:[2-9]、[a-f])或集合(如:[abcdef])中的任意单个字符
[^]	表示不属于指定范围(如:[^2-9]、[^a-f])或集合(如:[^abcdef])中的任意单个字符

【例 5-12】　查询用户表中姓李的用户情况。

具体代码如下:

```
USE　在线书店
GO
SELECT *
FROM　用户
WHERE 姓名 LIKE '李%'
GO
```

查询结果如图 5-12 所示。

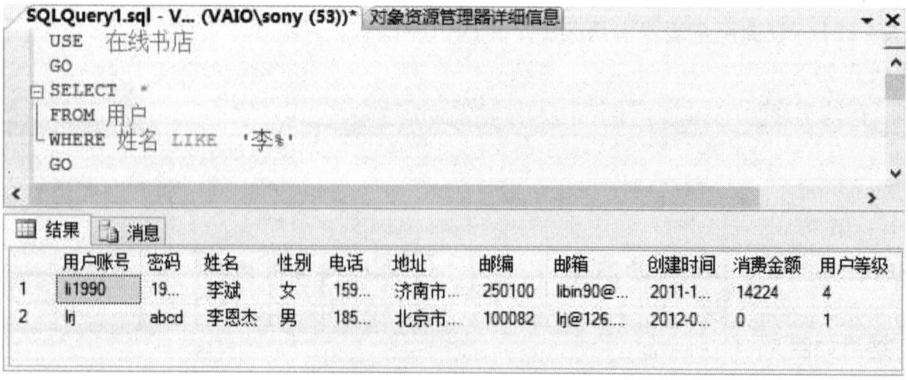

图 5-12　所有姓李的用户

说明:"%"代表任意个字符,"'李%'"代表的是第一个字为李,后面可以是任意个的任意字符,因此上述代码实现的是查询所有姓李的用户信息。

【例 5 – 13】　查询图书表中图书名称含有"建筑"二字的图书情况。

具体代码如下:

```
USE    在线书店
GO
SELECT *
FROM   图书
WHERE   图书名称 LIKE '%建筑%'
GO
```

查询执行结果如图 5 – 13 所示。

	图书编号	图书名称	作者	出版社	类...	定价	书号	图书简介
1	44	中国建筑史	梁思成	生活读书新...	7	51.70	ISBN:97871...	该书是1944年完...
2	45	公共建筑设计原理	张文忠	中国建筑工...	7	51.30	ISBN:97871...	考虑到我国建筑...
3	46	房屋建筑学	同济大学	中国建筑工...	7	40.60	ISBN:97871...	本教材共分6篇...
4	47	建筑力学与结构	李永光	机械工业出...	7	28.50	ISBN:97871...	本教材是依据高...
5	48	图说建筑智能化系统	张新房	中国电力出...	7	47.90	ISBN:97875...	本书的特点是简...

图 5 – 13　名称含有"建筑"的图书

【例 5 – 14】　查询用户表中姓李和姓张,并且单名的用户情况。

具体代码如下:

```
USE    在线书店
GO
SELECT *
FROM   用户
WHERE   姓名 LIKE '[李张]_'
GO
```

执行结果如图 5 – 14 所示。

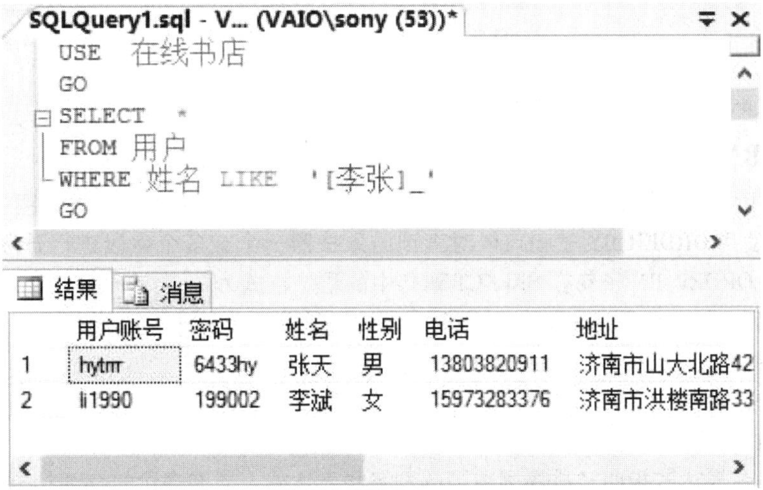

SQLQuery1.sql - V... (VAIO\sony (53))*
USE   在线书店
GO
SELECT   *
FROM 用户
WHERE 姓名 LIKE   '[李张]_'
GO

	用户账号	密码	姓名	性别	电话	地址
1	hytrr	6433hy	张天	男	13803820911	济南市山大北路42...
2	li1990	199002	李斌	女	15973283376	济南市洪楼南路33...

图 5 – 14　姓李和姓张的单名用户

143

说明:"[ ]"(方括号)表示指定范围中的任意单个字符,"[李张]"表示李或张,"[李张]_"就表示第一个字是李或张,第二个字可以是任意字符。因此上述代码查询的是用户表中姓李和姓张,并且单名的用户情况。

(6)空值查询

当需要判定一个表达式的值是否为空值(NULL)时,可以使用"IS NULL"关键字,语法格式为:

WHERE 表达式 IS [NOT] NULL

【例5-15】 查询用户表中邮箱为"NULL"的用户情况。

具体代码如下:

```
USE    在线书店
GO
SELECT  *
FROM   用户
WHERE   邮箱  IS NULL
GO
```

执行结果如图5-15所示。

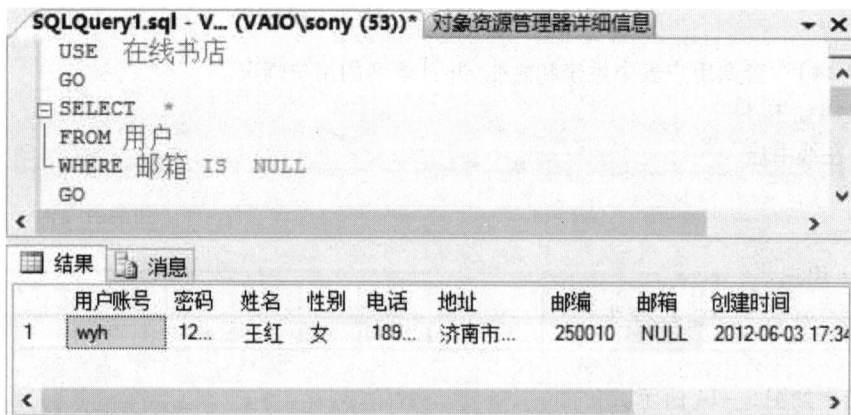

图5-15　邮箱为空的用户

注意:这里的"IS"运算符不能用"="代替。

4. ORDER BY 子句

在实际应用中经常需要对查询结果进行排序,比如按图书的上架先后显示图书信息。在SE-LECT语句中,使用ORDER BY子句可以对查询结果按照一个或多个字段进行升序(ASC)或降序(DESC)排序。ORDER BY子句在SELECT语句中的语法格式为:

```
SELECT 列名1[,…列名n]
FROM 表名
WHERE 筛选条件
ORDER BY 字段名表达式1 [ASC |DESC][,…n]
```

说明:字段名表达式指明了排序列或列的别名和表达式。当有多个排序表达式时,各表达式在ORDER BY子句中的顺序决定了排序依据的优先级。ORDER BY子句的默认值为升序(ASC);当排序要求为 DESC 时,结果集的行按排序字段值的降序排列。

【例 5 - 16】　查询图书表中所有图书的图书编号、图书名称、定价和作者,结果按照定价的升序排列显示。

具体代码如下:

```
USE　在线书店
GO
SELECT　图书编号,图书名称,定价,作者
FROM　图书
ORDER BY　定价
GO
```

执行结果如图 5 - 16 所示。

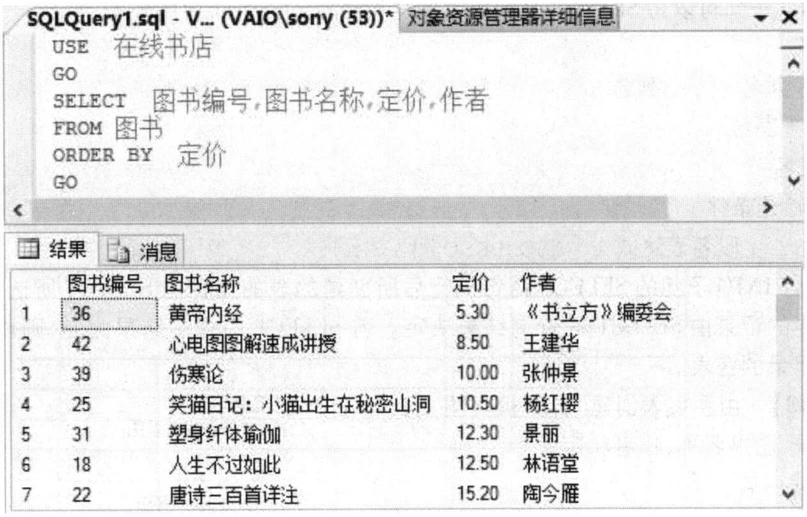

图 5 - 16　定价按升序排列

说明:系统默认的排列顺序为升序,因此"ASC"关键字可以省略。

【例 5 - 17】　查询图书表中所有库存量在 500 本以上的图书的图书编号、图书名称、定价、作者和上架时间,结果按照上架时间的先后排序,上架时间相同的按照定价的降序排列显示。

具体代码如下:

```
USE 在线书店
GO
SELECT 图书编号,图书名称,定价,作者,上架时间
FROM 图书 WHERE 库存量 >500
ORDER BY 上架时间 ASC,定价 DESC
GO
```

执行结果如图 5 - 17 所示。

	图书编号	图书名称	定价	作者	上架时间
1	21	性情男女	26.90	戴军	2011-02-03 00:00:00
2	43	街道的美学	16.30	芦原义信	2011-04-01 00:00:00
3	35	荒野求生手册	29.40	贝尔格里尔斯	2011-04-09 00:00:00
4	13	压缩机工程手册	152.20	郁永章	2011-05-08 00:00:00
5	32	识对体形穿对衣	27.10	王静	2011-11-24 00:00:00
6	30	从零开始用烤箱	17.20	文怡	2011-11-24 00:00:00
7	28	可爱的鼠小弟	85.40	中江嘉男	2011-12-30 00:00:00

图 5 - 17   查询结果

由查询结果可以看出,图书按照上架时间的升序排列,其中编号为"32"和"30"的两本图书上架时间相同,这两本图书按照定价的降序显示。

5. 使用 INTO 子句保存查询结果

使用 INTO 子句可以将 SELECT 查询所得的结果保存到一个新建的表中。

语法格式:

SELECT 列名 1[,…列名 n]

[INTO 新表名]

FROM 表名

WHERE 筛选条件

ORDER BY 字段名表达式 1 [ASC |DESC] [,…n]

说明:包含 INTO 子句的 SELECT 语句执行后所创建的表的结构由 SELECT 所选择的列决定。新创建的表中的记录由 SELECT 的查询结果决定。若 SELECT 的查询结果为空,则创建一个只有结构而没有记录的空表。

【例 5 - 18】 由图书表创建"计算机类图书表",包括图书编号、图书名称、作者和定价。

USE 在线书店

GO

SELECT 图书编号,图书名称,作者,定价

INTO 计算机类图书表

FROM 图书

WHERE 类别 =1

GO

上述代码执行后将创建"计算机类图书表",如图 5 - 18 所示。该表包括四个字段:图书编号、图书名称、作者和定价。其数据类型与图书表中的同名字段相同。

注意:INTO 子句不能与 COMPUTE 子句一起使用。

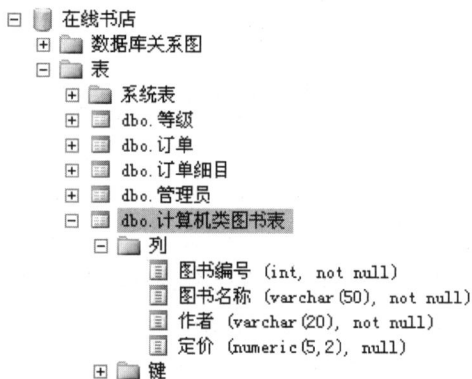

图 5 - 18   计算机类图书表

三 任务实施

在首页界面中,用户可以查询浏览图书,用"SELECT"语句可以这样实现:

a. 实现首页界面【搜索】中要求的,查询书名中含有"计算机"的图书信息。

具体代码如下:

USE 在线书店

```
GO
SELECT 图书编号 AS 编号,图书名称 AS 书名,作者,出版社,类别,定价,书号,
图书简介 AS 简介
FROM 图书
WHERE 图书名称 like '%计算机%'
GO
```

b. 实现首页界面中的【高级搜索】,查询"中国建筑工业出版社"出版的书号为"ISBN:9787112098453"的图书信息。

具体代码如下:

```
USE 在线书店
GO
SELECT 图书编号 AS 编号,图书名称 AS 书名,作者,出版社,类别,定价,书号,
图书简介 AS 简介
FROM 图书
WHERE 书号='ISBN:9787112098453' AND 出版社='中国建筑工业出版社'
GO
```

c. 实现首页界面中的【高级搜索】,查询"定价"在 20 元到 30 元之间(包含 20 元和 30 元)的图书信息。

具体代码如下:

```
USE 在线书店
GO
SELECT 图书编号 AS 编号,图书名称 AS 书名,作者,出版社,类别,定价,书号,
图书简介 AS 简介
FROM 图书
WHERE 定价 BETWEEN 20 AND 30
GO
```

四 任务拓展训练

使用"SELECT"语句对在线书店中的数据表完成以下查询:

- 查询"人民卫生出版社"的图书的图书编号、图书名称、作者和定价。
- 查询"C 程序设计"这本书 7 折后的价格。
- 查询书名中含有"机械"两字的图书信息。
- 查询消费金额在 5 000 元到 8 000 元之间的用户信息。
- 查询 2 类、4 类、5 类和 7 类图书的图书名称。
- 查询所有未登记联系电话的用户信息。
- 查询销量最高的前十种图书的图书名称、书号、作者和定价。
- 查询订单编号为"5"和"8"的订单的详细信息。
- 查询"银钻用户"的消费金额下限、消费金额上限和享受的折扣。
- 查询 2012 年 2 月份的订单,结果按总金额的降序排列。

任务5.2　分类汇总

一　任务说明

1. 任务描述

在对表数据进行检索时,经常需要对查询结果进行分类、汇总或计算。比如管理员管理订单时不但需要查看所有订单的详细信息,还需要统计订单个数及订单总金额等。

本任务通过实现订单管理中的订单个数和订单金额的统计,掌握数据查询中的分类汇总。要求实现可根据订单状态的不同对订单个数及总金额进行统计。

2. 任务目标

在 SELECT 语句中,分类汇总可用 GROUP BY 子句配合聚合函数实现。用户使用聚合函数及 GROUP BY 子句可实现对表中数据的各种统计,如求和、平均值、最大值、最小值和求个数等。

通过本任务的学习,读者可以掌握聚合函数及 GROUP BY 子句的用法。

二　基本知识

对表数据进行检索时,经常需要对查询结果进行分类、汇总或各种统计计算。例如在图书表中求某类图书的平均价格、统计各类图书的总销售量等。下面将介绍 SELECT 语句中用于数据统计的子句及函数。

1. 常用聚合函数

为了有效地进行数据集分类汇总、求平均值等统计,SQL Server 2008 提供了一系列聚合函数,如 SUM、AVG 等,聚合函数用于对查询结果集中的记录进行统计计算,并返回单个计算结果。

常用的聚合函数如表 5-3 所示。

表5-3　常用聚合函数

函数名	函数功能
SUM( )	计算一个数值列的总和
AVG( )	计算一个数值列的平均值
MAX( )	返回指定列中的最大值
MIN( )	返回指定列中的最小值
COUNT( )	计算符合查询限制条件的总行数

下面举例说明这五个函数的使用。

【例5-19】　求图书表所有图书的平均定价。

具体代码如下:

```
USE 在线书店
GO
SELECT AVG(定价) AS 平均价格
FROM 图书
GO
```

说明："AVG( )"函数会对图书表的"定价"列中的所有值计算平均值,最终得到一个平均价格。
执行结果如图 5 – 19 所示。

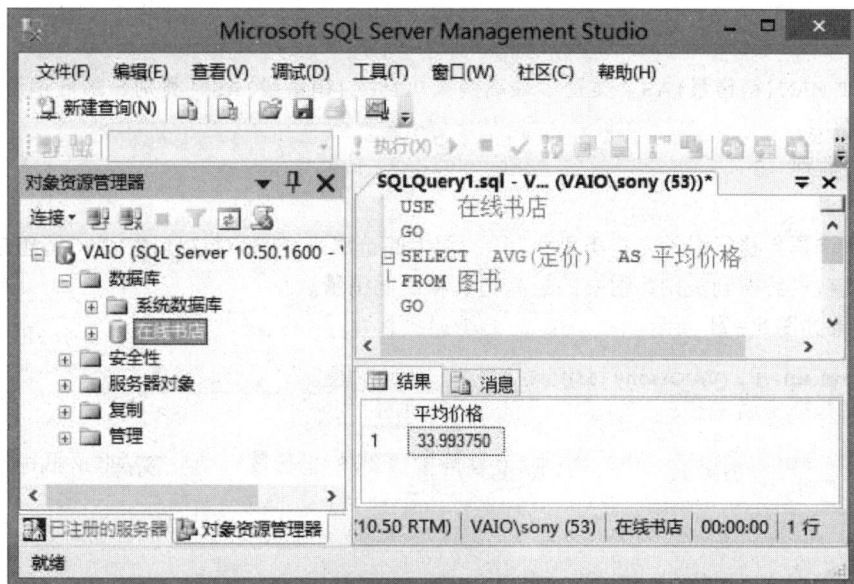

图 5 – 19　图书平均定价

【例 5 – 20】　求图书表中类别为"4"的所有图书的平均定价。

具体代码如下:

```
USE 在线书店
GO
SELECT AVG(定价) AS '类别 4 平均价格'
FROM 图书
WHERE 类别 = 4
GO
```

说明:查询语句执行时首先将类别为"4"的图书筛选出来,然后对这些图书的"定价"列计算平均值,最终得到类别 4 图书的平均价格。

执行结果如图 5 – 20 所示。

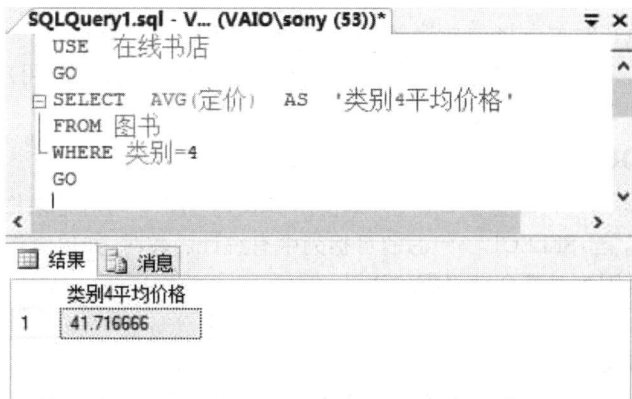

图 5 – 20　类别 4 平均价格

【例 5 - 21】 查询图书表类别为"5"的所有图书的最高销量和最低销量。

具体代码如下:

USE 在线书店

GO

SELECT MAX(销售量)AS '类别 5 最高销量', MIN(销售量)AS '类别 5 最低销量'

FROM 图书

WHERE 类别 = 5

GO

说明:查询语句执行时首先将类别为"5"的图书筛选出来,然后对这些图书的"销售量"列求最大值和最小值,最终得到类别5图书的最高销量和最低销量。

执行结果如图 5 - 21 所示。

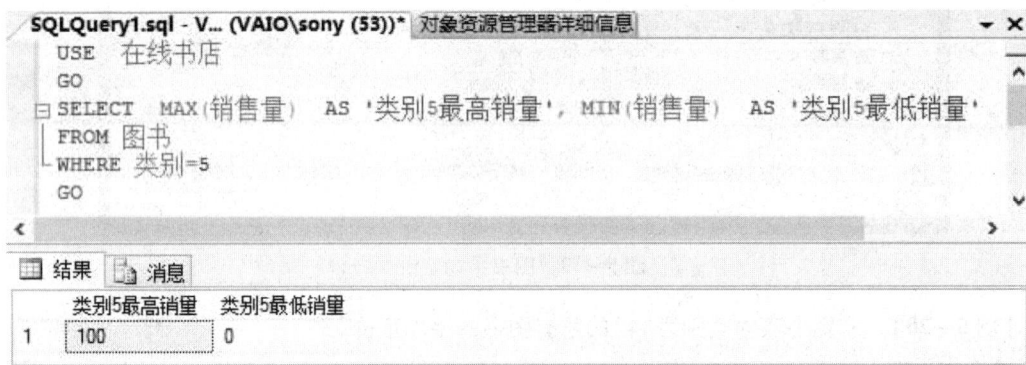

```
SQLQuery1.sql - V... (VAIO\sony (53))*  对象资源管理器详细信息
    USE   在线书店
    GO
  SELECT   MAX(销售量)   AS '类别5最高销量', MIN(销售量)   AS '类别5最低销量'
    FROM 图书
    WHERE 类别=5
    GO
```

	类别5最高销量	类别5最低销量
1	100	0

图 5 - 21 最高销量和最低销量

【例 5 - 22】 统计用户表消费金额在 5 000 元以上用户的人数。

具体代码如下:

USE 在线书店

GO

SELECT COUNT(*)AS '消费 5000 元以上人数'

FROM 用户

WHERE 消费金额 > 5000

GO

说明:查询语句执行时首先将消费金额在 5 000 元以上的用户筛选出来,然后对这些记录用"COUNT(*)"求记录个数(即人数),最终得到消费金额在 5 000 元以上的用户人数。

执行结果如图 5 - 22 所示。

2. 分组查询(GROUP BY 子句)

在使用 SELECT 语句进行数据查询时,可以使用 GROUP BY 子句对结果集进行分组,并对每一组数据进行汇总计算。当 SELECT 子句后的目标列中有统计函数时,如果查询语句中有分组子句,则统计为分组统计,否则为对整个结果集的统计。

语法格式如下:

GROUP BY 分组表达式

说明:分组的表达式中通常包含列名。"GROUP BY"按"列名"指定的列进行分组,将该列列值相同的记录组成一组,对每一组进行汇总计算。每一组生成一条记录。SELECT 子句的列表中,

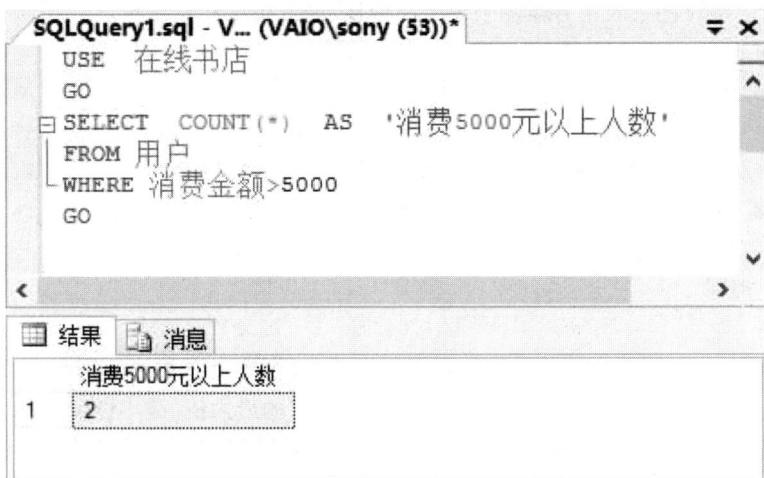

图 5-22　5 000 元以上人数

只能包含在"GROUP BY"中指出的列或在聚合函数中指定的列。

【例 5-23】　统计用户表中男女用户人数。

具体代码如下:

USE 在线书店

GO

SELECT 性别,COUNT(*)AS '人数'

FROM 用户

GROUP BY 性别

GO

说明:查询语句执行时首先将用户表按照性别字段分组,也就是性别字段值相同的一组,即男用户一组、女用户一组。然后在每组中用"COUNT(*)"求记录个数(即人数),最终得到男女用户各自的人数。

执行结果如图 5-23 所示。

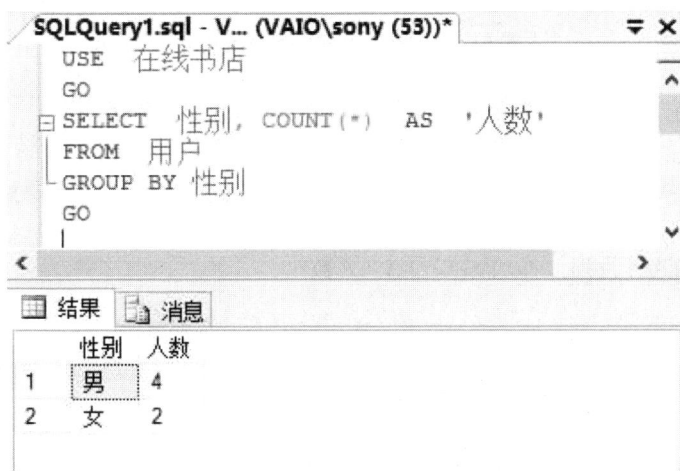

图 5-23　男女用户人数

【例 5 - 24】 统计图书表中各类图书的最高销量、最低销量和总销量。

具体代码如下:

```
USE 在线书店
GO
SELECT 类别,MAX(销售量)AS '最高销量',
MIN(销售量)AS '最低销量',SUM(销售量)AS '总销量'
FROM 图书
GROUP BY 类别
GO
```

说明:查询语句执行时首先将图书表按照类别字段分组,也就是类别字段值相同的一组,即图书表中的图书有几类就分成几组。然后在每组中求销售量的最大值、最小值和总和,最终得到各类图书的最高销量、最低销量和总销量。

执行结果如图 5 - 24 所示。

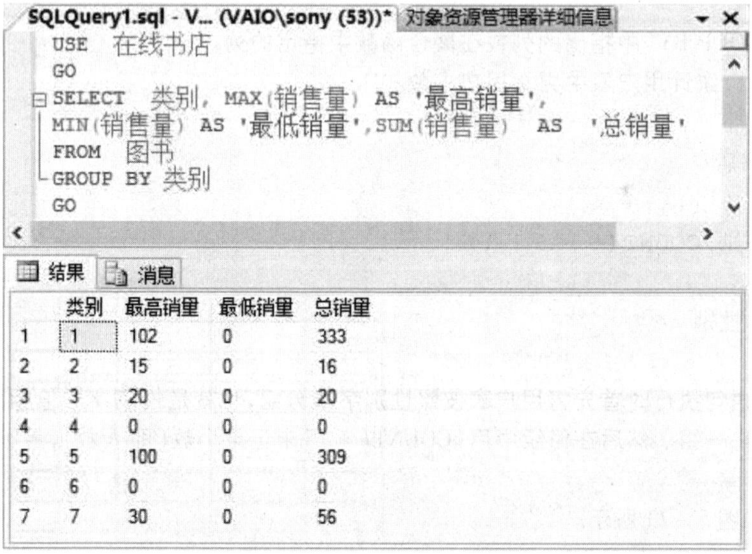

图 5 - 24 各类图书销量统计结果

【例 5 - 25】 统计用户表每个等级的男女用户人数。

具体代码如下:

```
USE 在线书店
GO
SELECT 用户等级,性别,COUNT(*)AS '人数'
FROM 用户
GROUP BY 用户等级,性别
ORDER BY 用户等级,性别
GO
```

说明:查询语句执行时首先将用户表按照用户等级分组,每个等级中再按照性别分组。然后在每组中用"COUNT(*)"求记录个数(即人数),最终得到每个等级的男女用户人数。

执行结果如图 5 - 25 所示。

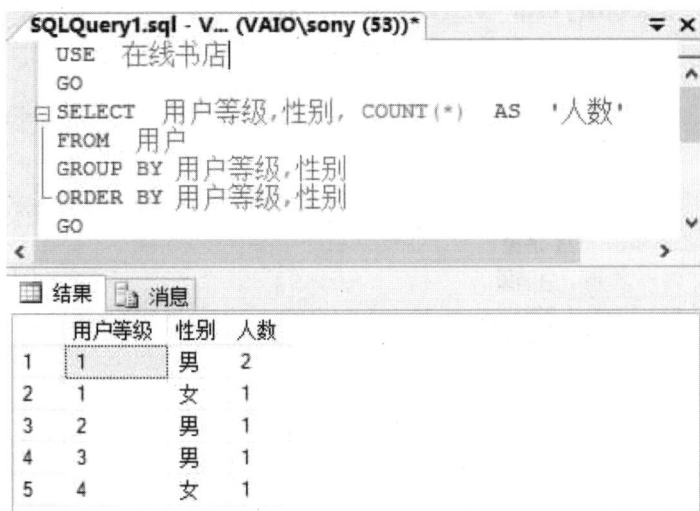

图 5 - 25　不同等级的男女人数

3. HAVING 筛选子句

使用 GROUP BY 子句和聚合函数对数据进行分组统计后,还可以使用 HAVING 子句对分组数据进一步筛选。

语法格式如下:

GROUP BY 分组表达式 [HAVING 筛选条件]

说明:筛选条件与 WHERE 子句的查询条件类似,但"HAVING"可以使用聚合函数。

【例 5 - 26】　查询总销量在 200 本以上的图书类别。

具体代码如下:

USE 在线书店

GO

SELECT 类别,SUM(销售量)AS '总销量'

FROM 图书

GROUP BY 类别

HAVING SUM(销售量) > =200

GO

说明:查询语句执行时首先按照类别分组,然后用"SUM( )"函数统计每一组的销售总量,最后在分组统计的结果中把总销量在 200 本以上的筛选出来。

执行结果如图 5 - 26 所示。

注意:在 SELECT 语句中,当"WHERE""GROUP BY"与"HAVING"子句同时被使用时,要注意它们的作用和执行顺序:"WHERE"用于筛选由"FROM"指定的数据对象,即从"FROM"指定的基表或视图中检索满足条件的记录;"GROUP BY"用于对"WHERE"的筛选结果进行分组;"HAVING"则是对使用"GROUP BY"分组以后的数据进行过滤。

【例 5 - 27】　在 2012 年上架的图书中查询总销量在 100 本以上的图书类别。

具体代码如下:

USE 在线书店

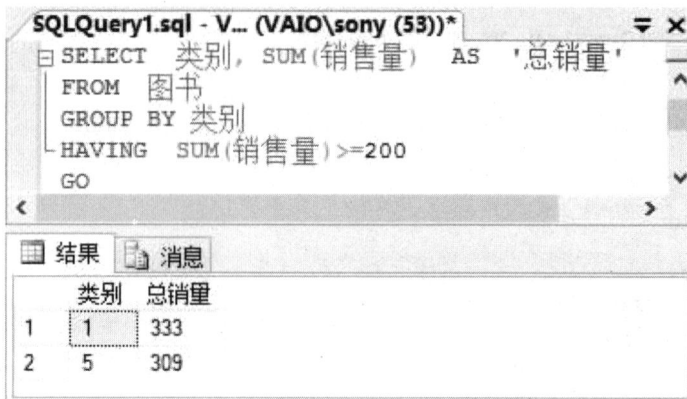

图 5 - 26　销量 200 以上的图书类别

```
GO
SELECT 类别,SUM(销售量)AS '总销量'
FROM 图书
WHERE 上架时间 BETWEEN '2012 -1 -1' AND '2012 -12 -31'
GROUP BY 类别
HAVING SUM(销售量) > =100
GO
```

说明：查询执行时首先把图书表中上架时间在 2012 年的图书筛选出来，然后对这些记录做分组统计，统计出各类图书的总销量，最后在分组统计的结果中把总销量在 100 本以上的筛选出来。

执行结果如图 5 - 27 所示。

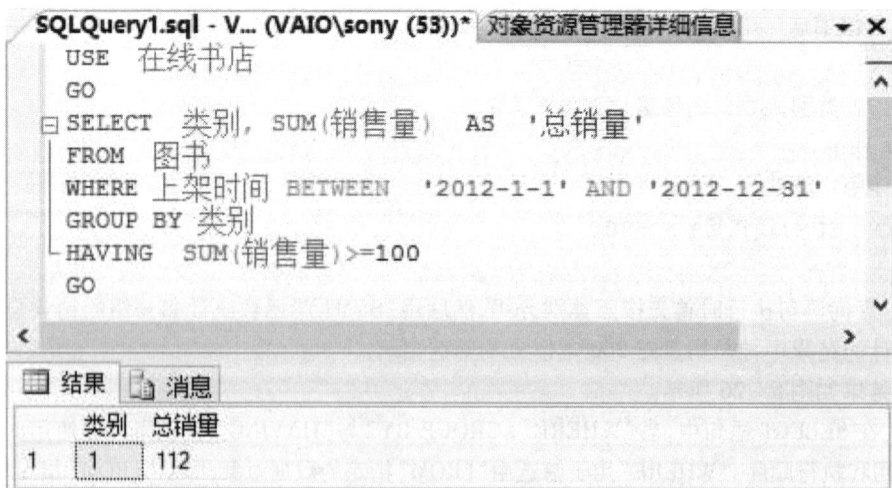

图 5 - 27　查询结果

4. 使用 COMPUTE 子句计算与汇总

计算与汇总是生成合计作为附加的汇总行出现在结果集的最后。

语法格式为:

COMPUTE 聚合函数 [BY 列名]

说明:COMPUTE 子句包括 COMPUTE 和带可选项(BY)的 COMPUTE BY 两种。COMPUTE BY 子句使用户得以用同一 SELECT 语句既查看明细行,又查看分类汇总行;而 COMPUTE 子句使用户得以用同一 SELECT 语句既查看明细行,又查看总计行。

【例 5 - 28】　查询用户表中 2011 年注册的用户的账号,姓名,创建时间和消费金额,并统计人数。

具体代码如下:

```
USE 在线书店
GO
SELECT 用户账号,姓名,创建时间,消费金额
FROM 用户
WHERE 创建时间 BETWEEN '2011 -1 -1' AND '2011 -12 -31'
COMPUTE COUNT(用户账号)
GO
```

执行结果如图 5 - 28 所示。

	用户账号	姓名	创建时间	消费金额
1	jiarui	贾瑞	2011-12-23 21:19:00	31.8
2	li1990	李斌	2011-12-20 09:00:00	14224

	cnt
1	2

图 5 - 28　"COMPUTE"子句执行结果

从图中可以看出,COMPUTE 子句产生附加的汇总行,其列标题是系统自定的。

【例 5 - 29】　统计用户表中男女用户人数和平均消费额,并显示用户的详细信息。

具体代码如下:

```
USE 在线书店
GO
SELECT *
FROM 用户
ORDER BY 性别
COMPUTE COUNT(用户账号),AVG(消费金额) BY 性别
GO
```

执行结果如图 5 - 29 所示。

从图中可以看出,COMPUTE BY 子句产生附加的分类汇总行,使用户得以用同一 SELECT 语句既查看明细行,又查看分类汇总行。

	用户账号	密码	姓名	性	电话	地址	邮编	邮箱	创建时...	消费...	用户等级
1	hytrrr	6433hy	张天	男	1380...	济南市...	250...	zhangt...	2010-0...	1844.5	2
2	jiarui	jiajia	贾瑞	男	1368...	北京市...	100...	jiarui@...	2011-1...	31.8	1
3	liulide	liuliu	刘立德	男	1337...	济南市...	250...	liulide...	2010-0...	6820	3
4	lrj	abcd	李恩杰	男	1852...	北京市...	100...	lrj@12...	2012-0...	0	1

	cnt	avg
1	4	2174.075

	用户账号	密码	姓名	性...	电话	地址	邮编	邮箱	创建时	消费...	用户等级
1	wyh	123456	王红	女	18955...	济南市...	250010	NULL	2012-0...	0	1
2	li1990	199002	李斌	女	15973...	济南市...	250100	libin9...	2011-1...	14224	4

	cnt	avg
1	2	7112

图 5 - 29 "COMPUTE BY"子句执行结果

注意:

a. COMPUTE 或 COMPUTE BY 子句中的表达式,必须出现在选择列表中,并且必须将其指定为与选择列表中的某个表达式完全一样,不能使用在选择列表中指定的列的别名。

b. 在 COMPUTE 或 COMPUTE BY 子句中,不能指定为"ntext""text"和"image"数据类型。

c. 如果使用"COMPUTE BY",则必须也使用 ORDER BY 子句。COMPUTE BY 中的表达式必须与在"ORDER BY"后列出的子句相同或是其子集,并且必须按相同的序列。

d. 在"SELECT INTO"语句中不能使用"COMPUTE"。因此,任何由"COMPUTE"生成的计算结果不出现在用"SELECT INTO"语句创建的新表内。

三 任务实施

1. 实现统计各个状态的订单的订单个数和总金额

具体代码如下:

```
USE 在线书店
GO
SELECT 订单状态,COUNT(*)AS '订单个数',SUM(总金额)AS '订单总金额'
FROM 订单
GROUP BY 订单状态
GO
```

2. 实现统计各个状态的订单的订单个数和总金额,并显示订单详细信息

具体代码如下:

```
USE 在线书店
GO
SELECT *
FROM 订单
ORDER BY 订单状态
COMPUTE COUNT(订单编号),SUM(总金额)BY 订单状态
GO
```

3. 实现统计 2012 年的订单的订单个数和总金额。

具体代码如下:

```
USE 在线书店
GO
SELECT COUNT(*) AS '2012 订单个数',SUM(总金额)AS '2012 订单总金额'
FROM 订单
WHERE 订单时间 BETWEEN '2012 -1 -1' AND '2012 -12 -31'
GO
```

四 任务拓展训练

使用"SELECT"语句对在线书店中的数据表完成以下查询:

- 统计用户表总人数。
- 统计用户表 1 级用户的平均消费金额。
- 统计订单细目表每份订单的总购书量。
- 根据订单细目表统计每种图书的总销量。
- 统计各出版社有多少种图书、平均定价和总销售量。
- 查询"北京理工大学出版社"的图书详细信息,并统计平均定价和总销量。
- 统计各出版社图书的平均定价和总销量,并显示图书详细信息。

任务 5.3 多表连接查询

一 任务说明

1. 任务描述

在线书店系统中,更多的查询是需要在数据库中的多个数据表中进行的。比如"我的订单"界面,如图 5 - 30 所示,需要同时查看订单信息和订单图书信息,这就需要对"订单"表、"订单细目"表和"图书"表做三表查询。再比如"用户管理"界面,如图 5 - 31 所示,需要查看用户详细信息同

图 5 - 30 "我的订单"界面

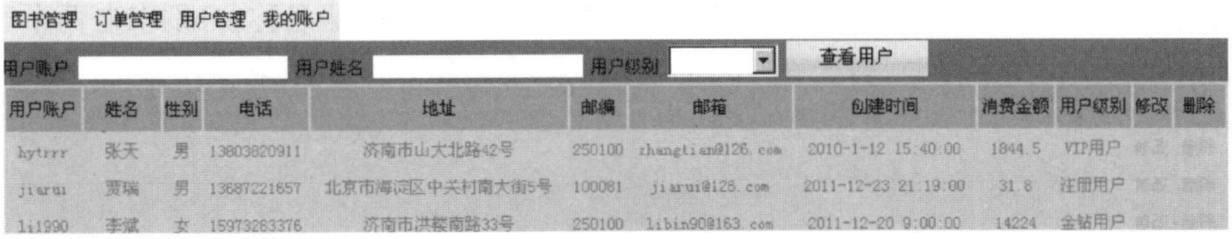

图 5 - 31 "用户管理"界面

时包括等级信息,这就要对"用户"表和"等级"表进行两表查询。本任务通过实现订单详细图书情况的查询功能,掌握多表连接查询的创建和应用。要求实现"我的订单"界面要求的查看每份订单的订单编号、订单商品、订单金额、订单时间和订单状态,并可以通过订单时间、状态、编号和商品名称等条件来查找订单。

2. 任务目标

多表连接查询是关系数据库中最重要也是应用最为广泛的查询。T–SQL中多表连接查询有内连接、外连接、交叉连接和自连接等不同的连接方式,可以实现实际项目中不同用户的各种多表查询的要求。通过本任务的学习,读者可以掌握各种多表连接查询的创建和应用。

二 基本知识

在关系型数据库中,如果一个查询同时涉及两个以上的表,称为连接查询,连接查询是关系数据库中最重要的查询。多数情况下,一个SQL查询语句一次往往涉及多个表。例如在线书店数据库中需要查看每份订单所购图书的详细信息,就需要将订单、订单细目和图书三个表进行连接,才能查找到结果。连接查询的目的是通过加载连接字段条件将多个表连接起来,以便从多个表中检索用户所需要的数据。

在T–SQL中,连接查询有两大类表示形式,一类是符合SQL标准连接谓词的表示形式,另一类是T–SQL扩展的使用关键字"JOIN"的表示形式。

1. 连接谓词

可以在SELECT语句的WHERE子句中使用比较运算符给出连接条件对表进行连接,这种表示形式被称为连接谓词表示形式。

语法格式为:

```
SELECT 字段列表
FROM 表名1,表名2
WHERE 连接条件 [ AND 筛选条件表达式 ]
[ ORDER BY 排序字段 ]
```

【例5-30】 查询每位用户的账号、姓名、消费金额和等级。

具体代码如下:

```
USE 在线书店
GO
SELECT 用户.用户账号,用户.姓名,用户.消费金额,等级.等级名称
FROM 用户,等级
WHERE 用户.用户等级 = 等级.等级编号
GO
```

执行结果如图5-32所示。

本例所得的结果包含四个字段:用户账号、姓名、消费金额和等级名称,分别来自两个表。一般在多表连接查询中引用字段时,需要在字段名前加上表名前缀,即用"表名.字段名"的形式表示,以便区分。

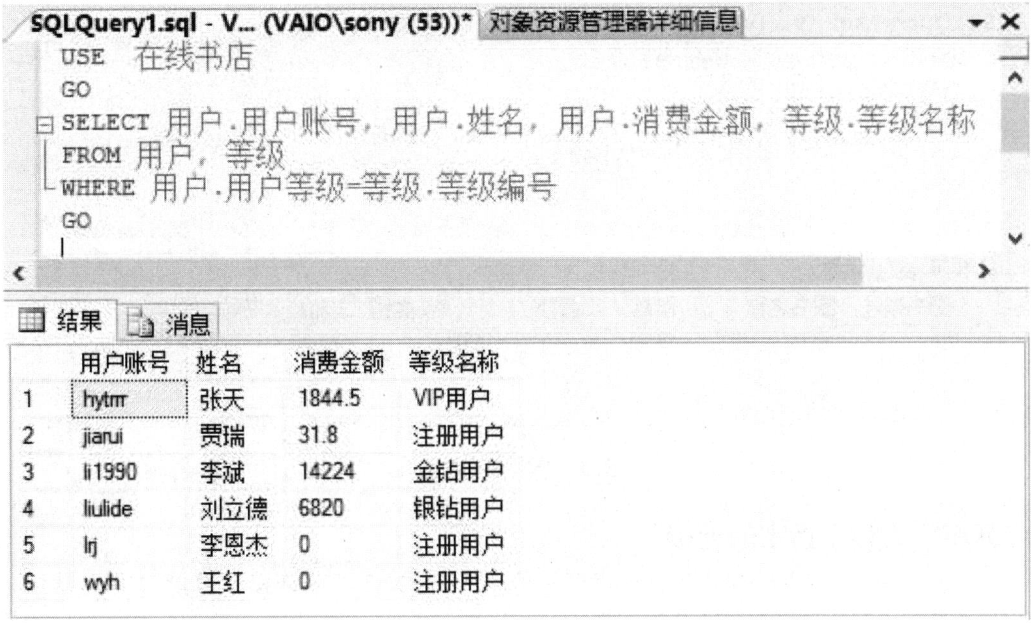

```
SQLQuery1.sql - V... (VAIO\sony (53))*  对象资源管理器详细信息        ▼ ×
  USE　在线书店
  GO
□ SELECT 用户·用户账号，用户·姓名，用户·消费金额，等级·等级名称
  FROM 用户，等级
└ WHERE 用户·用户等级=等级·等级编号
  GO
  |
```

	用户账号	姓名	消费金额	等级名称
1	hytrrr	张天	1844.5	VIP用户
2	jiarui	贾瑞	31.8	注册用户
3	li1990	李斌	14224	金钻用户
4	liulide	刘立德	6820	银钻用户
5	lrj	李恩杰	0	注册用户
6	wyh	王红	0	注册用户

图 5 - 32　查询结果

不过,若选择的字段名在各个表中是唯一的,也可以省略字段名前的表名。因此,本例中的"SELECT"语句也可以写为:

SELECT 用户账号,姓名,消费金额,等级名称

FROM 用户,等级

WHERE 用户. 用户等级 = 等级. 等级编号

注意:连接谓词中的两个字段称为连接字段,它们必须是可比的。例如,本例中连接谓词中的两个字段分别是用户表中的"用户等级"和等级表中的"等级编号"字段。

连接谓词中的比较运算符可以是" < "," < = "," = "," > "," > = "," ! = "," < > "," ! < "," ! > ",当比较运算符是" = "时,就是等值连接。若在目标列中去除相同的字段名,则为自然连接。

【例 5 - 31】　查询定价在 50 元以上的计算机类图书信息。

具体代码如下:

USE 在线书店

GO

SELECT 图书. *,图书类别. *

FROM 图书,图书类别

WHERE 图书. 类别 = 图书类别. 类别编号 AND 定价 > = 50

AND 图书类别. 类别名称 = '计算机'

GO

执行结果如图 5 - 33 所示。

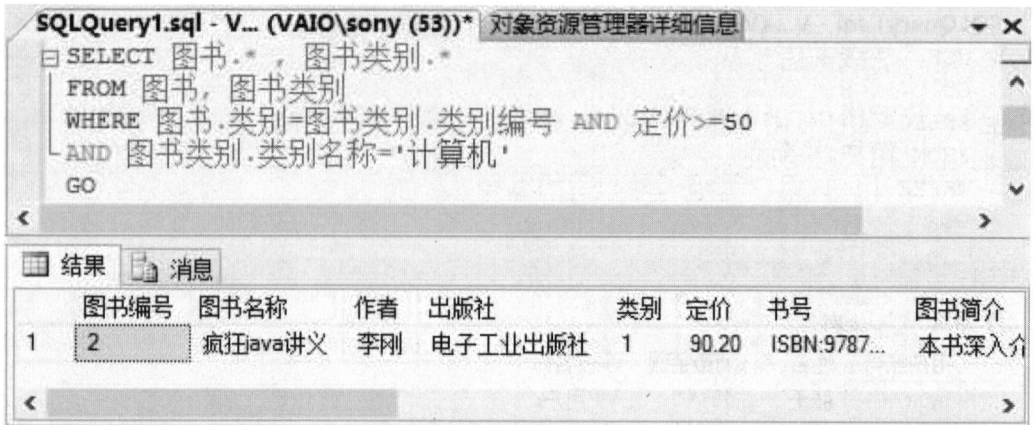

图 5-33　查询结果

2. "JOIN"关键字指定的连接

T-SQL 扩展了以"JOIN"关键字指定连接的表示方式,使表的连接运算能力得到增强。以"JOIN"关键字指定的连接有以下几种类型。

(1) 内连接(INNER JOIN)

内连接是比较常用的一种数据查询方式。它使用比较运算符进行多个基表间的数据的比较操作,并列出这些基表中与连接条件相匹配的所有数据行。一般用"INNER JOIN"或"JOIN"关键字来指定内连接,它是连接查询默认的连接方式。

内连接按照"ON"所指定的连接条件合并两个表,返回满足条件的行。

语法格式为:

SELECT 字段列表

FROM 表名 1 [INNER] JOIN 表名 2 ON 连接条件

[WHERE 条件表达式][ORDER BY 排序字段]

说明:"表名 1"和"表名 2"为需要连接的表;"INNER"表示内连接,内连接是系统默认的,"INNER"关键字可以省略;"ON"用于指定连接条件,连接条件的语法格式如下:

[表名 1.]字段名 1 比较运算符 [表名 2.]字段名 2

连接条件中的两个字段分别来自于需要连接的两张表,并且字段必须是可比的。

【例 5-32】　查询每位用户的账号、姓名、消费金额和等级。

具体代码如下:

USE 在线书店

GO

SELECT 用户账号,姓名,消费金额,等级名称

FROM 用户 INNER JOIN 等级 ON 用户. 用户等级 = 等级. 等级编号

GO

说明:本例与【例 5-30】相同,但采用了内部连接查询的方法实现,执行结果也与图 5-32 相同。

【例 5-33】　查询定价在 50 元以上的计算机类图书信息。

具体代码如下:

USE 在线书店

GO

SELECT 图书.*,图书类别.*

FROM 图书 INNER JOIN 图书类别 ON 图书.类别 = 图书类别.类别编号

WHERE 定价 > = 50 AND 图书类别.类别名称 = '计算机'

GO

说明:本例与【例 5-31】相同,但采用了内部连接查询的方法实现,执行结果也与图 5-33 相同。内连接还可以用于多个表的连接。

【例 5-34】 查询所有男用户的订单编号、订单时间、用户账号、姓名和等级。

具体代码如下:

USE 在线书店

GO

SELECT a.订单编号,a.订单时间,a.用户账号,b.姓名,c.等级名称 AS 用户等级

FROM 订单 AS a

INNER JOIN 用户 AS b ON a.用户账号 = b.用户账号

INNER JOIN 等级 AS c ON b.用户等级 = c.等级编号

WHERE b.性别 = '男'

GO

执行结果如图 5-34 所示。

	订单编号	订单时间	用户账号	姓名	用户等级
1	2	2012-02-02 18:56:00	jiarui	贾瑞	注册用户
2	3	2012-02-10 00:00:00	hytrrr	张天	VIP用户
3	4	2012-03-23 21:38:00	liulide	刘立德	银钻用户
4	6	2012-04-10 20:12:00	hytrrr	张天	VIP用户
5	7	2012-04-11 09:11:00	jiarui	贾瑞	注册用户
6	8	2012-04-11 15:08:00	liulide	刘立德	银钻用户
7	11	2012-06-03 14:42:00	lrj	李恩杰	注册用户
8	12	2012-06-03 15:00:00	lrj	李恩杰	注册用户
9	13	2012-06-03 15:28:00	lrj	李恩杰	注册用户

图 5-34   内连接结果

(2) 外连接

外连接的结果表不但包含满足连接条件的行,还包括相应表中的所有行。外连接包括以下 3 种。

① 左外连接(LEFT OUTER JOIN)

左外连接的结果表中除了包括满足连接条件的行外,还包括左表的所有行。

语法格式如下:

FROM 表名 1 LEFT [OUTER] JOIN 表名 2 ON 连接条件

其中,"OUTER"关键字可以省略。

【例 5-35】 查询所有图书情况以及图书的订单情况和数量。

具体代码如下:

USE 在线书店

GO

SELECT 图书.*,订单细目.订单编号,订单细目.数量

FROM 图书 LEFT JOIN 订单细目 ON 图书.图书编号 =订单细目.图书编号

GO

执行结果如图 5 - 35 所示。

	图书编号	图书名称	作者	出版...	类	定价	书号	图	库	销	上	图	订单编号	数量
1	1	C程序...	谭...	清华	1	20...	IS...	本...	495	5	2...	1...	10	1
2	1	C程序...	谭...	清华	1	20...	IS...	本...	495	5	2...	1...	11	1
3	1	C程序...	谭...	清华	1	20...	IS...	本...	495	5	2...	1...	12	1
4	1	C程序...	谭...	清华	1	20...	IS...	本...	495	5	2...	1...	13	2
5	2	疯狂jav...	李刚	电子	1	90...	IS...	本...	410	21	2...	2...	1	20
6	2	疯狂jav...	李刚	电子	1	90...	IS...	本...	410	21	2...	2...	10	1
7	3	数据库...	王珊	高等	1	39...	IS...	本...	330	1...	2...	3...	5	100
8	4	多媒体...	杨...	北京	1	16...	IS...	本...	421	0	2...	4...	NULL	NULL
9	5	Photosh...	杨品	中国...	1	36...	IS...	本...	519	5	2...	5...	1	5
10	6	MATLA...	MA...	北京	1	39...	IS...	本...	423	1...	2...	6...	5	100
11	6	MATLA...	MA...	北京	1	39...	IS...	本...	423	1...	2...	6...	14	2
12	8	物联网	胡铮	科学	1	38...	IS...	本...	320	1...	2...	8...	5	100
13	9	机械制...	赵...	北京	2	34...	IS...	本...	428	0	2...	9...	NULL	NULL
14	10	机械制图	郝...	中国...	2	24...	IS...	本...	190	15	2...	1...	NULL	NULL

图 5 - 35　左外连接结果

说明:左外连接的结果集中包括了左表的所有记录,而不仅仅是满足连接条件的记录。如果左表的某记录在右表中没有匹配行,则该记录在结果集行中属于右表的相应列值均为"NULL"。本例中左表为图书表,右表为订单细目表。

② 右外连接(RIGHT OUTER JOIN)

右外连接的结果表中除了包括满足连接条件的行外,还包括右表的所有行。

语法格式如下:

FROM 表名 1 RIGHT [OUTER] JOIN 表名 2 ON 连接条件

其中,"OUTER"关键字可以省略。

【例 5 - 36】　查询所有用户信息和他们的订单情况。

具体代码如下:

USE 在线书店

GO

SELECT 订单.订单编号,订单.订单时间,订单.订单状态,订单.总金额,用户.*

FROM 订单 RIGHT JOIN 用户 ON 订单.用户账号 =用户.用户账号

GO

执行结果如图 5 - 36 所示。

说明:右外连接的结果集中包括了右表的所有记录,而不仅仅是满足连接条件的记录。如果右表的某记录在左表中没有匹配行,则该记录在结果集行中属于左表的相应列值均为"NULL"。本例中,订单表为左表,用户表为右表。

③ 完全外连接(FULL OUTER JOIN)

完全外连接的结果表中除了包括满足连接条件的行外,还包括两个表的所有行。

语法格式如下:

	订单编号	订单时间	订单状态	总金...	用户账...	密码	姓名	性...	电话
1	3	2012-02-10 00:00:00	订单完成	1844.5	hytrrr	6433hy	张天	男	13803820911
2	6	2012-04-10 20:12:00	确认收货	51.3	hytrrr	6433hy	张天	男	13803820911
3	2	2012-02-02 18:56:00	订单完成	31.8	jiarui	jiajia	贾瑞	男	13687221657
4	7	2012-04-11 09:11:00	已发货	38.2	jiarui	jiajia	贾瑞	男	13687221657
5	1	2012-02-01 10:23:00	订单完成	2564	li1990	199002	李斌	女	15973283376
6	5	2012-04-01 11:14:00	订单完成	11660	li1990	199002	李斌	女	15973283376
7	10	2012-04-21 19:40:00	订单生成	110.5	li1990	199002	李斌	女	15973283376
8	4	2012-03-23 21:38:00	订单完成	6820	liulide	liuliu	刘立德	男	13378267599
9	8	2012-04-11 15:08:00	已付款	61.5	liulide	liuliu	刘立德	男	13378267599
10	NULL	NULL	NULL	NULL	xiaomei	meimei90	王晓梅	女	15532887222

图5－36　右外连接结果

FROM 表名1 FULL [OUTER] JOIN 表名2 ON 连接条件

其中,"OUTER"关键字可以省略。

说明:完全外连接的结果集中包括了左表和右表的所有记录。当某记录在另一个表中没有匹配记录时,则另一个表的相应列值为"NULL"。

(3) 交叉连接(CROSS JOIN)

交叉连接实际上是将两个表进行笛卡儿积运算,结果表是由第一个表的每行与第二个表的每一行拼接后形成的表,因此结果表的行数等于两个表行数之积。交叉连接的结果会产生一些没有意义的记录,并且进行该操作非常耗时,因此实际很少使用,除非要穷举两个表的所有可能的记录组合。

语法格式如下:

FROM 表名1 CROSS JOIN 表名2

【例5－37】　将订单表和用户表进行交叉连接查询。

具体代码如下:

```
USE 在线书店
GO
SELECT 订单.订单编号,订单.订单时间,订单.订单状态,订单.总金额,用户.*
FROM 订单 CROSS JOIN 用户
GO
```

执行结果如图5－37所示。

	订单编号	订单时间	订单状态	总金...	用户账...	密码	姓名	性...	电话	地址
1	1	2012-02-01 10:23:00	订单完成	2564	hytrrr	6433hy	张天	男	13803820911	济南市山大北路42号
2	2	2012-02-02 18:56:00	订单完成	31.8	hytrrr	6433hy	张天	男	13803820911	济南市山大北路42号
3	3	2012-02-10 00:00:00	订单完成	1844.5	hytrrr	6433hy	张天	男	13803820911	济南市山大北路42号
4	4	2012-03-23 21:38:00	订单完成	6820	hytrrr	6433hy	张天	男	13803820911	济南市山大北路42号
5	5	2012-04-01 11:14:00	订单完成	11660	hytrrr	6433hy	张天	男	13803820911	济南市山大北路42号
6	6	2012-04-10 20:12:00	确认收货	51.3	hytrrr	6433hy	张天	男	13803820911	济南市山大北路42号
7	7	2012-04-11 09:11:00	已发货	38.2	hytrrr	6433hy	张天	男	13803820911	济南市山大北路42号
8	8	2012-04-11 15:08:00	已付款	61.5	hytrrr	6433hy	张天	男	13803820911	济南市山大北路42号
9	10	2012-04-21 19:40:00	订单生成	110.5	hytrrr	6433hy	张天	男	13803820911	济南市山大北路42号
10	1	2012-02-01 10:23:00	订单完成	2564	jiarui	jiajia	贾瑞	男	13687221657	北京市海淀区中关村
11	2	2012-02-02 18:56:00	订单完成	31.8	jiarui	jiajia	贾瑞	男	13687221657	北京市海淀区中关村
12	3	2012-02-10 00:00:00	订单完成	1844.5	jiarui	jiajia	贾瑞	男	13687221657	北京市海淀区中关村

图5－37　交叉连接结果

说明：交叉连接不能有"ON"连接条件，且不能带"WHERE"子句。

（4）自连接

自连接就是将一个表与它自身进行连接，可看做一个表中的两个副本之间的内连接。若要在一个表中查找具有相同列值的行，则可以使用自连接。使用自连接时，必须为表指定两个不同的别名，使之在逻辑上成为两个表。对所有列的引用均要用别名限定。

【例5-38】 查询图书表中定价相同的图书的图书编号、图书名称和定价。

具体代码如下：

```
USE 在线书店
GO
SELECT a. 图书编号,a. 图书名称,a. 定价,b. 图书编号,b. 图书名称,b. 定价
FROM 图书 AS a JOIN 图书 AS b ON a. 定价 = b. 定价
WHERE a. 图书编号 < > b. 图书编号
GO
```

执行结果如图5-38所示。

	图书编号	图书名称	定价	图书编…	图书名称	定价
1	6	MATLAB神经网络30个案例分析	39.00	3	数据库系统概论	39.00
2	16	百年孤独	39.00	3	数据库系统概论	39.00
3	23	窗边的小豆豆	16.80	4	多媒体应用技术	16.80
4	3	数据库系统概论	39.00	6	MATLAB神经网络30个案例分析	39.00
5	16	百年孤独	39.00	6	MATLAB神经网络30个案例分析	39.00
6	3	数据库系统概论	39.00	16	百年孤独	39.00
7	6	MATLAB神经网络30个案例分析	39.00	16	百年孤独	39.00
8	4	多媒体应用技术	16.80	23	窗边的小豆豆	16.80

图5-38 自连接查询结果

3. "UNION"联合查询

倘若有多个不同的查询结果，但又希望将它们连接在一起，组成一组数据。SQL Server 2008中提供的"UNION"子句可以完成上述功能。使用"UNION"子句的查询称为联合查询。

联合查询，可以将两个或更多的查询结果集组合为一个单个结果集，该结果集包含任一"SELECT"语句返回的所有行。联合查询有别于上述的对两个表进行的连接查询，前者是组合两个表中的行记录，后者是匹配两个表中的列数据。

"UNION"子句的语法格式如下：

```
SELECT 语句
UNION [ALL]
SELECT 语句 [,...n]
```

说明：关键字"ALL"表示合并的结果中包括所有行，不去除重复行，不使用"ALL"则在合并的结果中去除重复行。

【例5-39】 假设在线书店数据库中已经建立了两个表：计算机类图书表、建筑类图书表，表结构与图书表相同，这两个表分别存储计算机类和建筑类的图书情况，将这两个表的数据合并成一个结果集。

具体代码如下：

```
USE 在线书店
```

GO

SELECT *FROM 计算机类图书表

UNION ALL

SELECT * FROM 建筑类图书表

GO

说明：

a. 联合查询是将两个表(结果集)顺序连接。

b. "UNION"中的每一个查询所涉及的列必须具有相同的列数、相同位置的列的数据类型要相同。若长度不同,以最长的字段作为输出字段的长度。

c. 最后结果集中的列名来自第一个"SELECT"语句。

d. 最后一个"SELECT"查询可以带"ORDER BY"子句,对整个"UNION"操作结果集起作用。且只能用第一个"SELECT"查询中的字段作排序列。

e. 系统自动删除结果集中重复的记录,除非使用"ALL"关键字。

三 任务实施

a. 完成"我的订单"界面所要求的查询每份订单的订单编号、图书编号、图书名称、订单金额、订单时间和订单状态。

具体代码如下:

USE 在线书店

GO

SELECT c. 订单编号,b. 图书编号,a. 图书名称,c. 总金额 AS 订单金额,c. 订单时间,c. 订单状态

FROM 图书 AS a

INNER JOIN 订单细目 AS b ON a. 图书编号 = b. 图书编号

INNER JOIN 订单 AS c ON b. 订单编号 = c. 订单编号

GO

b. 根据"我的订单"界面,查询购买了"疯狂 java 讲义"这本书的订单情况。

具体代码如下:

USE 在线书店

GO

SELECT c. 订单编号,b. 图书编号,a. 图书名称,c. 总金额 AS 订单金额,c. 订单时间,c. 订单状态

FROM 图书 AS a

INNER JOIN 订单细目 AS b ON a. 图书编号 =b. 图书编号

INNER JOIN 订单 AS c ON b. 订单编号 =c. 订单编号

WHERE a. 图书名称 = '疯狂 java 讲义'

GO

c. 根据"我的订单"界面,查询已完成的订单情况。

具体代码如下:

USE 在线书店

```
GO
SELECT c. 订单编号,b. 图书编号,a. 图书名称,c. 总金额 AS 订单金额,c. 订单时间,c.
订单状态
FROM 图书 AS a
INNER JOIN 订单细目 AS b ON a. 图书编号 = b. 图书编号
INNER JOIN 订单 AS c ON b. 订单编号 = c. 订单编号
WHERE c. 订单状态 LIKE '%完成%'
GO
```

四 任务拓展训练

a. 根据用户管理界面,从"用户"表和"等级"表中查询每位用户的详细信息和等级情况。

b. 根据用户管理界面,查询"注册用户"的详细信息。

c. 查询所有在 2012 年前创建的"VIP 用户"信息,结果按消费金额降序排列。

d. 查询每份订单当中各图书的数量以及购买该图书的总金额。

e. 查询"刘立德"用户所有订单的详细情况。

任务 5.4 子查询

一 任务说明

1. 任务描述

在实际应用中,有时要查询的信息涉及的条件比较复杂,一个查询用到的值或条件又需要使用另一个查询的结果,这种情况下需要将一个查询嵌套在另一个查询中,作为子查询存在。在后台管理的"订单管理"界面,管理员可以查看订单信息,如图 5-39 所示。该界面需要同时显示订单信息、用户信息和购买的图书信息,一般一份订单所购买的图书可能不止一种,需要在订单商品栏显示所有订购的图书。因此该界面所涉及的查询较为复杂。其中,根据订单编号查找所购买的图书名称以及用户姓名,都可以由子查询来实现。

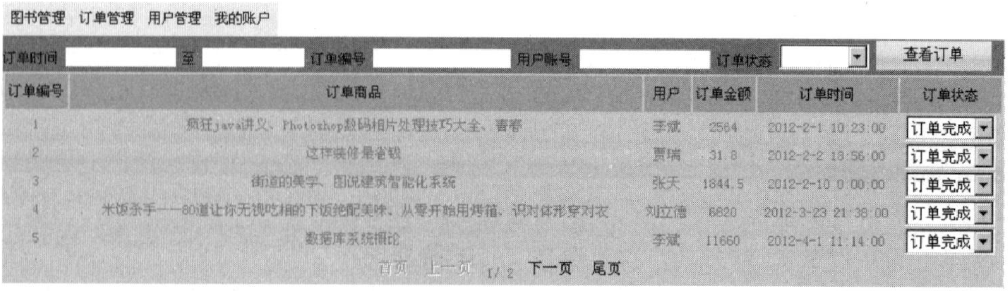

图 5-39 订单管理界面

本任务通过实现"订单管理"中的订单商品的查看,掌握子查询的创建和应用。要求在"我的订单"界面能查看每份订单所对应的订单商品的详细信息和用户信息。

2. 任务目标

在 SQL Server 中子查询一般可分为两种:返回单个值的子查询和返回一个值列表的子查询。而返回多值的子查询又可以分为"IN"子查询、"EXISTS"子查询和比较子查询等,可以实现实际项目中不同用户的各种要求。通过本任务的学习,读者可以掌握各种子查询的创建和应用。

二　基本知识

如果一个"SELECT"语句能够返回一个单值或一列值并嵌套在另一个"SELECT""INSERT""UPDATE"或"DELETE"语句中,则称之为子查询或内层查询。包含一个或多个子查询的语句称为父查询或外层查询。

1. 单值子查询

单值子查询是指执行子查询语句获得的结果返回值是单值(即只有一个)的,然后将一列值与子查询返回的值进行比较,完成外层查询处理。

【例 5 - 40】　查询所有注册用户的详细信息。

具体代码如下:

```
            USE 在线书店
            GO
            ┌ SELECT *
父查询  ┤ FROM 用户
            └ WHERE 用户等级 =
                    ┌ (SELECT 等级编号
        子查询  ┤ FROM 等级
                    └ WHERE 等级名称 = '注册用户')
            GO
```

执行结果如图 5 - 40 所示。

	用户账号	密码	姓名	性…	电话	地址	邮编	邮箱	创建时间
1	jiarui	jiajia	贾瑞	男	13687221657	北京市海淀区中关村南大街5号	100081	jiarui@126.com	2011-12-23 21:1
2	xiaomei	meimei90	王晓梅	女	15532887222	济南市经十路198号	250020	xiaomei@163.com	2012-04-01 00:0

图 5 - 40　单值子查询结果

说明:在执行包含子查询的"SELECT"语句时,系统先执行子查询,产生一个结果,再执行外层查询。在本例中,先执行子查询:

SELECT 等级编号

FROM 等级

WHERE 等级名称 = '注册用户'

得到注册用户的等级编号:1。再执行父查询:

SELECT *

FROM 用户

WHERE 用户等级 =1

由用户表得到等级为"1"的用户的详细信息。

2. 多值子查询

多值子查询是指执行查询语句获得的结果集中返回了多行(一组)数据信息的子查询,在子查询中可以使用"IN"关键字、"EXISTS"关键字和比较操作符("ALL"与"ANY")等来连接表数据信息。

(1)"IN"子查询

"IN"子查询可以用来确定指定的值是否与子查询或列表中的值相匹配。通过"IN"(或"NOT IN")引入的子查询结果是一列值。子查询返回结果之后,父查询将利用这些结果。

语法格式如下:

表达式[NOT] IN (子查询)

说明:当表达式与子查询的结果表中的某个值相等时,"IN"谓词返回"TRUE",否则返回"FALSE";若使用了"NOT",则返回的值刚好相反。

【例5-41】 查询5号订单所购买的图书情况。

具体代码如下:

```
USE 在线书店
GO
SELECT *
FROM 图书
WHERE 图书编号 IN
    (SELECT 图书编号
     FROM 订单细目
     WHERE 订单编号 =5)
GO
```

执行结果如图5-41所示。

	图书编号	图书名称	作者	出版社	类...	定价	书号
1	3	数据库系统概论	王珊	高等教育出版社	1	39.00	ISBN:9787040195835
2	6	MATLAB神经网络30个案例分析	MATLAB中文论坛	北京航空航天大学出版社	1	39.00	ISBN:9787512400344
3	8	物联网	胡铮	科学出版社	1	38.60	ISBN:9787030290861

图5-41 "IN"子查询结果

说明:系统先执行子查询:

```
SELECT 图书编号
FROM 订单细目
WHERE 订单编号 =5
```

得到一个只含有图书编号列的表,5号订单中的所有图书编号(3,6,8)都包含在其中。再执行外查询:

```
SELECT *
FROM 图书
WHERE 图书编号 IN (3,6,8)
```

若图书表中某行的图书编号值等于子查询结果表中的任一个值,则该行就被选择。

(2)"EXISTS"子查询

"EXISTS"表示存在量词,用来测试子查询的结果是否存在。当子查询的查询结果集合为非空时,外层的"WHERE"子句返回真值,否则返回假值。

"EXISTS"关键字只是注重查询是否有返回的行。如果子查询返回一个或多个行,则父查询执行查询,否则父查询不执行查询。"EXISTS"注重的不是使用子查询的查询结果而是注重子查询是否有结果。

使用"EXISTS"引入的子查询语法如下:

WHERE [NOT] EXISTS (子查询)

【例 5 - 42】　查询是否有购买 33 号图书的订单,如果有则显示该图书信息。

具体代码如下:

USE 在线书店

GO

SELECT *

FROM 图书

WHERE EXISTS

　　(SELECT *

　　FROM 订单细目

　　WHERE 订单细目.图书编号 =图书.图书编号

　　AND 图书编号 =33)

GO

执行结果如图 5 -42 所示。

	图书编号	图书名称	作者	出版社	类...	定价	书号	图书简介
1	33	这样装修最省钱	诗致	中华工商联合出版社	5	15.90	ISBN:9787515800226	装修其实就是用一...

图 5 -42　"EXISTS"子查询结果

(3) 比较子查询

SQL Server 2008 中,"ANY""SOME""ALL"都是支持在子查询中进行比较的关键字,可以用"ALL"或"ANY"("SOME"是与"ANY"等效的)关键字修饰引入子查询的比较运算符。

语法格式如下:

表达式 { < | < = | = | > | > = |! = | < > ||! < |! > } {ALL |SOME |ANY} (子查询)

说明:"ALL"表示所有,表达式要与子查询结果集中的每个值都进行比较,当表达式与每个值都满足比较的关系时,才返回"TRUE",否则返回"FALSE"。" > ALL"表示大于每一个值,即大于条件中的最大值。例如, > ALL(3,10,27,15),表示比 3、10、27、15 都大,即大于 27。

"ANY"表示任何("SOME"表示一些,功效等同),表达式只要与子查询结果集中的某个值满足比较的关系时,就返回"TRUE",否则返回"FALSE"。" > ANY/SOME"表示至少大于一个值,即大于最小值即可。因此," > ANY(3,10,27,15)"表示大于 3,10,27,15 其中的任何一个就行,即只要大于 3 就行。

【例 5 - 43】　查找比所有类别 1 图书的定价都高的图书的信息。

具体代码如下:

USE 在线书店

GO

SELECT *

FROM 图书

WHERE 定价 > ALL

```
(SELECT 定价
 FROM 图书
 WHERE 类别 = 1)
GO
```

执行结果如图 5 - 43 所示。

	图书编号	图书名称	作者	出版社	类...	定价	书号	图书简介
1	13	压缩机工程手册	郁永章	中国石化出...	2	152.20	ISBN:97875...	全面介绍了压缩
2	41	新编药物学	陈新谦	人民卫生出...	6	120.00	ISBN:97871...	60年来，在作者

图 5 - 43 "ALL"比较子查询结果

【例 5 - 44】 在类别 5 中查找比类别 1 图书的最低定价要高的图书的信息。

具体代码如下：

```
USE 在线书店
GO
SELECT *
FROM 图书
WHERE 类别 = 5 AND 定价 > ANY
    (SELECT 定价
     FROM 图书
     WHERE 类别 = 1)
GO
```

执行结果如图 5 - 44 所示。

	图书编号	图书名称	作者	出版社	类...	定价	书号
1	29	米饭杀手——80道让...	萨巴蒂那	上海文化出版社	5	23.90	ISBN:978
2	30	从零开始用烤箱	文怡	中国纺织出版社	5	17.20	ISBN:978
3	32	识对体形穿对衣	王静	漓江出版社	5	27.10	ISBN:978
4	34	生活中来[1-6合订本]	黄天祥	北京科学技术...	5	19.10	ISBN:978
5	35	荒野求生手册	贝尔格里尔斯	时代文艺出版社	5	29.40	ISBN:978

图 5 - 44 "ANY"比较子查询结果

说明：连接查询和子查询可能都要涉及两个或多个表，有的查询既可以使用子查询来表达，也可以使用连接查询表达。通常使用子查询表示时可以将一个复杂的查询分解为一系列的逻辑步骤，条理清晰；而使用连接查询表示时有执行速度快的优点。

三 任务实施

a. 用子查询实现"订单管理"界面所要求的，查询 3 号订单所购买的图书详细信息。

具体代码如下：

```
USE 在线书店
GO
SELECT *
FROM 图书
```

```
WHERE 图书编号 IN
    (SELECT 图书编号
     FROM 订单细目
     WHERE 订单编号 =3)
GO
```

b. 用子查询实现"订单管理"界面所要求的,查询 7 号订单所对应的用户的详细信息。

具体代码如下:

```
USE 在线书店
GO
SELECT *
FROM 用户
WHERE 用户账号 IN
    (SELECT 用户账号
     FROM 订单
     WHERE 订单编号 =7)
GO
```

四　任务拓展训练

a. 用子查询实现查看所有"生活"类图书的详细信息。

b. 用子查询实现查找比所有"人民卫生出版社"图书的定价都低的图书的信息。

c. 用子查询实现查找是否有购买"青春"这本书的订单,如果有则显示该图书信息。

任务 5.5　视图的创建与管理

一　任务说明

1. 任务描述

在线书店系统中,多个功能界面都需要对数据库中的数据进行查询,比如首页中的"新品推荐"和"热卖排行"板块,如图 5 - 45 和图 5 - 46 所示。"新品推荐"可以通过建立查询:查找最新上架的前十图书来实现;"热卖排行"可以通过查询:查找销售量最高的前六本图书来实现。

我们在设计时通常可以把这些复杂的查询编写成视图存储在数据库中。将查询编写成视图,既隐藏了数据库的复杂性,简化了业务查询处理,又隐藏了访问的基本表,提高了数据表的安全性。

本任务要求用视图实现"新品推荐""热卖排行"的查询功能。即建立新品推荐"CV_newbook"视图,查找最新上架的前十本图书,并得到图书的详细信息;建立热卖排行"CV_saletop"视图,查找销售量最高的前六本图书,并得到图书的详细信息。

2. 任务目标

通过本任务的学习,掌握视图的创建、修改、删除和应用。

171

新品推荐

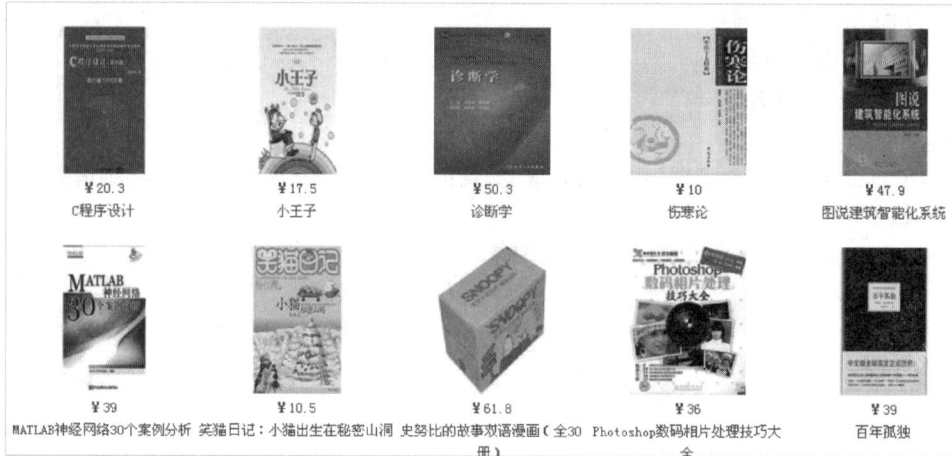

¥20.3	¥17.5	¥50.3	¥10	¥47.9
C程序设计	小王子	诊断学	伤寒论	图说建筑智能化系统
¥39	¥10.5	¥61.8	¥36	¥39
MATLAB神经网络30个案例分析	笑猫日记：小猫出生在秘密山洞	史努比的故事双语漫画（全30册）	Photoshop数码相片处理技巧大全	百年孤独

图 5-45　新品推荐

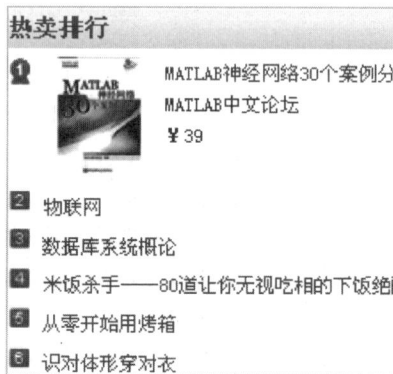

图 5-46　热卖排行

二　基本知识

1. 视图的概念

视图是由一个或多个数据表(基本表)或视图导出的虚拟表或查询表。用户通过视图可以多角度的查询数据库中的数据。用户通过视图可以只访问一个数据表的一部分,也可以通过视图同时显示多个表中的数据。例如,如果要得到每份订单的订单编号、订单时间、图书编号、图书名称与数量,就可以将订单、订单细目和图书三个表的多表查询存储为一个视图。

视图是虚表。所谓虚表,有两层含义:一是说视图不是表。因为视图中的数据还存储在原来的数据表(基本表)中,视图仅存储了这个虚表的定义("SELECT"语句),并没有真正存储视图中对应的数据。一是说视图又是表。视图一旦定义好,就可以当做一个基本表一样来进行查询、删除与修改等数据操作。正因为视图中的数据仍存放在原来的数据表中,所以,视图中的数据与原有表中的数据同步,即对视图的数据进行操作时,系统根据视图的定义去操作与视图相关联的基本表。

在数据库中,视图作为一个独立的数据库对象而存在。

2. 视图的创建

SQL Server 2008 创建视图主要有两种方法:一种是使用 SQL Server Management Studio 创建视图,另一种是通过"CREATE VIEW"语句来创建。

(1) 使用 SQL Server Management Studio 创建视图

a. 在 SQL Server Management Studio 的对象资源管理器中展开选定的数据库结点,右击【视图】,然后从弹出的快捷菜单中选择【新建视图】选项,如图 5－47 所示。

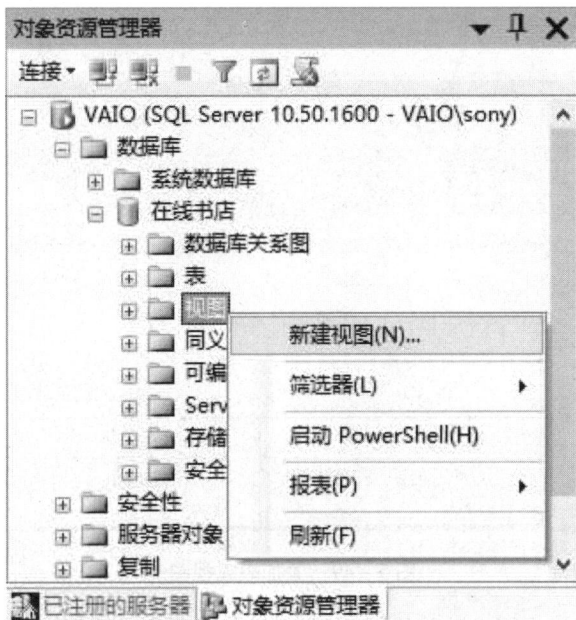

图 5－47 新建视图

b. 所弹出的视图设计器界面布局共有 4 个区(窗格):关系图窗格、条件窗格(列区)、SQL 语句窗格区和运行结果窗格,如图 5－48 所示。

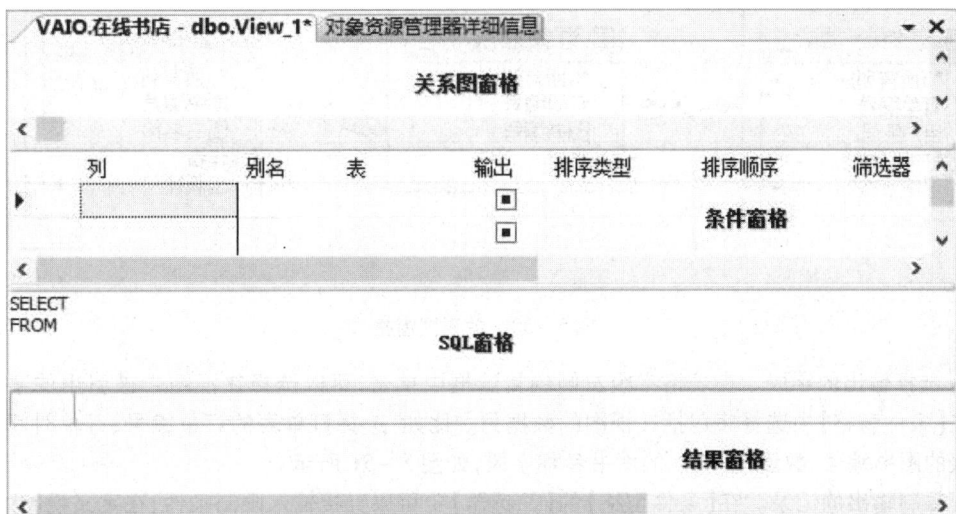

图 5－48 视图设计器界面

c. 在弹出的如图 5 – 49 所示的【添加表】对话框中显示了当前数据库内的所有表和视图,选择创建视图所需要的基表(或视图)后单击"添加"按钮进行添加(可以添加多个表,比如订单、订单细目和图书等),然后单击【关闭】按钮,进入视图设计器。

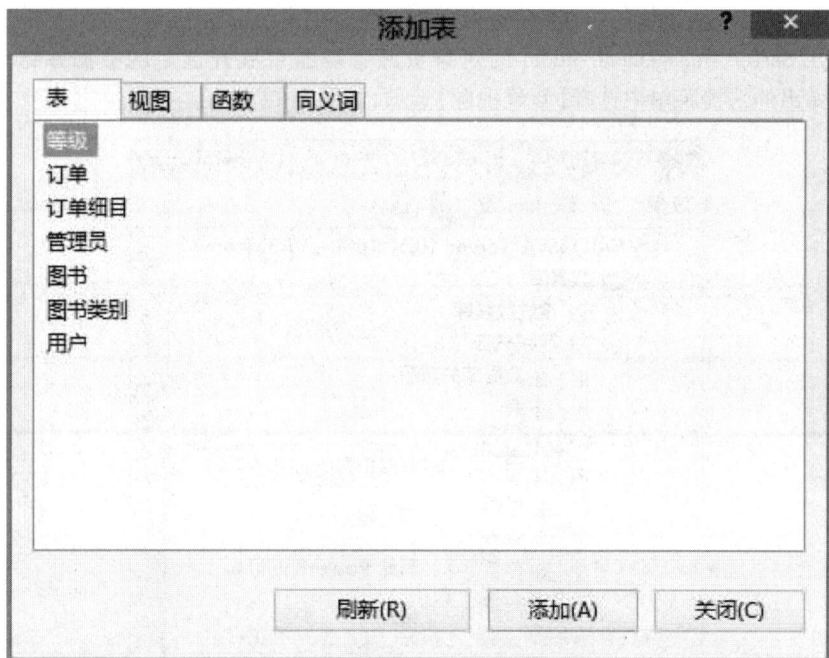

图 5 – 49　添加表或视图

d. 添加的表会出现在视图设计器的【关系图窗格】,如图 5 – 50 所示。当添加了两个或多个表时,如果表之间存在相关性,则表间会自动加上连接线。如果表之间没有连接线,也可以手工连接表,操作方法是,直接拖动第一个表中的连接列名放到第二个表的相关列上即可。

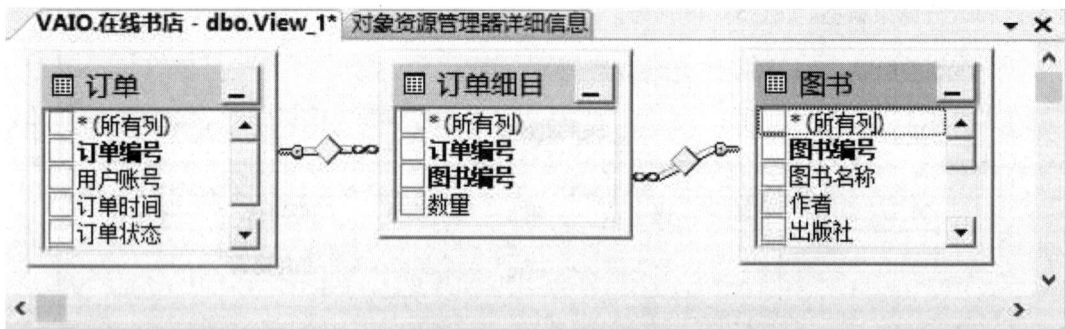

图 5 – 50　关系图窗格

e. 选择输出的字段。在表格字段左侧的复选框中单击,可以选择在视图中被引用的字段,也可以在【条件窗格】中选择将包括在视图的数据列。比如:选择订单表的订单编号、订单时间,订单细目表的图书编号、数量,图书表的图书名称字段,如图 5 – 51 所示。

f. 限制输出的记录。在【条件窗格】的【筛选器】中可以直接输入限制条件,在定义视图的查询语句中,该限制条件对应于 WHERE 子句。【或…】可用于复合添加条件。在【排序类型】和【排序顺序】中可以选择排序方式。比如要查看订购数量在 50 册以上的图书的编号、名称、订单编号、订

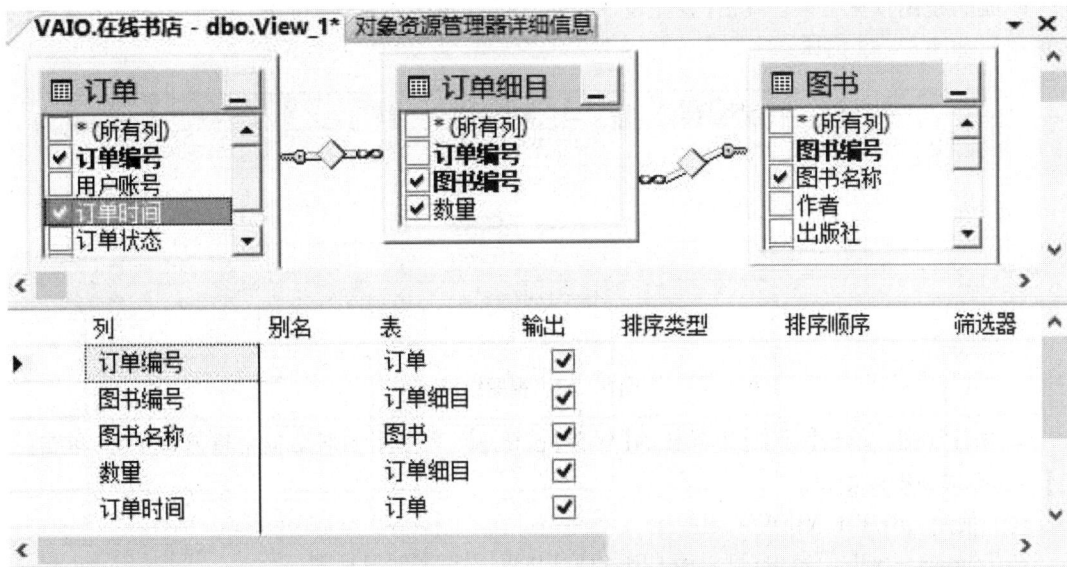

图 5 – 51 选择输出字段

单数量和订单时间,结果按数量的降序排列,数量相同的按订单时间升序显示,设置情况如图 5 – 52 所示。【SQL 窗格】中会同步出现对应的 SELECT 语句,当然也可以直接在【SQL 窗格】输入 SE-LECT 语句。

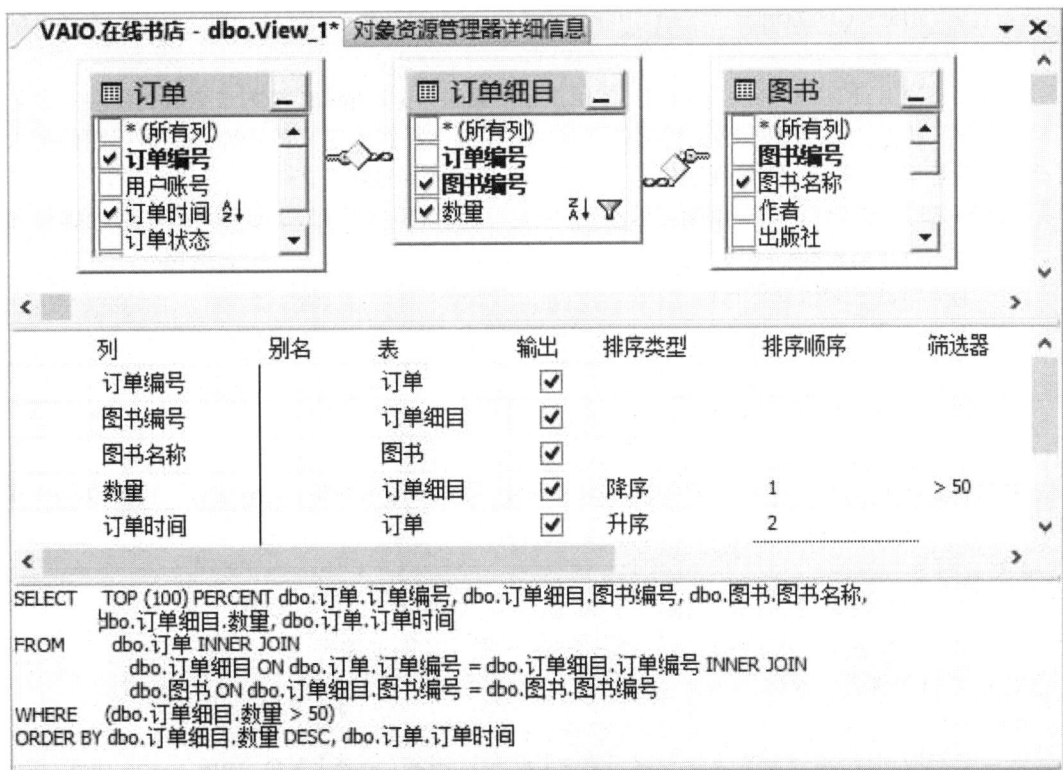

图 5 – 52 限制输出记录

g. 运行视图预览结果。单击【视图设计器】工具栏【执行 SQL】按钮，运行结果会出现在【结果窗格】，如图 5 - 53 所示。

	订单编号	图书编号	图书名称	数量	订单时间
▶	4	29	米饭杀手——80...	100	2012-3-23 21:3...
	4	30	从零开始用烤箱	100	2012-3-23 21:3...
	4	32	识对体形穿对衣	100	2012-3-23 21:3...
	5	3	数据库系统概论	100	2012-4-1 11:14:00
	5	6	MATLAB神经网...	100	2012-4-1 11:14:00
	5	8	物联网	100	2012-4-1 11:14:00

图 5 - 53 视图结果

h. 保存视图。单击【标准】工具栏的【保存】按钮，在弹出的对话框中输入视图名，单击【确定】按钮完成视图的创建。

（2）使用 CREATE VIEW 创建视图

在 Transact - SQL 语言中，可以用 CREATE VIEW 语句来创建视图。

语法格式如下：

CREATE VIEW 视图名 [(列名[,...n])]

[WITH ENCRYPTION]

AS

SELECT 语句

[WITH CHECK OPTION]

说明：

[WITH ENCRYPTION]：给视图加密，使用户不能通过"sp_helptext"等方法查看到视图的定义。

[WITH CHECK OPTION]：强制数据处理操作必须符合视图中定义的条件。即对视图的插入、修改和删除等操作，只有在满足视图中的 WHERE 子句时才会被执行。

【例 5 - 45】 创建名为"订单图书信息"的视图，查看订购数量在 50 册以上的图书的编号、名称、订单编号、订单数量和订单时间。

在查询编辑器中运行如下代码：

USE 在线书店

GO

CREATE VIEW 订单图书信息

AS

SELECT 订单.订单编号,订单细目.图书编号,图书.图书名称,订单细目.数量,订单.订单时间

FROM 订单

INNER JOIN 订单细目 ON 订单.订单编号 = 订单细目.订单编号

INNER JOIN 图书 ON 订单细目.图书编号 = 图书.图书编号

WHERE 订单细目.数量 > 50

GO

命令运行成功后，在对象资源管理器中右击【视图】，选择【刷新】命令，如图 5 - 54 所示，就可以在【视图】结点下看到刚刚建立的"订单图书信息"视图了，如图 5 - 55 所示。

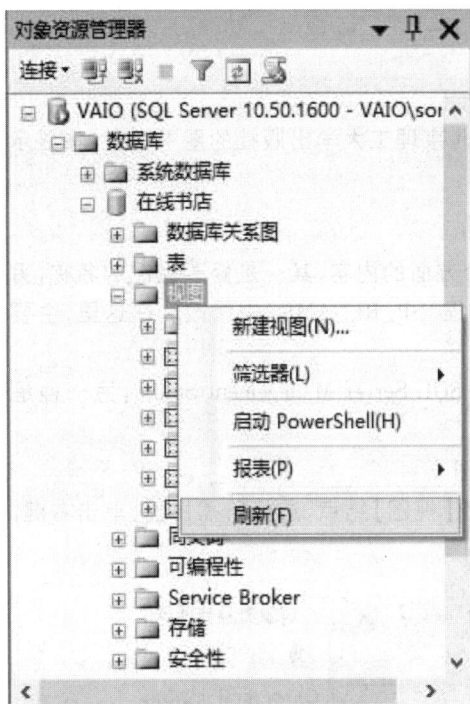

图5-54　刷新视图

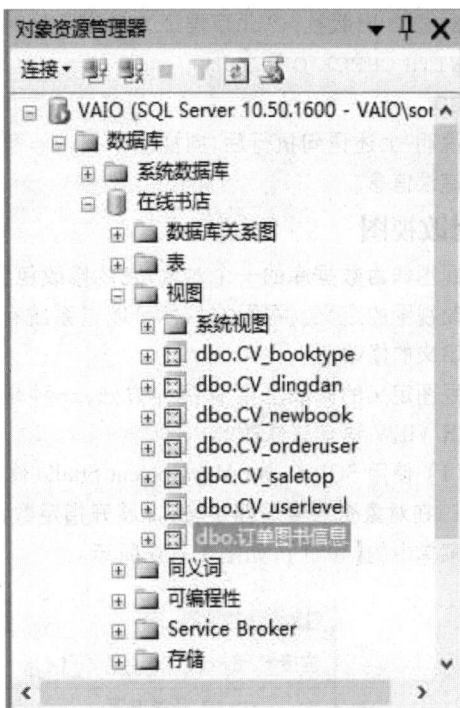

图5-55　视图结点刷新后

【例5-46】　创建一个带"WITH ENCRYPTION"参数的名为"用户等级"的视图,查看每位用户的用户账号、姓名、消费金额和等级名称。

具体代码如下:

```
USE 在线书店
GO
CREATE VIEW 用户等级
WITH ENCRYPTION
AS
SELECT 用户.用户账号,用户.姓名,用户.消费金额,等级.等级名称
FROM 用户 INNER JOIN 等级 ON 用户.用户等级 = 等级.等级编号
GO
```

说明:上述语句执行后,若执行"sp_helptext 用户等级"语句时,不能查看到"用户等级"视图的定义信息。

【例5-47】　创建一个带"WITH CHECK OPTION"参数的名为"北理图书"的视图,用来查看所有北京理工大学出版社的图书信息。

具体代码如下:

```
USE 在线书店
GO
CREATE VIEW 北理图书
AS
SELECT *
FROM 图书
```

WHERE 出版社 = '北京理工大学出版社'

WITH CHECK OPTION

GO

说明：上述语句执行后，向视图中插入一条不是北京理工大学出版社的图书记录，将显示不能插入错误信息。

3. 修改视图

视图作为数据库的一个对象，它的修改包含两个方面的内容，其一是修改视图的名称，另外就是修改视图的定义。视图的名称可以过系统存储过程"SP_RENAME"来修改。在这里，主要讨论视图定义的修改。

视图定义的修改主要有两种方法：一种是使用 SQL Server Management Studio，另一种是通过 ALTER VIEW 语句来修改。

（1）使用 SQL Server Management Studio 修改视图

a. 在对象资源管理器中，选择展开指定数据库的【视图】结点，选择所需视图，单击右键，选择快捷菜单中的【设计】，如图 5-56 所示。

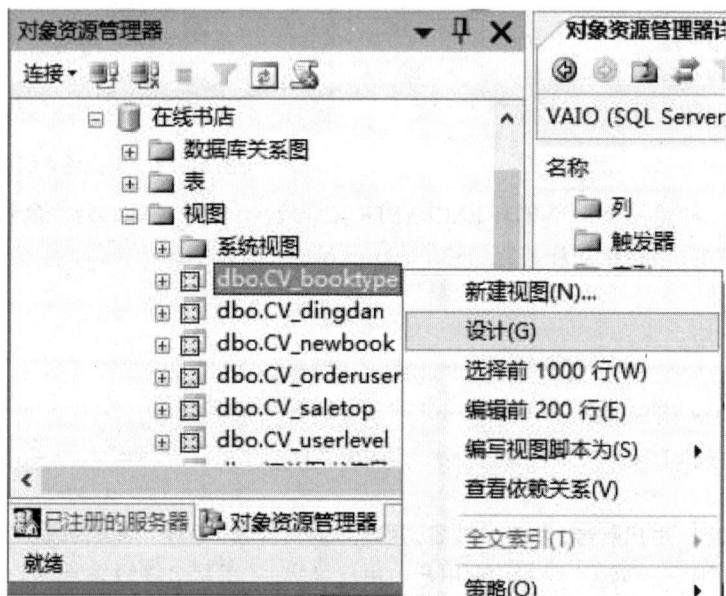

图 5-56　修改快捷菜单

b. 出现视图编辑窗口，进行编辑修改。修改的操作与创建视图类似，可以根据需要，在关系图窗格中添加或删除表，在条件窗格进行列的选择与指定列的别名、排序方式和规则等。

（2）使用 ALTER VIEW 语句修改视图

语法格式如下：

ALTER VIEW 视图名 [(列名[,…n])]

[WITH ENCRYPTION]

AS

SELECT 语句

[WITH CHECK OPTION]

ALTER VIEW 语句格式与 CREATE VIEW 语句格式基本相同，ALTER VIEW 语句修改视图的过程就是先删除原有视图,然后根据查询语句再创建一个同名视图的过程。但是它又不完全等同于删除一个视图后又重新创建该视图,因为新建视图需要重新指定视图的权限,而修改视图不会改变原有的权限。

【例 5 - 48】　用 ALTER VIEW 语句修改"订单图书信息"视图,使其显示订购数量在 20 册以上的图书的编号、名称、订单编号和订单数量。

在查询编辑器中运行如下代码:

```
USE 在线书店
GO
ALTER VIEW 订单图书信息
AS
SELECT 订单细目. 订单编号,订单细目. 图书编号,图书. 图书名称,订单细目. 数量
FROM 订单细目
INNER JOIN 图书 ON 订单细目. 图书编号 = 图书. 图书编号
WHERE 订单细目. 数量 > 20
GO
```

4. 删除视图

当一个视图所基于的基本表或视图不存在时,这个视图不再可用,但这个视图在数据库中还存在着。删除视图是指将视图从数据库中去除,数据库中不再存在这个对象,除非再重新创建它。当一个视图不再需要时,应该将它删除。删除视图既可以在 SQL Server Management Studio 中完成,也可以使用"DROP VIEW"命令。

(1) 使用 SQL Server Management Studio 删除视图

a. 在对象资源管理器中,选择展开指定数据库的【视图】结点,选择所需视图,单击右键,选择快捷菜单中的【删除】,如图 5 - 57 所示。

图 5 - 57　删除快捷菜单

b. 出现【删除对象】对话框,如图 5-58 所示。在这里单击【确定】按钮即可。

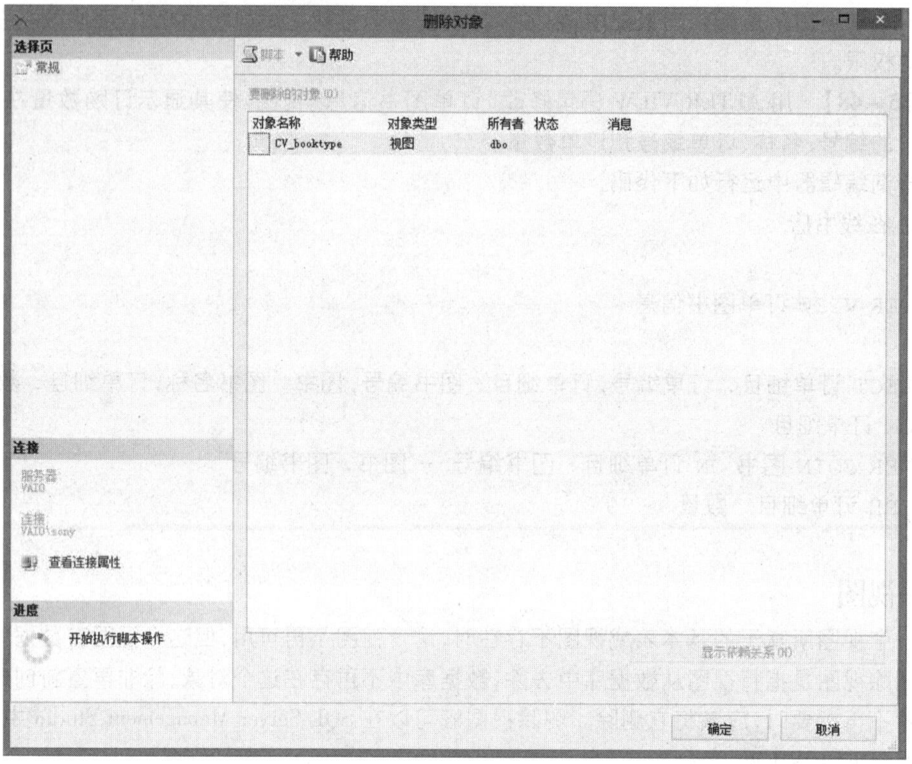

图 5-58　【删除对象】对话框

(2) 使用 DROP VIEW 语句删除视图

语法格式如下:

```
DROP VIEW 视图名[,...n]
```

说明:使用"DROP VIEW"可以删除单个视图也可以删除多个视图,在"DROP VIEW"命令中,需要被删除的视图名之间以逗号隔开。删除视图时,将从系统目录中删除视图的定义和有关视图的其他信息,还将删除视图的所有权限。

【例 5-49】　使用 DROP VIEW 语句删除"北理图书""用户等级"两个视图。

具体代码如下:

```
USE 在线书店
GO
DROP VIEW 北理图书,用户等级
GO
```

5. 使用视图

通过视图不仅可以查询表数据,还可以插入、修改与删除表数据,并且所使用的插入、修改和删除命令的语法格式与表操作的完全一样。由于视图实际上并不存储记录,视图数据都来自基本表,因此对视图的数据处理操作最终要转换为对基本表的操作。

(1) 使用视图查询数据

建立视图的一个最主要的目的,是为了方便查询。将一些特定要求的查询或一些复杂表连接的查询定义为视图后,通过查询视图就可以很方便地查询到所关心的表数据。查询视图的操作与查询基本表一样。

【例 5 - 50】　通过"用户等级"视图,查看消费 5 000 元以上的用户的账号、姓名、消费金额和等级名称。

具体代码如下:

```
USE 在线书店
GO
SELECT *
FROM 用户等级
WHERE 消费金额 > =5000
GO
```

注意:使用视图查询时,若其基于的基本表中添加了新的字段,则必须重新创建视图才能查询新字段。

(2) 使用视图插入数据

向视图插入数据时,使用 INSERT 语句命令。语法格式与表操作完全一样,只需将表名改成视图名就可以了。

视图本身是不存储数据的,通过一个视图所添加的记录实际上是存储在由视图引用的基表中。添加数据必须符合以下条件:

a. 基表中没有被视图引用的字段,必须有默认值、自增值或允许空。

b. 添加的数据必须符合基表数据的各种约束。

c. 如果视图来自多个基表,则当使用一个 INSERT 语句向视图中添加记录时,只能指定同一个表中的字段。即要通过视图向多个基表中添加记录,就需要多个 INSERT 语句。

【例 5 - 51】　建立"男用户"视图,查看所有男用户的账号、姓名、密码、性别和创建时间。用 INSERT 语句向视图添加一条记录,并查看添加前后数据的变化。

具体代码如下:

```
USE 在线书店
GO
--创建视图
CREATE VIEW 男用户
AS
SELECT 用户账号,姓名,密码,性别,创建时间
FROM 用户
WHERE 性别 ='男'
WITH CHECK OPTION
GO
SELECT *
FROM 男用户
--添加数据记录
INSERT INTO 男用户
VALUES('yufeng','张雨锋','fengyu91','男','2012 -5 -20')
--查询结果
SELECT *
FROM 男用户
```

```
SELECT *
FROM 用户
GO
```

执行结果如图 5-59 所示。

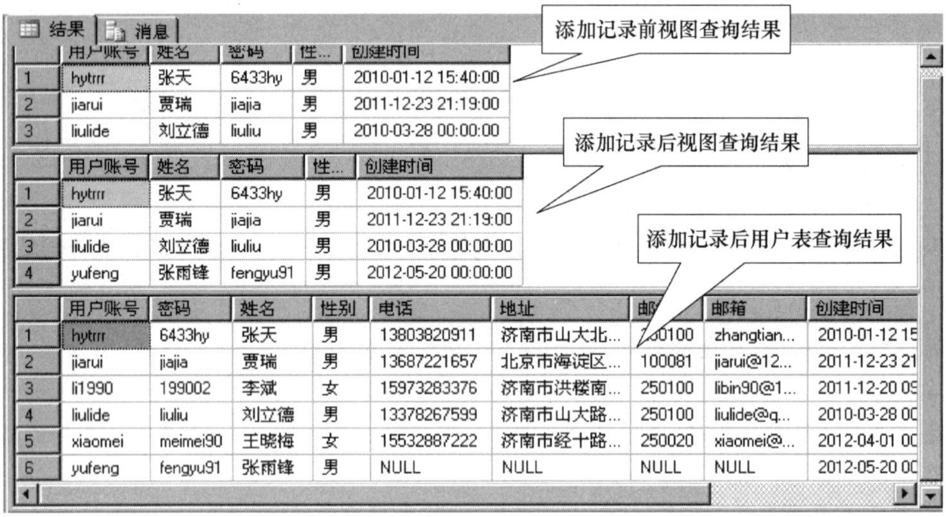

图 5-59 视图添加记录

（3）使用视图修改数据

使用 UPDATE 语句可以通过视图修改基本表的数据。语法格式与表操作完全一样,只需将表名改成视图名就可以了。

通过视图修改数据必须符合以下条件:

a. 视图中汇总函数或计算字段的值不能更改。

b. 对基表数据的修改,必须符合基表数据的各种约束。

c. 如果视图来自多个基表,则当使用 UPDATE 语句修改记录时,修改的字段必须是属于同一个基表的。即如果要对多个基表中的数据进行修改,就需要使用多个 UPDATE 语句。

【例5-52】 通过"男用户"视图将"张雨锋"的密码改为"fengyu3465",创建时间改为"2012-5-21"。

具体代码如下:

```
USE 在线书店
GO
SELECT *
FROM 男用户
--修改数据记录
UPDATE 男用户
SET 密码 = 'fengyu3465',创建时间 = '2012-5-21'
WHERE 姓名 = '张雨锋'
--查询结果
SELECT *
FROM 男用户
```

GO

（4）使用视图删除数据

使用 DELETE 语句可以通过视图修改基本表的数据。语法格式与表操作完全一样,只需将表名改成视图名就可以了。

【例 5 - 53】 通过"男用户"视图删除姓名为"张雨锋"的记录。

具体代码如下:

```
USE 在线书店
GO
SELECT *
FROM 男用户
 -- 删除数据记录
DELETE 男用户
WHERE 姓名 = '张雨锋'
 -- 查询结果
SELECT *
FROM 男用户
SELECT *
FROM 用户
GO
```

注意:通过视图删除数据记录时,对于依赖多个基本表的视图,不能使用 DELETE 语句。

三 任务实施

1. 完成新品推荐视图"CV_newbook"的创建

实现功能:查找最新上架的前十本图书,并得到图书的详细信息。

建立视图有两种方法:一种是使用 SQL Server Management Studio,另一种是通过 CREATE VIEW 语句来创建。下面我们用第一种方法来创建"CV_newbook"视图,步骤如下:

a. 在 SQL Server Management Studio 的对象资源管理器中展开选定的数据库结点,右击【视图】,然后从弹出的快捷菜单中选择【新建视图】选项。

b. 在弹出的如图 5 - 60 所示的【添加表】对话框中选择"图书"表后单击【添加】按钮进行添加。

c. 选择输出的字段:图书表的图书编号、图书名称、作者、出版社、类别、定价、书号、图书简介、库存量、销售量、上架时间和图片等字段。

d. SQL 窗格中会同步出现对应的 SELECT 语句,当然也可以直接在 SQL 窗格直接输入 SELECT 语句。视图设计情况如图 5 - 61 所示。

e. 保存视图。单击【标准】工具栏的【保存】按钮 ，在弹出的对话框中输入视图名,单击【确定】按钮完成视图的创建。

2. 完成热卖排行视图"CV_saletop"的创建

实现功能:查找销售量最高的前六本图书,并得到图书的详细信息。

下面我们用 CREATE VIEW 语句来创建"CV_saletop"视图,具体代码如下:

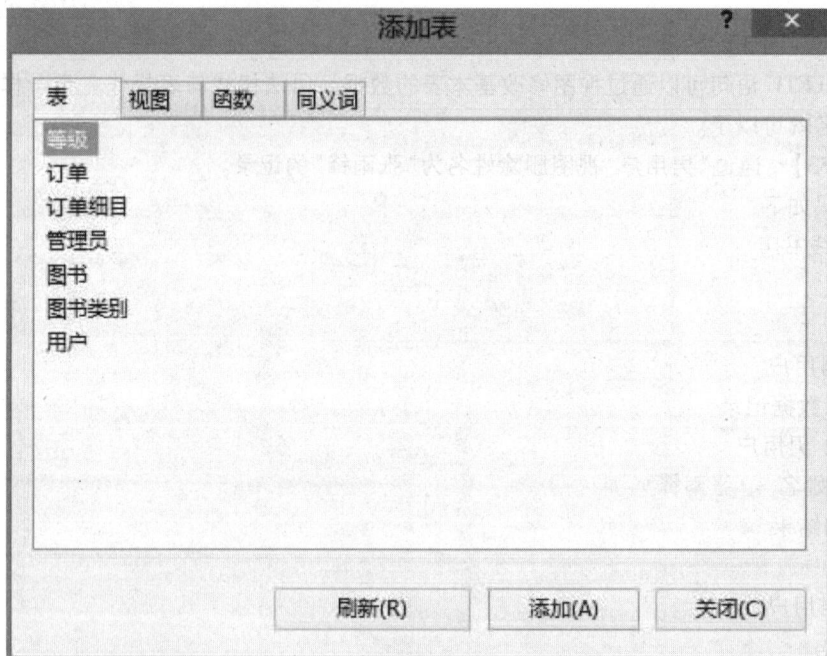

图 5-60　添加表或视图

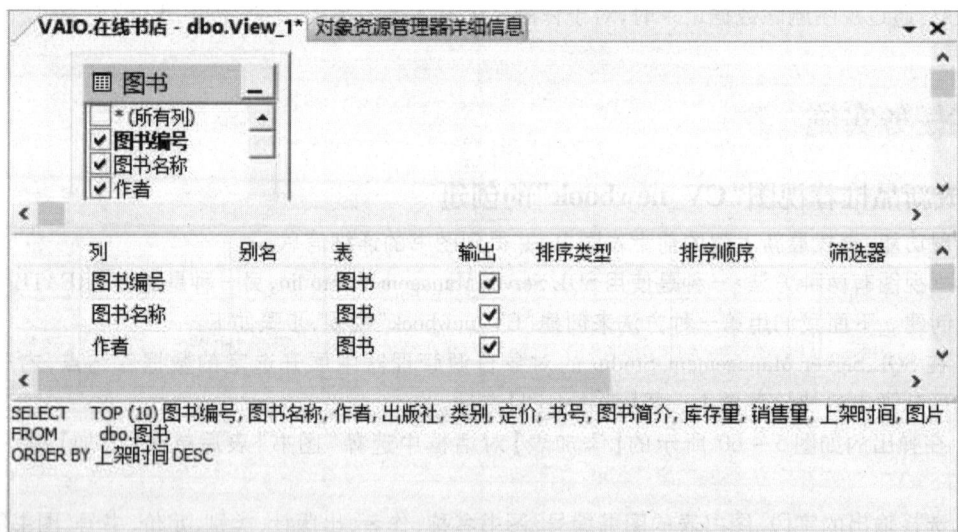

图 5-61　视图设计情况

```
USE 在线书店
GO
CREATE VIEW CV_ saletop
AS
SELECT TOP (6)图书编号,图书名称,作者,出版社,类别,定价,书号,图书简介,库存量,
销售量,上架时间,图片
FROM 图书
```

```
ORDER BY 销售量 DESC
GO
```

四　任务拓展训练

a. 创建图书类型视图"CV_booktype",完成功能:从"图书"表和"图书类别"两张表中查询所有图书的详细信息和所属类别。

b. 创建用户等级视图"CV_userlevel",完成功能:从"用户"表和"等级"表中查询每位用户的详细信息以及等级和享受的折扣情况。

c. 创建订单用户视图"CV_orderuser",完成功能:从"订单"表、"用户"表和"等级"表中查询每份订单的用户详细信息和等级情况。

d. 完成订单图书视图"CV_orderbook"的创建,完成如下功能:从"订单"表、"订单细目"表、"图书"表三张表中查询每份订单所订购图书的名称、数量及金额情况。

e. 修改图书类型视图"CV_booktype",修改为:从"图书"表和"图书类别"两张表中查询定价50元以上的图书编号、图书名称、出版社、定价、类别编号和类别名称。

f. 修改订单图书视图"CV_orderbook",修改为:从"订单"表、"订单细目"表、"图书"表三张表中查询已完成的订单所订购图书的名称、数量及金额情况,结果按照金额的降序排列。

g. 通过用户等级视图"CV_userlevel"查询所有男用户的用户账号、姓名、地址、电话和等级。

h. 删除订单用户视图"CV_orderuser"。

程序设计基础

SQL Server 2008 中的编程语言是 Transact – SQL 语言,这是一个非过程化的高级语言,我们要使用 Transact – SQL 语句编写服务器端的程序。在线书店系统中,用户需要通过键入关键字来搜索要买的图书,查看自己的等级,管理员需要修改客户的资料等,而这些都可以通过编程来实现。

任务 6.1   Transact – SQL 程序设计基础

一   任务说明

1. 任务描述

Transact – SQL 语言语法是编程的基础,利用 Transact – SQL 可以完成数据库上的各种操作,而且编译复杂的程序,为以后编写存储过程和触发器做准备。一般而言,一个程序由以下要素组成:注释、批处理、程序中使用的变量和改变批处理中语句执行顺序的流程控制语句。

本任务是掌握基本程序的写法和语法的应用。

2. 任务目标

通过本任务的学习,要掌握 Transact – SQL 编程所涉及的相关语法知识。重点掌握批处理、变量的定义和运算符及程序流控制语句,会使用常用系统函数和用户定义函数。

二   基本知识

1. 标识符

SQL 标识符是由用户定义的 SQL Server 可识别的有特定意义的字符序列。SQL 标识符通常用来表示服务器名、用户名、数据库名、表名、变量名、列名及其他数据库对象名,如视图、存储过程及其函数等。标识符的命名必须遵守以下规则:

a. 必须以"英文字母""#""@"或下划线"_"开头,后续为"字母""数字""下划线_""#"和"＄"组成的字符序列,其中以"@"和"#"为首字符的标识符具有特殊意义。

b. 字符序列中不能有空格或除上述字符以外的其他特殊字符。

c. 不能是 Transact – SQL 语言中的保留字,因为它们已被赋予特殊的意义。

2. 批处理

批处理是从客户机传递到服务器上的一组完整的数据和 SQL 指令。它是一个或多个 Transact – SQL 语句的集合,从应用程序一次性发送到 SQL Server 并由 SQL Server 编译成一个可执行单元,此单元称为执行计划。批处理的所有语句被作为一个整体,而被成组的分析、编译和执行。执行计划中的语句每次执行一条。运行时错误(如算术溢出或违反约束)会产生以下两种影响之一：

　　a. 大多数运行时错误将停止批处理中当前语句和它之后的语句的执行。

　　b. 某些运行时错误(如违反约束)仅停止执行当前语句,而继续执行批处理中其他所有语句,在遇到运行时错误之前执行的语句不受影响。

　　注意：

　　a. "CREATE DEFAULT""CREATE PROCEDURE""CREATE RULE""CREATE TRIGGER"及"CREATE VIEW"语句不能与其他语句放在一个批处理中。

　　b. 不能在一个批处理中引用其他批处理中所定义的变量。

　　c. 不能把规则和默认绑定到表字段或用户自定义数据类型之后,立即在同一个批处理中使用它们。

　　d. 不能定义一个"CHECK"约束之后,立即在同一个批处理中使用该约束。

　　e. 不能在修改表中的一个字段名之后,立即在同一个批处理中引用新字段名。

　　f. 如果一个批处理中的第一个语句是执行某个存储过程的"EXECUTE"语句,则"EXECUTE"关键字可以省略；如果该语句不是第一个语句,则必须使用"EXECUTE"关键字,或省写为"EXEC"。

【例 6 - 1】　利用批处理创建一个视图。

具体代码如下：

```
USE 在线书店
GO
CREATE VIEW CV_saletop
AS
SELECT TOP 10 图书名称,作者,定价,销售量,图片
FROM 图书
ORDER BY 销售量 DESC
GO
SELECT *  FROM CV_saletop
```

因为用"CREATE VIEW"建立视图语句不能与其他语句在同一个批处理中,所以需要用"GO"命令将 CREATE VIEW 语句与其下面的语句(SELECT)分成两个批处理,否则 SQL Server 将报语法错误。

3. 变量

变量是指在程序执行过程中值可发生变化的量。在程序中变量通常被用来保存程序执行过程中的计算结果或者输入输出结果。

变量可以分为两种：局部变量和全局变量,全局变量由系统定义和维护,局部变量由用户定义和赋值。

(1) 局部变量

局部变量是用户可自定义的变量,它的作用范围仅在程序内部。一般来说局部变量在一个批处理(也可以是存储过程或触发器)中被声明或定义,然后这个批处理内的 SQL 语句就可以设置这个变量的值,或者是引用这个变量已经被赋予的值。当这个批处理结束后,这个局部变量的生命周期也就随之消亡。在程序中通常用来储存从表中查询到的数据或当作程序执行过程中暂存的变量。

① 声明局部变量

使用局部变量名称前必须以单"@"开头，而且必须先用"DECLARE"命令声明，而后才可使用。具体语法格式如下：

DECLARE @ 变量名 变量类型 [,…n]

注意：

a. 局部变量名总是以"@"符号开头，变量名最多可以包含 128 个字符。局部变量名必须符合标识符命名规则。局部变量的数据类型可以是系统数据类型，也可以是用户自定义数据类型，但不能把局部变量指定为"text""ntext"或"image"数据类型。

b. 在一个"DECLARE"语句中可以定义多个局部变量，只需用逗号(,)分隔即可。

【例 6 - 2】 声明局部变量"user_add"和"user_birth"，其数据类型分别为"VARCHAR"和"SMALLDATETIME"型。

具体代码如下：

```
DECLARE @ user_add VARCHAR(10),@ user_birth SMALLDATETIME
```

② 局部变量的赋值

在 Transact - SQL 语句中，给局部变量赋值具有两种方式，语法如下：

SELECT @ 局部变量 = 变量值

SET @ 局部变量 = 变量值

这里要说明的是：SET 语句的功能是每次只能给一个局部变量赋值，而 SELECT 表达式则可以同时给一个或多个变量赋值。其所要赋的数据值，是 SQL Server 中任何有效的表达式。而如果使用一个 SELECT 语句对一个局部变量赋值时，这个语句返回了多个值，则这个局部变量将取得 SELECT 语句所返回的最后一个值。

【例 6 - 3】 局部变量的定义和赋值。

具体代码如下：

```
DECLARE @ var1 VARCHAR(10),@ var2 VARCHAR(5)
SET @ var1 = 'hello'
SET @ var2 = 'world'
PRINT @ var1 + ' ' +@ var2
SELECT @ var1 + ' ' +@ var2
```

PRINT 语句结果显示在"消息"框中，"SELECT"结果显示在"结果"框中，执行结果如图 6 - 1 和图 6 - 2 所示。

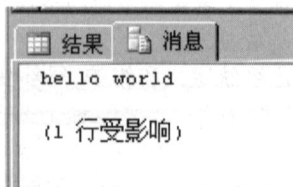

图 6 - 1 【消息】框内容

图 6 - 2 【结果】框内容

【例 6 - 4】 声明两个字符型局部变量，赋值系统函数显示当前系统时间并打印。

具体代码如下：

```
DECLARE @ currentdate CHAR(6),@ print VARCHAR(30)
-- 声明两个局部变量
```

```
SET @ currentdate = GETDATE()
SET @ print = '现在的日期为:' -- 给局部变量赋值
PRINT @ print + @ currentdate -- 显示局部变量的值
```

执行结果如图 6 - 3 所示。

（2）全局变量

全局变量是 SQL Server 系统内部使用的由 SQL Server 系统提供并赋值的变量,是用来记录 SQL Server 服务器活动状态的一组数据,通常存储一些 SQL Server 的配置设定值和效能及统计等,用户可在程序中用全局变量来测试系统的设定值或 Transact - SQL 命令执行后的状态值。其作用范围并不局限于某一程序,而是任何程序均可随时调用。

图 6 - 3   显示数据

用户不能建立全局变量,也不能使用 SET 语句去修改全局变量的值。全局变量的名称由"@@"字符开头。大多数全局变量的值是报告本次 SQL Server 启动后发生的系统活动。通常应该将全局变量的值赋值给在同一个批处理中的局部变量,以便保存和处理。

SQL Server 提供的全局变量分为两类:

a. 与每次同 SQL Server 连接和处理相关的全局变量。如"@@ROWCOUNT",表示返回受上一语句影响的行数。

b. 与内部管理所要求的关于系统内部信息有关的全局变量。如"@@VERSION"表示返回 SQL Server 当前安装的日期、版本和处理器类型。

SQL Server 提供的全局变量达 30 多个,常用的全局变量如表 6 - 1 所示,具体可参阅联机丛书等相关书籍。

表 6 - 1   常用的全局变量表

运算符	可操作的数据类型
@@CPU_BUSY	返回自 SQL Server 最近一次启动以来 CPU 的工作时间,其单位为毫秒
@@DATEFIRST	返回使用"SET DATEFIRST"而指定的每周的第一天是星期几
@@SERVERNAME	返回运行 SQL Server 的本地服务器名称
@@DBTS	返回当前数据库的时间戳值,必须保证数据库中时间戳的值是唯一的
@@FETCH_STATUS	返回上一次 FETCH 语句的状态值
@@IDENTITY	返回最后插入标识列的列值
@@IDLE	返回自最近一次启动以来 CPU 处于空闲状态的时间长短,单位为毫秒
@@IO_BUSY	返回自最后一次启动以来 CPU 执行输入输出操作所花费的时间（毫秒）

【例 6 - 5】   利用全局变量查看 SQL Server 的版本和服务器名称。

具体代码如下:

```
PRINT @@SERVERNAME
PRINT @@VERSION
GO
```

执行结果如图 6 - 4 所示。

4. 运算符

运算符是一种符号,用来指定要在一个或多个表达式中执行的操作,执行列、常量或变量的数学运算和比较操作。SQL Server 2008 中的运算符包括:算术运算符、位运算符、比较运算符、逻辑运算符、赋值运算符、字符串串联运算符和一元运算符。

```
消息
EDAKQPFGRNVEZ7L
Microsoft SQL Server 2008 R2 (RTM) - 10.50.1600.1 (Intel X86)
    Apr  2 2010 15:53:02
Copyright (c) Microsoft Corporation
Enterprise Evaluation Edition on Windows NT 6.1 <X64> (Build 7600: ) (WOW64)
```

图6-4　显示全局变量

（1）算术运算符

算术运算符用于执行数字型表达式的算术运算,SQL Server 2008 支持的算术运算及其可操作的数据类型如表6-2所示。加（＋）和减（－）运算符也可用于对"datetime"及"smalldatetime"值执行算术运算。

表6-2　算数运算符含义表

运算符	含　义	可操作的数据类型
＋（加）	加法或正号	bit,tinyint,smallint,int,bigint,real,float,decimal,numeric,datetime,smalldatetime
－（减）	减法或负号	同上
＊（乘）	乘法	同上。但不包括datetime,smalldatetime
／（除）	除法	同＊（乘法运算符）
％（模）	返回余数	tinyint,smallint,int,bigint。如:22 % 5 = 2

【例6-6】　应用算术运算符进行计算

```
DECLARE @ X SMALLINT ,@ Y SMALLINT  --定义局部变量X,Y
SET @ X =38              --给变量X,Y赋值
SET @ Y =5
PRINT @ X+@ Y          --进行 + , - ,* ,/和% 运算
PRINT @ X-@ Y
PRINT @ X* @ Y
PRINT @ X/@ Y
PRINT @ X% @ Y
```

执行结果如图6-5所示。

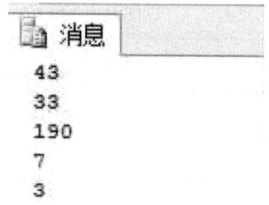

```
消息
43
33
190
7
3
```

图6-5　显示运算结果

（2）位运算符

位运算符可以对整型或二进制字符数据进行按位与（＆）、按位或（｜）、按位异或（＾）与求反（～）运算。位运算符的具体含义如表6-3所示。

表6-3　位运算符含义

运算符	含　义
&(AND)	按位与(两个操作数)
|(OR)	按位或(两个操作数)
^(XOR)	按位异或(两个操作数)
~(NOT)	按位求反运算(单目运算)

位运算符的操作数可以是整型或二进制字符串数据类型分类中的任何数据类型(但 image 数据类型除外),其中按位与(&)、按位或(|)、按位异或(^)运算需要两个操作数,这两个操作数不能同时是二进制字符串数据类型中的某种数据类型。这两个操作数可以配对的数据类型如表6-4所示。求反(~)运算是个单目运算,它只能对 int,smallint,tinyint 或 bit 类型的数据进行求反运算。

表6-4　位运算符的操作数

运算符左边操作数	运算符右边操作数
binary	int,smallint 或 tinyint
bit	int,smallint,tinyint 或 bit
int	int,smallint,tinyint,binary 或 varbinary
smallint	int,smallint,tinyint,binary 或 varbinary
tinyint	int,smallint,tinyint,binary 或 varbinary
varbinary	int,smallint 或 tinyint

(3)比较运算符

比较运算符用来比较两个表达式的大小。它们能够比较除 text,ntext 和 image 数据类型之外的其他数据类型表达式。

SQL Server 2008 支持的比较运算符包括:

a.　＞:大于。

b.　＝:等于。

c.　＜:小于。

d.　＞＝:大于或等于。

e.　＜＝:小于或等于。

f.　＜＞(！＝):不等于。

g.　！＞:不大于。

h.　！＜:不小于。

其中,"！＝","！＞"和"！＜"为 SQL Server 在 ANSI 标准基础上新增加的比较运算符。比较表达式的返回值为布尔数据类型:即 True,False 或 Unknown。如果比较表达式的条件成立,则返回 True,否则返回 False。和其他 SQL Server 数据类型不同,不能将布尔数据类型指定为表列或变量的数据类型,也不能在结果集中返回布尔数据类型。

当"SET ANSI_NULLS"为"ON"时,带有一个或两个 Null 表达式的运算符返回"Unknown"。而为"SET ANSI_NULLS"为"OFF"时,如果两个表达式都为"Null",那么等号运算符返回"True"。

(4)逻辑运算符

逻辑运算符用来测试逻辑条件,以获得其真实情况。它与比较运算符一样,根据测试结果返回布尔值:True,False 或 Unknown。逻辑运算符有:AND,OR,NOT,BETWEEN 和 LIKE 等,运算符含义如表 6-5 所示。

表 6-5 逻辑运算符含义

运算符	含 义
AND	若两个布尔表达式都为 TRUE,则为 TRUE
OR	若两个布尔表达式中的一个为 TRUE,则为 TRUE
NOT	对任何其他布尔运算符的值取反
ALL	若一系列的比较都为 TRUE,则为 TRUE
ANY	若一系列的比较中任何一个为 TRUE,则为 TRUE
BETWEEN	若操作数在某个范围之内,则为 TRUE
EXISTS	若子查询包含一些行,则为 TRUE
IN	若操作数等于表达式列表中的一个,则为 TRUE
LIKE	若操作数与一种模式相匹配,则为 TRUE
SOME	若在一系列比较中,有些为 TRUE,则为 TRUE

a. AND:对两个布尔表达的值进行逻辑与运算。当两个布尔表达式的值都为"True"时,返回"True";如果其中有一个为"False",则返回"False";如果其中有一个"True",另一个为"Unknown",或两个都为"Unknown"时,返回"Unknown"。

b. OR:对两个布尔表达式进行逻辑或运算。当两个布尔表达式的值都为"False"时,返回"False";如果其中一个为"True",则返回"True";如果其中一个为"False",一个为"Unknown",或两个都为"Unknown",返回"Unknown"。

c. NOT:对布尔表达式的值进行取反运算,即当布尔表达式的值为"True"时返回"False",其值为"False"时返回"True",但当布尔表达式的值为"Unknown"时返回"Unknown"。

d. [NOT] BETWEEN:范围运算符,用来测试某一表达式的值是否在指定的范围内。

e. [NOT] LIKE:称作模式匹配运算符,常用于模糊条件查询,它判断测试表达式的值是否与指定的模式相匹配,测试表达式的值是否与指定的模式相匹配,可用于 char,varchar,text,nchar,nvarchar,ntext,datetime 和 smalldatetime 等数据类型。

f. [NOT] IN:称作列表运算符,它用来测试表达式的值是否在列表项之内。

g. ALL,SOME,ANY:分别用于判断一个表达式的值与一个子查询结果集合中的所有、部分或任一个值间的关系是否满足指定的比较条件。

（5）字符串连接符

字符串连接符(+)用来实现字符串之间的连接操作,它是将两个字符串连接成较长的字符串。如"SQL " + "Server"存储为"SQLServer"。在 SQL Server 中,字符串的其他操作都是通过字符函数来实现的。字符串连接运算符可操作的数据类型有:char,varchar,Nchar,Nvarchar,Text 和 Ntext 等。

（6）运算符的优先级

当一个复杂表达式中包含有多个运算符时,运算符的优先级决定了表达式计算和比较操作的先后顺序。运算符的优先级由高到低的先后顺序如表 6-6 所示:

表 6 - 6　运算符优先级

级　别	运算符
1	~（位取反），+（正），-（负）
2	*（乘），/（除），%（取余）
3	+（加），+（连接），-（减）
4	= , > , < , > = , < = , < > , ! = , ! > , ! <（关系运算符）
5	^（位异或），&（位与），|（位或）
6	NOT
7	AND
8	ALL，ANY，BETWEEN，IN，LIKE，OR，SOME
9	=（赋值）

说明：

a. 表达式中含有相同优先级的运算符，则从左到右依次处理。

b. 括号可以改变运算符的运算顺序，其优先级最高。

c. 表达式中如果有嵌套的括号，则首先对嵌套在最内层的表达式求值。

5. Transact - SQL 流程控制语句

流控制语句用于控制 Transact - SQL 语句、语句块或存储过程的执行流程，它与常见的程序设计语言类似。SQL Server 2008 中提供的流控制语句及功能如表 6 - 7 所示。

表 6 - 7　流程控制语句

语　句	功　能
BEGIN…END	定义语句块
IF…ELSE	条件选择语句，条件成立执行"IF"后语句（第一个分支），否则执行"ELSE"后语句
CASE 表达式	分支处理语句，表达式可根据条件返回不同值
WHILE	循环语句，重复执行命令行或程序块
WAITFOR	设置语句执行的延迟时间
BREAK	循环跳出语句
CONTINUE	重新启动循环语句，跳过"CONTINUE"后语句，回到"WHILE"循环的第一行命令
GOTO	无条件转移语句
RETURN	无条件退出（返回）语句

（1）BEGIN…END

BEGIN…END 用来定义一个语句块（类似于其他高级语言中的复合句），位于"BEGIN"和"END"之间的 Transact - SQL 语句都属于这个语句块，可视作一个单元来执行。执行 BEGIN…END 经常在条件语句（如 IF…ELSE）中使用，在 BEGIN…END 中可嵌套使用另外的 BEGIN…END 来定义另一程序块。

BEGIN…END 语法格式如下：

```
BEGIN
```

　　　　　<SQL 语句或语句块>

END

（2）IF...ELSE

在 SQL Server 2008 中，为了控制程序的执行方向，引进了"IF...ELSE"条件判断结构。

IF...ELSE 语法格式如下：

IF　　　　{<条件表达式>}

　　　　　{<SQL 语句或语句块 1>}

［ELSE

　　　　　{<SQL 语句或语句块 2>}］

　　其中，<条件表达式>可以是各种表达式的组合，但表达式的值必须是逻辑值"真"或"假"，"IF...ELSE"用来判断当条件表达式成立时执行某段程序（SQL 语句或语句块 1），条件不成立时执行另一段程序（SQL 语句或语句块 2）或不执行（当无"ELSE"选项时）。"ELSE"与其中的条件表达式子句是可选的，最简单的 IF 语句可没有 ELSE 子句部分，如果不使用程序块，IF 或 ELSE 内只能执行一条命令，"IF...ELSE"可以进行嵌套使用（在 Transact – SQL 中最多可嵌套 32 级）。

　　"IF...ELSE"结构可以用在批处理和存储过程中（经常使用这种结构测试是否存在着某个参数）及特殊查询中。

　　【例 6 - 7】　使用 IF 语句，如果计算机类别书的平均价格低于 $\$40$，那么就显示文本"计算机类别图书平均价格低于 $\$40$"，如果计算机的图书的平均价格高于 $\$40$，则显示"计算机类别图书平均价格高于 $\$40$"的语句。

　　具体代码如下：

```
USE 在线书店
GO
IF (SELECT AVG(定价) FROM 图书 WHERE 类别 =1) <$40
BEGIN
  PRINT '计算机类别图书平均价格低于 $40:'
  SELECT SUBSTRING(图书名称,1,35)
  FROM 图书
  WHERE 类别 =1
END
ELSE
BEGIN
  PRINT '计算机类别图书平均价格高于 $40:'
  SELECT SUBSTRING(图书名称,1,35)
  FROM 图书
  WHERE 类别 =1
END
```

执行结果如图 6 – 6 和图 6 – 7 所示。

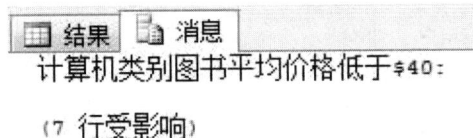

图6-6　【消息框】内容

图6-7　显示结果集

（3）CASE 结构

CASE 结构提供了较 IF...ELSE 结构更多的条件选择，且判断功能更方便、更清晰明了。CASE 结构用于多条件分支选择，可完成计算多个条件并为每个条件返回单个值。SQL Server 2008 的 CASE 多分支结构包括都支持可选 ELSE 参数的两种格式：

a. 简单 CASE 表达式。将某表达式与一组简单表达式进行比较以确定结果。

b. 搜索 CASE 表达式。搜索计算一组布尔表达式以确定结果。

① 简单 CASE 表达式

简单 CASE 表达式将一个测试表达式与一组简单表达式进行比较，如果某个简单表达式的值相等，则返回相应表达式的值。简单 CASE 表达式格式如下：

```
CASE <表达式>
    WHEN <表达式1>THEN <表达式1>
    [[WHEN <表达式2>THEN <表达式2>][...]]
    [ELSE <表达式>]
END
```

简单 CASE 表达式的执行过程是：计算 CASE 后表达式的值，然后按指定顺序与每个 WHEN 子句中的值比较，如果两者相等则返回 THEN 后的表达式，跳出 CASE 语句体，否则返回 ELSE 后的表达式。ELSE 子句是可选项，若 CASE 语句后无 ELSE 子句，且所有比较失败时，CASE 语句体将返回 NULL 值。

执行 CASE 子句时只运行第一个匹配的子句，CASE 语句可以嵌套到 SQL 命令中。

【例6-8】　查询用户表，显示用户的姓名、性别、用户等级和消费金额，显示用户等级所代表的用户等级名称。

具体代码如下：

```
USE 在线书店
GO
SELECT 姓名,性别,读者种类 =
CASE 用户等级
    WHEN 1 THEN '注册用户'
    WHEN 2 THEN 'VIP 用户'
    WHEN 3 THEN '银钻用户'
    WHEN 4 THEN '金钻用户'
```

```
END,消费金额
FROM 用户
```

执行结果如图6－8所示:

	姓名	性别	读者种类	消费金额
1	张天	男	VIP用户	1844.5
2	贾瑞	男	注册用户	31.8
3	李斌	女	金钻用户	14224
4	刘立德	男	银钻用户	6820

图6－8　显示结果

② 搜索 CASE 表达式

搜索 CASE 表达式的格式为:

```
CASE
   WHEN <布尔表达式1>THEN <运算式1>
   [[WHEN <布尔表达式2> THEN <表达式2>][…]]
   [ELSE <运算式>]
END
```

搜索 CASE 表达式与简单 CASE 表达式相比而言具有两个特征:其一为 CASE 关键字后未跟任何表达式,其二是各个 WHEN 关键字后都是布尔表达式。布尔表达式可以是逻辑运算符,也可以使用比较运算符,而 THEN 后的表达式与简单 CASE 表达式相同。

搜索 CASE 表达式的执行过程为:按指定顺序首先测试第一个 WHEN 子句后的布尔表达式,如果为真(True)则返回 THEN 后的表达式,否则测试下一个 WHEN 子句后的布尔表达式。如果所有布尔表达式的值为假,则返回"ELSE"后的表达式。若 CASE 语句后未带 ELSE 子句,CASE 语句体将返回"NULL"值。

【例6－9】 根据消费金额判断显示用户购书折扣。

具体代码如下:

```
USE 在线书店
GO
SELECT 姓名,性别,消费金额,折扣 =
CASE
               WHEN (消费金额> =10000)THEN 0.7
               WHEN (消费金额> =5000)THEN 0.8
               WHEN (消费金额> =1000)THEN 0.9
               ELSE 1.0
END
FROM 用户
```

执行结果如图6－9所示。

(4) WHILE 循环结构

WHILE 语句通过布尔表达式设置重复执行 SQL 语句或语句块的循环条件。WHILE 命令在设定的条件成立时会重复执行 SQL 语句或程序块。可以使用"BREAK"和"CONTINUE"关键字在循环内部控制 WHILE 循环中语句的执行。WHILE 语句也可嵌套。

具体循环语法格式如下：

```
WHILE <布尔表达式>
  BEGIN
    <SQL 语句或程序块>
    [BREAK]
    [CONTINUE]
    [SQL 语句或程序块]
  END
```

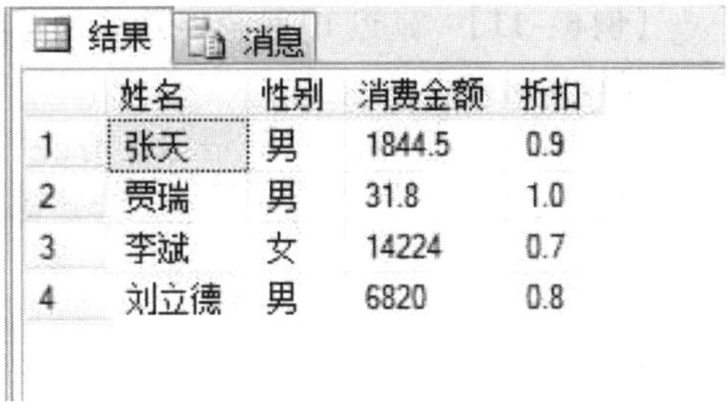

	姓名	性别	消费金额	折扣
1	张天	男	1844.5	0.9
2	贾瑞	男	31.8	1.0
3	李斌	女	14224	0.7
4	刘立德	男	6820	0.8

图 6-9　显示相应折扣

WHILE 循环的执行过程为：当指定的条件为真，就可在循环体内重复执行语句，只有在循环条件为假（False：不成立）时退出循环体，执行其后的语句。CONTINUE 命令可以让程序跳过 CONTINUE 命令之后的语句，回到 WHILE 循环的第一行命令。BREAK 命令则让程序完全跳出循环，结束 WHILE 命令的执行。

【例 6-10】 显示 1～100 的和。

具体代码如下：

```
DECLARE @i int,@s int
SET @i =1
SET @s =0 --定义两变量 i,s
WHILE @i <=100 --当 i 的值大于 100 时,结束循环
  BEGIN
    SET @s =@s +@i
    SET @i =@i +1
    CONTINUE
  END
PRINT '1 +2 +… +100 的值是:' +CONVERT(var-
char,@s)
```

执行结果如图 6-10 所示。

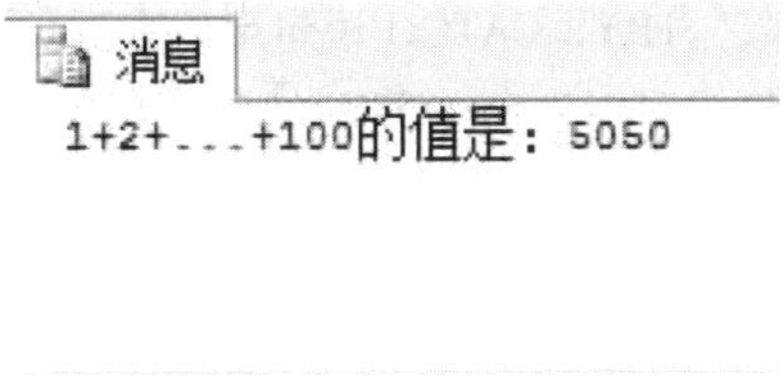

图 6-10　执行结果

（5）WAITFOR 语句

指定延迟一段时间（时间间隔或一个时刻）来执行（触发）一个 Transact-SQL 语句、语句块、存储过程或事务。

语法格式如下：

```
WAITFOR {DELAY <'时间'> |TIME <'时间'> |ERROREXIT |PROCESSEXIT |MIRROREX-
IT}
```

WAITFOR 语句用来暂时停止程序执行，直到所设定的等待时间已到或已过才继续往下执行。其中时间必须为时间类型的数据，如 11:15:27，不能包括日期。

说明：

a. DELAY：用来设定等待的时间段，最多可达 24 小时。

b. TIME：用来设定等待结束的时间结点。

c. ERROREXIT：直到处理非正常中断。

d. PROCESSEXIT：直到处理正常或非正常中断。

e. MIRROREXIT：直到镜像设备失败。

【例 6-11】 延迟 10 秒再显示系统当前时间,结果如图 6-11 所示。

具体代码如下:

```
print '执行 Waitfor 语句之前,秒数为:' + convert (varchar (5), DATEPART (SEC-
OND,GETDATE())) + '执行 Waitfor 语句之前,时间为:' + convert (varchar (15), GET-
DATE())
    GO
WAITFOR DELAY '00:00:10' -- 延时 10 秒
print '执行 Waitfor 语句之后,秒数为:' + convert (varchar (5), DATEPART (SEC-
OND,GETDATE())) + '执行 Waitfor 语句之后,时间为:' + convert (varchar (15), GET-
DATE())
```

【消息框】先显示第一行信息,待 10 秒后显示第二条信息。

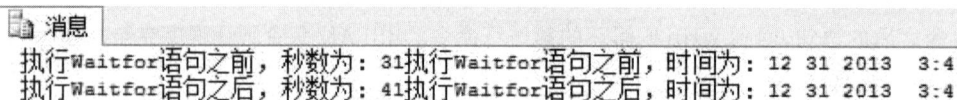

图 6-11 【消息框】信息显示结果

(6) TRY...CATCH 语句

TRY...CATCH 语句用于实现类似于 C# 和 C++ 语言中的异常处理的错误处理。T-SQL 语句组可以包含在 TRY 块中。如果 TRY 块内部发生错误,则会将控制传递给 CATCH 块中包含的另一个语句组。

具体语法格式如下:

```
BEGIN TRY
   {sql_statement |statement_block}
END TRY
BEGIN CATCH
   {sql_statement |statement_block}
END CATCH
[ ; ]
```

说明:

a. sql_statement:任何 T-SQL 语句。

b. statement_block:T-SQL 语句块。

c. TRY 块后必须紧跟相关联的 CATCH 块。在 END TRY 和 BEGIN CATCH 语句之间放置任何其他语句都将生成语法错误。

d. TRY…CATCH 构造不能跨越多个批处理。TRY…CATCH 构造不能跨越多个 Transact-SQL 语句块。

在 CATCH 块的作用域内,可使用以下系统函数来获取导致的错误消息:

a. ERROR_NUMBER()：返回错误号。

b. ERROR_SEVERITY()：返回严重性。

c. ERROR_STATE()：返回错误状态号。

e. ERROR_PROCEDURE()：返回出现错误的存储过程或触发器的名称。

f. ERROR_LINE()：返回导致错误的例程中的行号。

g. ERROR_MESSAGE()：返回错误消息的完整文本。

（7）EXECUTE 语句

SQL Server 2008 中，EXECUTE 语句用于执行 T‐SQL 中的命令字符串、字符串或执行：系统存储过程、用户定义存储过程、标量值用户定义函数或扩展存储过程等。

具体语法格式如下：

[{ EXEC |EXECUTE}] {{module_name[;number]|@ module_name_var} [,…n]}[;]

说明：

module_name：是要调用的存储过程、标量值用户定义函数的名称。

（8）注释语句

注释是语句中不能执行的字符串，用于描述语句正在做的动作或禁用一行或多行语句。注释语句有两种形式，即行内注释和块注释语句。

如果整行都是注释而并非所要执行的程序行，则该行可用行内注释，语法格式为：

－－注释文本

这些文本可以与要执行的代码处在同一行，也可以另起一行。从双连字符（－－）开始到行尾均为注释。对于多行注释，必须在每个注释行的开始使用双连字符。

如果要给程序所加的注释文本较长，则可使用块注释，语法格式为：

／＊注释文本＊／

这些注释文本可以与要执行的代码处在同一行，也可以另起一行，甚至放在可执行代码内。

6. 函数

为了使用户对数据库进行查询和修改时更加方便，SQL Server 在 T‐SQL 中提供了许多内部函数以供调用。在 T‐SQL 语句中引用这些函数，并提供调用函数所需的参数，服务器根据参数执行系统函数，然后返回正确的结果。每一个函数都有一个名称，名称之后是一对小括号，大部分函数在小括号中需要一个或多个参数。无论是内置函数，还是用户定义函数，都可以用在 SE-LECT、WHERE 和 ORDER BY 等子句中，用来修改查询的结果或改变数据格式和查询条件。一般来说，在允许使用变量、字段或表达式的地方都可以使用函数。系统提供了数百个内置函数，内置函数可以分为字符串函数、数学函数、日期与时间函数和数据类型转换函数等。下面介绍一些常用的系统函数。

（1）字符串函数

常用的字符串函数，如表6‐8所示。

表6‐8　常用字符串函数表

函　　数	意　　义
ASCII(字符表达式)	返回字符表达式最左边字符的 ASCII 码
LOWER(字符表达式)	将字符表达式的字母转化为小写字母
REPLICATE(字符表达式,整型表达式)	将字符表达式重复多次，整型表达式给出重复次数

函　数	意　义
STR(浮点表达式,[,长度[,小数]])	将浮点表达式转换为所给定长度的字符串,小数点后的位数由所给出的"小数"决定
LEFT(字符表达式,整型表达式)	从字符表达式中返回最左边 n 个字符,n 是整型表达式的值
CHAR(整形表达式)	将一个 ASCII 码转化成为字母
CHARINDEX(字符表达式1,字符表达式2[,开始位置])	返回字符表达式1在字符表达式2的开始位置
DIFFERENCE(字符表达式1,字符表达式2)	返回两个字符表达式发音的相似程度(0~4),4 表示发音最相似
LTRIM(字符表达式)	去掉字符表达式的前导空格
REVERSE(字符表达式)	返回字符表达式的逆序
LEN(字符表达式)	返回字符表达式的字符个数,不计算尾部的空格
STUFF(字符表达式1,字符表达式2,n_1,n_2)	将字符表达式1从 n_1 开始到 n_2 为止的字符换成字符表达式2的字符
SPACE(n)	返回 n 个空格组成的字符串
RIGHT(字符表达式,整型表达式)	从字符表达式中返回最右边 n 个字符,n 是整型表达式的值
RTRIM(字符表达式)	去掉字符表达式的前导空格
SUBSTRING(字符串表达式,起始点,n)	返回字符串表达式中"起始点"开始的 n 个字符
UNICODE(字符表达式)	返回字符表达式最左侧字符的 Unicode 代码
UPPER(字符表达式)	将字符表达的字母转换为大写字母
LOWER(字符表达式)	将字符表达的字母转换为小写字母

【例6－12】 字符串函数的使用。

具体代码如下:

```
print LOWER('MACHINE')
print LTRIM(' MACHINE') + 'china' + 'press'
print RTRIM('machine ') + 'china' + 'press'
print LTRIM(RTRIM(' MACHINE ')) + 'china' + 'press'
print REVERSE(SUBSTRING('china machine press',7,7))
print REPLACE('I Love china! ','china','BEIJING2008')
print REPLACE('abcdabcd','c','l')
PRINT LEN('welcome to SQL Server 2008')
PRINT STUFF('welcome to SQL Server 2008','ab',3,7)
```

执行结果如图6－12所示。

(2)数学函数

数学函数用于对 decimal,float,real,money 和 int 等数据类型的数值表达式进行各种不同的运算并返回计算结果。部分数学函数所返回数值的数据类型将与其参数的数值表达式数据类型相

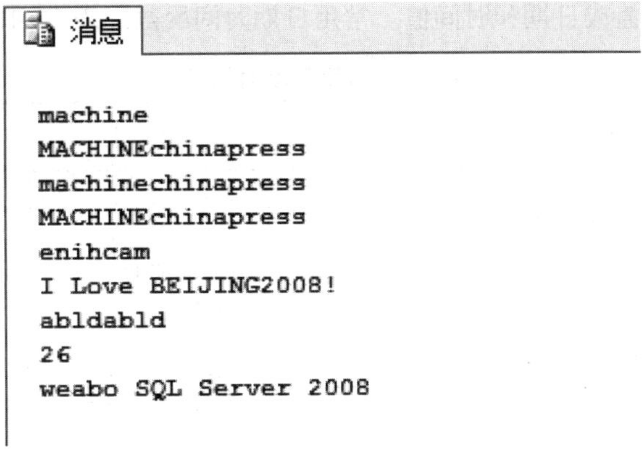

图 6 – 12 显示字符串

同,而部分数学函数则会自动将其参数的数值表达式转换成 float 数据类型,而且所返回的数值也将是 float 数据类型。常用数学函数如表 6 – 9 所示。

表 6 – 9 常用数学函数表

函 数	意 义
ABS( )	求数的绝对值
PI( )	显示圆周率
POWER(整数 1,整数 2)	求整数 1 的整数次方
SQRT(正数)	求正数的平方根
RAND( )	随机产生 0 ~ 1 的小数
ROUND(表达式)	返回按指定位数进行四舍五入的数值
SQUARE(整数 1)	返回整数 1 的平方
SIN( )	返回正弦值
COS( )	返回余弦值

【例 6 – 13】 数学函数的使用。

具体代码如下:

```
PRINT PI()
PRINT POWER(3,2)
PRINT SQRT(32)
PRINT RAND()
PRINT ROUND(PI(),2)
PRINT SQUARE(4)
```

执行结果如图 6 – 13 所示。

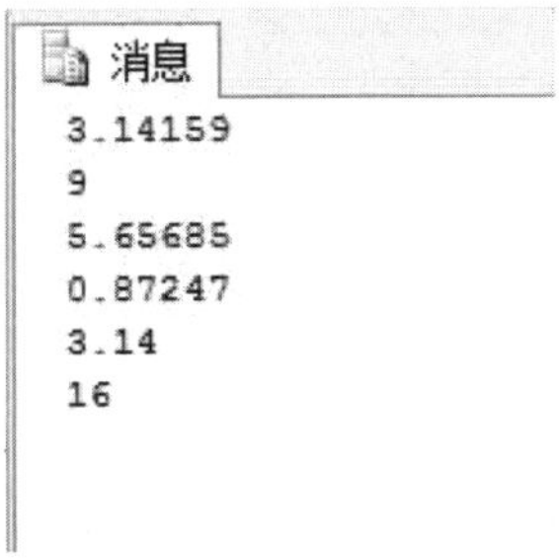

(3) 日期时间函数

使用这些函数对日期和时间数据进行各种不同的处理和运算。对日期和时间输入值执行操作

图 6 – 13 执行结果

并返回一个字符串、数字值或日期和时间值。常用日期时间函数如表 6－10 所示。

表 6－10　常用日期时间函数

函　数	意　义
DATEADD( )	某一日期时间值加上一特定单位的时间区间后所得的日期时间
DATEDIFF( )	求两日期之差
DAY( )	取日期中的日期
YEAR( )	取日期中的年份
MONTH( )	取日期中的月份
GETDATE( )	取系统日期和时间

【例 6－14】　日期函数的使用。

具体代码如下：

```
PRINT '当前日期为'
SELECT GETDATE()
SELECT YEAR(GETDATE()),YEAR('2001-01-02')
PRINT'2002-10-20 加上 20 天后所得日期为:'
SELECT DATEADD(dd,20,'2002-10-20')
PRINT '某人生日为1982-10-20,则他的年龄为:'
SELECT DATEDIFF(yy,'1982-10-20',GETDATE())
```

执行结果如图 6－14 所示。

图 6－14　显示的日期时间函数值

（4）转换函数

要对不同数据类型的数据进行运算，必须将它们转换为相同的数据类型。在 SQL Server 中，有一些数据类型之间会自动地进行转换，有一些数据类型之间则必须显式地进行转换，还有一些数据类型之间是不允许转换的，如表 6－11 所示。

表 6 - 11 转换函数表

函 数	意 义
CAST (表达式 AS 数据类型)	其中的表达式是需要转换其数据类型的表达式,可以是任何有效的 SQL Server 表达式,数据类型则是转换后的数据类型,必须是 SQL Server 提供的系统数据类型
CONVERT (数据类型 [(长度)] , 表达式)	指定转换后数据的样式

【例 6 - 15】 转换函数的使用。

具体代码如下:

```
SELECT CONVERT (CHAR(10), CURRENT_TIMESTAMP, 102)
SELECT CAST (CONVERT (CHAR(10), CURRENT_TIMESTAMP, 102) AS DATETIME)
```

执行结果如图 6 - 15 所示。

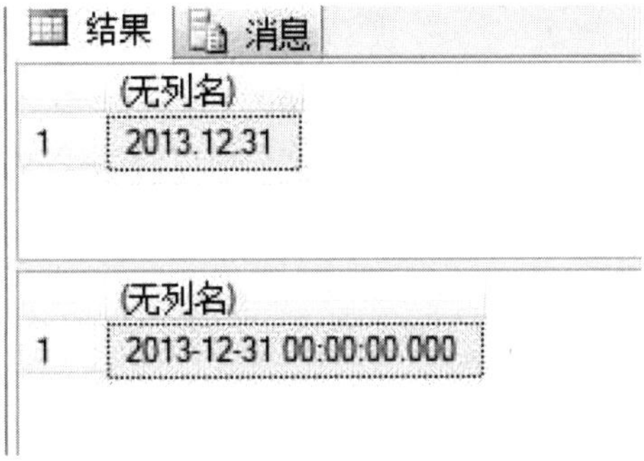

图 6 - 15 转换函数显示结果

三 任务实施

a. 在线书店系统中有这样一个功能:查看销量前十名的畅销书。此项功能可以编写一个批处理来实现。在批处理中创建一个视图,用于查看销量前十名的畅销书。其中将显示书名、作者、定价、销售量和图书类别所代表的类别。

具体代码如下:

```
CREATE VIEW CV_NEWBOOK
AS
SELECT TOP 10 图书名称,作者,定价,销售量,图书类别名称 =
CASE 类别
    WHEN 1 THEN '计算机类'
    WHEN 2 THEN '机械'
    WHEN 3 THEN '文学'
    WHEN 4 THEN '儿童'
    WHEN 5 THEN '生活'
    WHEN 6 THEN '医学'
    WHEN 7 THEN '建筑'
END
```

```
FROM 图书
ORDER BY 销售量 DESC
GO
SELECT *  FROM CV_NEWBOOK
GO
```

执行结果如图6-16所示。

	图书名称	作者	定价	销售量	图书类别名称
1	物联网	胡铮	38.60	100	计算机类
2	MATLAB神经网络30个案例分析	MATLAB中文论坛	39.00	100	计算机类
3	数据库系统概论	王册	39.00	100	计算机类
4	米饭杀手—80道让你无视吃相的下饭绝配美味	萨巴蒂那	23.90	100	生活
5	从零开始用烤箱	文怡	17.20	100	生活
6	识对体形穿对衣	王静	27.10	100	生活
7	图说建筑智能化系统	张新房	47.90	30	建筑
8	街道的美学	芦原义信	16.30	25	建筑
9	疯狂java讲义	李刚	90.20	21	计算机类
10	青春	韩寒	29.00	20	文学

图6-16 显示结果

b. 利用 WHILE 循环求字符串"SQL Server 2008"中每个字符的 ASCII 码值。

具体代码如下:

```
DECLARE @ position int,@ string char(15)
SET @ position =1
SET @ string = 'SQL Server 2008'
WHILE @ position <=DATALENGTH(@ string)
BEGIN
SELECT CHAR (ASCII(SUBSTRING(@ string,@ position,1)))As 字母,
    ASCII(SUBSTRING(@ string,@ position,1))As ASCII 码值
SET @ position = @ position +1
END
```

执行结果如图6-17所示。

	字母	ASCII码值
1	S	83

	字母	ASCII码值
1	Q	81

	字母	ASCII码值
1	L	76

	字母	ASCII码值
1		32

	字母	ASCII码值
1	S	83

	字母	ASCII码值

图6-17 显示结果

四 任务拓展训练

a. 编写一个批处理,创建一个订单视图,要求查看订单编号、图书编号、图书名称、消费金额及数量。

b. 利用 WHILE 语句求 1～100 偶数的和。

任务 6.2　存储过程

一　任务说明

1. 任务描述

存储过程是 Transact – SQL 语句的预编译集合,这些语句在一个名称下存储并作为一个单元进行处理。调用一个存储过程时,一次性的执行过程中的所有语句。在调用时由系统编译并存储在数据库中,执行起来速度更快。通过学习存储过程的基础知识,完成网上书店中书名搜索等模块的编写。本任务是编写"获取登录的管理员信息"和"修改管理员账号和密码"两个存储过程。

2. 任务目标

介绍了存储过程的概念、用途和创建方法,以及如何编写简单的存储过程,通过本任务学习将掌握存储过程的创建、修改以及删除等。

二　基本知识

1. 创建和执行存储过程

（1）存储过程的基本概念

在使用 Transact – SQL 语言编程的过程中,可以将某些需要多次调用的、实现特定功能的代码段编写成一个过程,将其保存在数据库中,并由 SQL Server 服务器通过过程名来调用它们,这些过程就叫做存储过程。它是 Transact – SQL 语句的预编译集合。存储过程在数据库的开发过程、数据库的维护和管理等任务中,特别是在维护数据完整性等方面具有不可替代的作用。

在调用存储过程时,一次性地执行过程中的所有语句。存储过程被调用时由系统编译并存储在数据库中,编译后的存储过程经过优化处理,执行起来速度更快。存储过程可以接受输入参数、输出参数、返回单个或多个结果集以及返回值。

（2）存储过程的分类

SQL Server 中存储过程分为 3 类:系统存储过程、扩展存储过程和用户自定义的存储过程。

① 系统存储过程（System stored Procedure）

系统存储过程是指 SQL Server 系统自带的存储过程（以"sp_"为前缀）,它定义在系统数据库 master 中。具有执行系统存储过程权限的用户可直接调用系统存储过程。当新建一个数据库时,一些系统存储过程会在新建的数据库中自动创建。其主要用来从系统表中获取信息,为系统管理员管理 SQL Server 提供帮助,为用户查看数据库和用户信息提供方便,可以作为命令用来执行各种操作。

常用的系统存储过程有:

a. sp_help:用于报告有关数据库对象、用户定义数据类型或 SQL Server 所提供的数据类型的信息。

b. sp_helptext:用于显示规则、默认值、未加密的存储过程、用户定义函数、触发器或视图的文本。

【例 6 – 16】 执行不带参数的系统存储过程 sp_help。

具体代码如下：

```
USE 在线书店
GO
EXEC sp_help
GO
```

执行结果如图 6 – 18 所示。

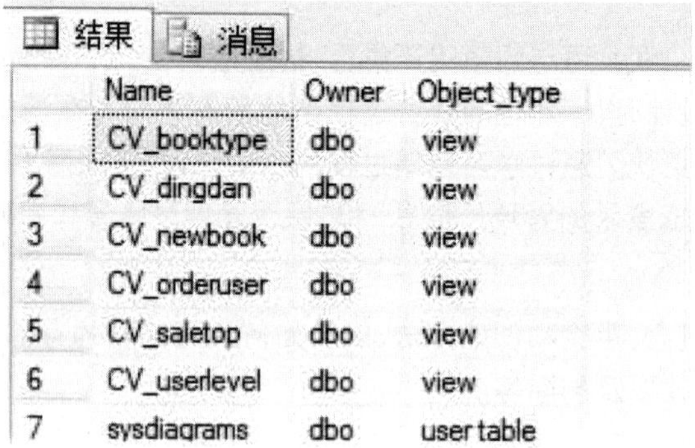

	Name	Owner	Object_type
1	CV_booktype	dbo	view
2	CV_dingdan	dbo	view
3	CV_newbook	dbo	view
4	CV_orderuser	dbo	view
5	CV_saletop	dbo	view
6	CV_userlevel	dbo	view
7	sysdiagrams	dbo	user table

图 6 – 18　返回当前数据库中现有的所有类型对象的汇总信息

② 扩展存储过程（Extended stored Procedure）

就是外挂程序，用于扩展 SQL Server 2008 的功能，是可以动态装载并执行的动态链接库（DLL）。扩展存储过程直接在 SQL Server 的地址空间运行，并使用 SQL Server 开放式数据服务（ODS）API 编程。

编写好扩展存储过程后，固定服务器角色"sysadmin"的成员即可在 SQL Server 中注册该扩展存储过程，然后授予其他用户执行该过程的权限。扩展存储过程只能添加到"master"数据库中，并且在"master"数据库中使用，以"sp_"或者"xp_"开头。例如"xp_cmdshell"扩展存储过程可以让系统管理员以操作系统命令行解释器的方式执行特定的命令，并以文本行方式返回结果集，是一个功能非常强大的扩展存储过程。

③ 用户自定义的存储过程

由用户根据实际问题的需要所创建的存储过程。在命名时不要以"sp_"和"xp_"开头，以区分系统存储过程和扩展存储过程。用户可根据自身的需要，为完成某一特定的功能而创建。

（3）存储过程的优点

a. 提高执行速度。存储过程只在创建时进行编译，以后每次执行存储过程都不需再重新编译，而一般 SQL 语句每执行一次就编译一次，所以使用存储过程可提高数据库的执行速度。

b. 能实现模块化程序设计。存储过程是根据实际功能的需要创建的一个程序模块，并被存储在数据库中。以后用户要完成该功能，只要在程序中直接调用该存储过程即可，而无须再编写重复的程序代码。

c. 减少网络流量。一个需要数百行 Transact – SQL 代码的操作，如果将其创建成存储过程，那么使用一条调用存储过程的语句就可完成该操作。这样就可避免在网络上发送数百行代码，从而减少了网络负荷。

d. 提高系统安全性。管理员可以不授予用户访问存储过程中涉及的表的权限，而只授予执行存储过程的权限。这样，既可以保证用户通过存储过程操纵数据库中的数据，又可以保证用户不能直接访问存储过程中涉及的表。

（4）创建存储过程

用户存储过程只能定义在当前数据库中。默认情况下，用户创建的存储过程归数据库所有者拥有。

在 SQL Server 2008 中创建存储过程有两种方法：一种是使用 SQL Server Management Studio 管理器创建，另一种是使用 Transact – SQL 命令创建。使用 SQL Server Management Studio 管理器容易理解，较为简单；使用 Transact – SQL 命令较为快捷。下面分别介绍这两种方法。

① 用 Transact – SQL 命令创建存储过程

Transact – SQL 中用 CREATE PROCEDURE 语句创建存储过程的语法格式如下：

```
CREATE PROC procedure_name
[{@ paremeter Data_Type}[ = Default][Output]][,...n]
[WITH
{RECOMPILE |ENCRYPTION |RECOMPILE},ENCRYPTION}
AS
sql_statement[,...n]
```

说明：

a. procedure_name：新建存储过程的名称，其名称必须符合标识符命名规则，且对于数据库及其所有者唯一。

b. @ paremeter：存储过程中用到的输入或输出参数。

c. Data_Type：参数的数据类型。

d. Default：参数的默认值。只能是常量或 Null，如果定义了默认值，则在执行时不需要输入参数即可执行。

e. Output：指定该参数为输出参数。

f. RECOMPILE：表明 SQL Server 不会缓存该过程的计划，该过程将在每次运行时重新编译。

g. ENCRYPTION：表示 SQL Server 加密存储过程的文本。此选项可防止将过程作为 SQL Server 复制的一部分发布，防止用户使用系统存储过程读取该存储过程的定义文本。

h. sql_statement：在存储过程中要执行的 T – SQL 语句。

创建存储过程时，需要确定存储过程的三个组成部分：

a. 所有输入参数以及传给调用者的输出参数。

b. 被执行的针对数据库的操作语句。

c. 返回给调用者的值以及执行存储过程的语句。

下面将介绍几种类型的存储过程。

A. 不带参数的存储过程

语法格式：

```
CREATE PROC 过程名
AS
SELECT 子句
```

【例 6 – 17】　创建一存储过程"book_publisher"，查询清华大学出版社出版的图书的书名、作者、上架时间、出版时间、价格和库存量。

具体代码如下：

```
USE 在线书店
GO
CREATE PROC book_publisher
```

```
AS
SELECT 图书名称,作者,上架时间,出版时间,定价,库存量
FROM 图书
WHERE 出版社 = '清华大学出版社'
GO
```

【例 6 - 18】 创建一存储过程"customer",要求查询是金钻用户的用户姓名、账户、创建时间和折扣。

具体代码如下：

```
USE 在线书店
GO
CREATE PROC customer
AS
SELECT a. 用户账号,a. 姓名,a. 创建时间,b. 折扣
FROM 用户 AS a,等级 AS b
WHERE a. 用户等级 = b. 等级编号 AND b. 等级名称 = '金钻用户'
GO
```

过程调用的语法格式如下：

```
EXEC 过程名
```

如：

```
USE 在线书店
GO
EXEC book_publisher
```

执行结果如图 6 - 19 所示。

	图书名称	作者	上架时间	出版时间	定价	库存量
1	C程序设计	谭浩强	2011-01-02 00:00:00	NULL	20.30	499
2	疯狂java讲义	李刚	2011-12-11 00:00:00	NULL	90.20	410
3	数据库系统概论	王册	2011-11-05 00:00:00	NULL	39.00	330
4	多媒体应用技术	杨森香	2012-01-02 00:00:00	NULL	16.80	421
5	Photoshop数码...	杨品	2012-01-09 00:00:00	NULL	36.00	519
6	MATLAB神经...	MAT...	2012-01-13 00:00:00	NULL	39.00	425
7	物联网	胡铮	2011-09-09 00:00:00	NULL	38.60	320
8	机械制造基础	赵建中	2011-11-11 00:00:00	NULL	34.90	428
9	机械制图	郝利华	2011-07-08 00:00:00	NULL	24.50	190

图 6 - 19 执行结果

再如：

```
USE 在线书店
GO
EXEC costmer
```

执行结果如图 6 - 20 所示。

图 6 - 20　执行结果

B. 带参数的存储过程

语法格式如下:

```
CREATE PROC 存储过程名
@ paremeter Date_Type[ =Default][Output]][,…n]
AS
SELECT 子句
```

【例 6 - 19】　根据键入的书名关键字来显示相关书籍。

具体代码如下:

```
USE 在线书店
GO
CREATE PROCEDURE bookDisplay
@book VARCHAR(50)
AS
SELECT 图书名称,作者,出版社,定价,图书简介,销售量
FROM 图书
WHERE 图书名称 LIKE '%' + @book + '%'
```

执行:

```
USE 在线书店
GO
EXEC bookDisplay'数据库'
```

执行结果如图 6 - 21 所示。

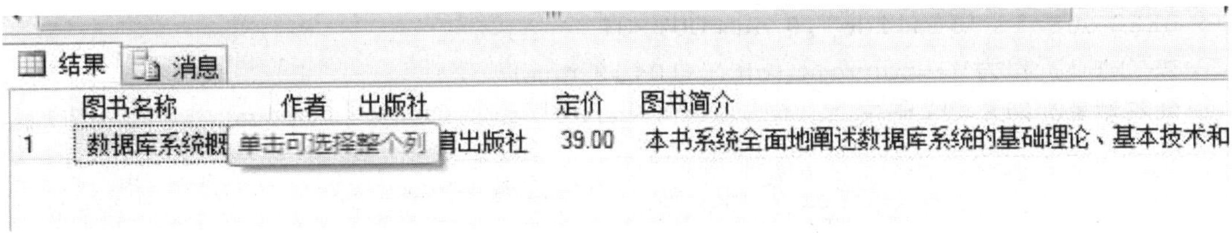

图 6 - 21　显示结果

【例 6 - 20】　根据用户账户、用户姓名或用户级别查看用户。

具体代码如下:

```
USE 在线书店
GO
CREATE PROC userDisplay
@ user VARCHAR(30)
```

```
AS
SELECT 用户账号,姓名,性别,电话,地址,邮编,邮箱,创建时间,消费金额,用户等级
FROM 用户
WHERE 用户账号 = @user OR 姓名 = @user or 用户等级 = @user
```

执行:

```
USE 在线书店
GO
EXEC userDisplay '1'
```

执行结果如图 6-22 所示。

图 6-22　显示结果

【例 6-21】　根据用户的级别得到折后价格(带输出参数的存储过程)。

具体代码如下:

```
USE 在线书店
GO
CREATE PROC onSale
@userID VARCHAR(20),@sale DECIMAL(5,1)OUTPUT
AS
SELECT @ sale =t. 折扣
FROM 等级 t,用户 s
WHERE t.等级 =s. 用户等级 and s.用户账号 =@ userID
```

执行:

```
USE 在线书店
GO
DECLARE @ num DECIMAL(5,1)
EXEC onSale 'liulide',@ num OUTPUT
PRINT '折扣为' + convert(char(10),@ num)
```

执行结果如图 6-23 所示。

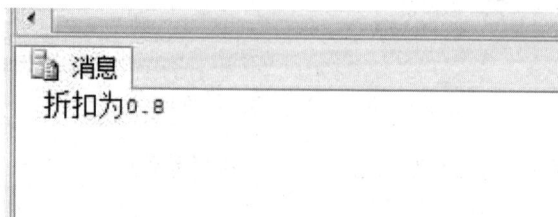

图 6-23　显示折扣结果

② 使用 SQL Server Management Studio 管理器创建存储过程

【例 6-22】　假设在"在线书店"数据库建立一个名为"dingdan"的存储过程,用于检索订单表

中的信息。

实现步骤如下：

a. 启动 SQL Server Management Studio，并连接。

b. 依次展开【在线书店】→【可编程性】→【存储过程】，用鼠标右击【存储过程】，在弹出的快捷菜单中选择【新建存储过程】命令，如图 6 - 24 所示。

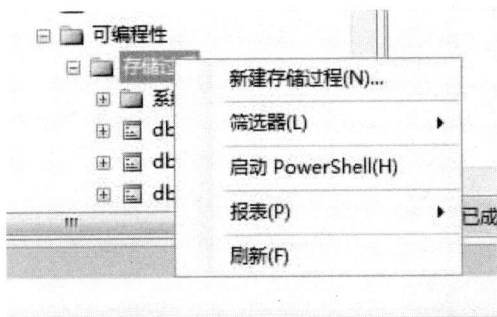

图 6 - 24　新建存储过程

c. 在其右窗格中编辑存储过程内容，在相应的地方输入如下 T - SQL 语句，如图 6 - 25 所示。

图 6 - 25　存储过程模板

2. 管理存储过程

（1）查看存储过程

存储过程被创建之后，可以进行查看浏览。既可以通过 SQL Server 管理平台查看用户建的存储过程，也可以使用系统存储过程来查看用户创建的存储过程。

① 使用系统存储过程查看存储信息

SQL Server 2008 中提供了系统存储过程来查看用户创建的存储过程的相关信息。如前面讲过的"Sp_help"和"Sp_helptext"。

② 使用 SQL Server Management Studio 管理器查看存储过程信息

实现步骤：

a. 启动 SQL Server Management Studio，并连接。

b. 依次展开【在线书店】→【可编程性】→【存储过程】。

c. 用鼠标右击要查看的存储过程，在弹出的快捷菜单中选择【属性】命令，打开【存储过程属性】窗口（如图 6－26 所示）。

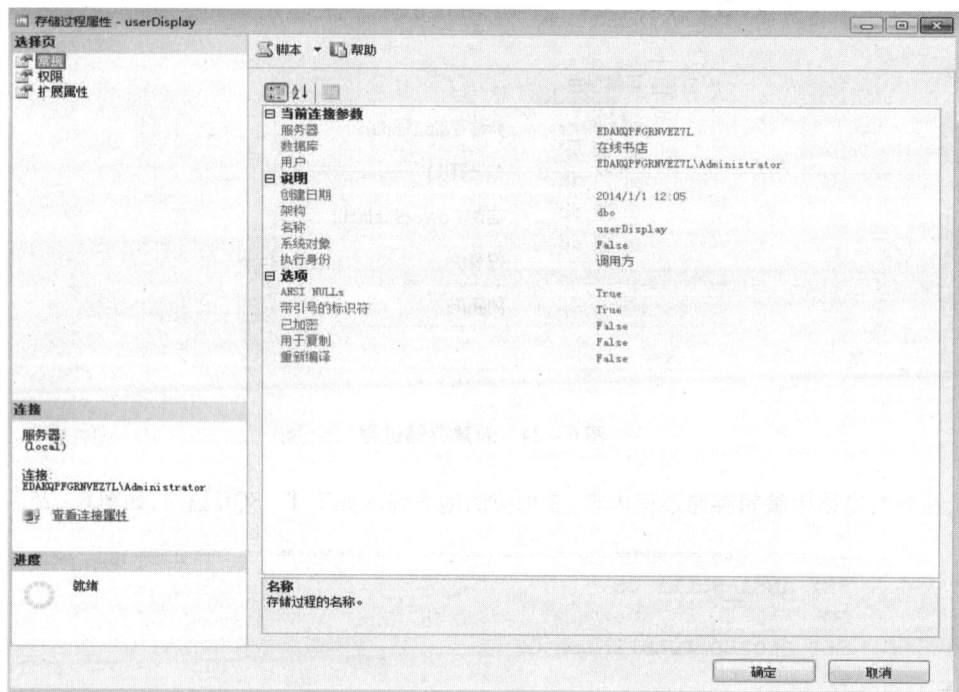

图 6－26 "存储过程属性"窗口

d. 用户可在【选择页】中选择【常规】、【权限】和【扩展属性】选项进行相应的操作。

（2）修改存储过程

在 SQL Server 2008 中，使用"ALTER PROC"命令可以修改已存在的存储过程。

其语法格式如下：

```
ALTER PROC procedure_name
[{@paremeter Date_Type}[ =Default][Output]][,......n]
[WITH
{RECOMPILE |ENCRYPTION |RECOMPILE},ENCRYPTION}
AS
sql_statement[,...n]
```

参数说明：

a. 各参数含义与"CREATE PROC"相同。

b. 如果原来的过程定义是用"WITH RECOMPILE"或"WITH RECOMPILE"创建的，那么只有在"ALTER PROC"中也包含这些选项时，这些选项才有效。

（3）删除存储过程

当不在使用存储过程时，我们可将其删除。使用 DROP PROC 语句可永久地删除存储过程。若存储过程有依赖关系，必须先删除依赖关系，然后才能删除存储过程。

DROP PROC 语句的语法格式如下：

DROP PROC {procdure_Name}[,...n]

说明：

procdure_Name：指要删除的存储过程或存储过程组名称。

用户也可在 SQL Server Management Studio 管理器中删除存储过程,其方法是：

在 SQL Server Management Studio 管理器的左窗格中选择对应的数据库和存储过程,然后单击【删除】,根据提示删除该存储过程。

三 任务实施

在后台管理的"我的账户"界面,管理员可以修改账号和密码,如图6-27所示。请设计"获取登录的管理员信息"和"修改管理员账号和密码"两个存储过程。

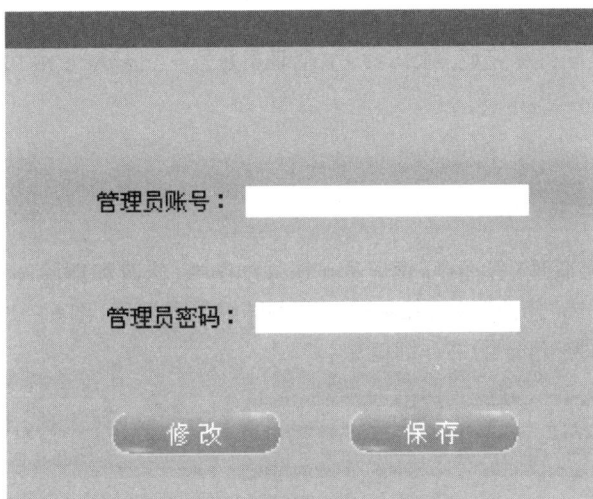

图6-27 管理员"我的账户"界面

a. 获取登录的管理员信息存储过程"adminGetLogin"。

本存储过程实现的功能是：根据输入参数"@ accounts"(管理员账号)、"@ pwd"(管理员密码)的值获取登录管理员信息。

具体代码如下：

```
SET ANSI_NULLS ON
SET QUOTED_IDENTIFIER ON
GO
-- 获取登录的管理员信息
CREATE PROCEDURE adminGetLogin
@accounts VARCHAR(50),
@pwd VARCHAR(50)
AS
SELECT 管理员账号,密码
FROM 管理员
WHERE 管理员账号 = @ accounts AND 密码 = @ pwd
```

b. 修改管理员账号和密码存储过程“adminChangePassword”。

本存储过程实现的功能是：根据输入参数@ newPwd（新密码）、@ newAcc（新账号）和@ oldAcc（旧账号）的值修改管理员的账号和密码。

具体代码如下：

```
SET ANSI_NULLS ON
SET QUOTED_IDENTIFIER ON
GO
--修改管理员账号和密码
CREATE PROCEDURE adminChangePassword
@newPwd VARCHAR(50),
@newAcc VARCHAR(50),
@oldAcc VARCHAR(50)
AS
UPDATE dbo.管理员 SET 密码 =@newPwd,管理员账号 =@newAcc WHERE 管理员账号 =@old-
Acc
```

四 任务拓展训练

在后台管理的“图书管理”界面中，管理员可以添加图书、修改和删除图书信息，如图 6－28 所示。管理员单击“添加”或“修改”按钮都会进入图书详细信息界面，图 6－29 所示为“添加图书详细信息”，图 6－30 所示为“修改图书详细信息”。

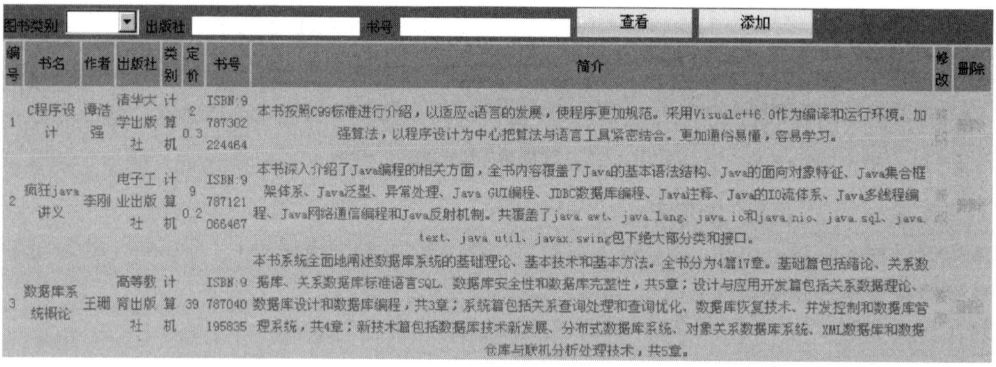

编号	书名	作者	出版社	类别	定价	书号	简介	修改	删除
1	C程序设计	谭浩强	清华大学出版社	计算机	20.3	ISBN:9787302224464	本书按照C99标准进行介绍，以适应c语言的发展，使程序更加规范。采用Visualc++6.0作为编译和运行环境。加强算法，以程序设计为中心把算法与语言工具紧密结合。更加通俗易懂，容易学习。		
2	疯狂java讲义	李刚	电子工业出版社	计算机	90.2	ISBN:9787121066467	本书深入介绍了Java编程的相关方面，全书内容覆盖了Java的基本语法结构、Java的面向对象特征、Java集合框架体系、Java泛型、异常处理、Java GUI编程、JDBC数据库编程、Java注释、Java的IO流体系、Java多线程编程、Java网络通信编程和Java反射机制。共覆盖了java.awt、java.lang、java.io和java.nio、java.sql、java.text、java.util、javax.swing包下绝大部分类和接口。		
3	数据库系统概论	王珊	高等教育出版社	计算机	39	ISBN:9787040195835	本书系统全面地阐述数据库系统的基础理论、基本技术和基本方法。全书分为4篇17章。基础篇包括绪论、关系数据库、关系数据库标准语言SQL、数据库安全性和数据库完整性，共5章；设计与应用开发篇包括关系数据理论、数据库设计和数据库编程，共3章；系统篇包括关系查询处理和查询优化、数据库恢复技术、并发控制和数据库管理系统，共4章；新技术篇包括数据库技术新发展、分布式数据库系统、对象关系数据库系统、XML数据库和数据仓库与联机分析处理技术，共5章。		

图 6－28　图书管理界面

请设计相应的存储过程来实现图书的添加、修改和删除等功能。

（1）添加图书信息存储过程“addBook”

本存储过程实现的功能是：根据输入参数“@ name”（图书名称）、“@ author”（作者）、“@ publisher”（出版社）、“@ libId”（类别）、“@ price”（定价）、“@ ISBN”（书号）、“@ synopsis”（图书简介）、“@ inventory”（库存量）、“@ topcarrigeTime”（上架时间）和“@ imgUrl”（图片）的值，向图书表中添加记录。

（2）删除图书存储过程“deleteBook”

本存储过程实现的功能是：根据输入参数“@ id”（图书编号）的值删除图书表的相关记录。

（3）修改图书信息存储过程“updateBook”

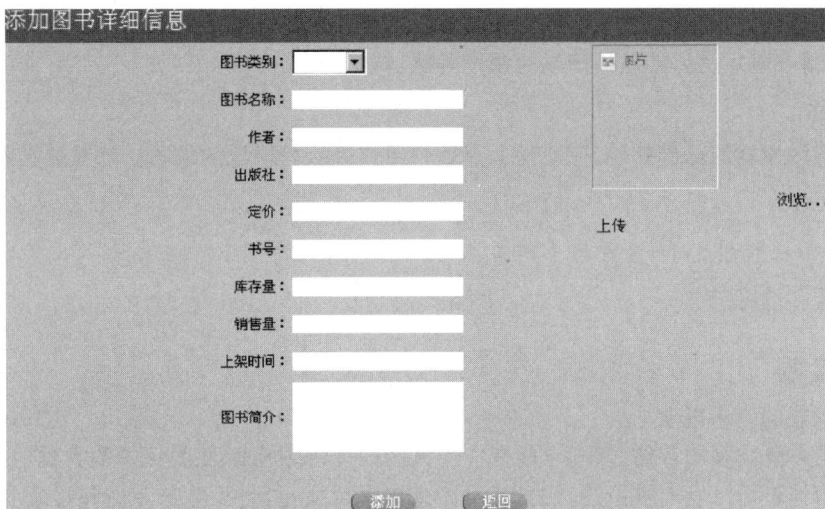

图 6 – 29　添加图书详细信息

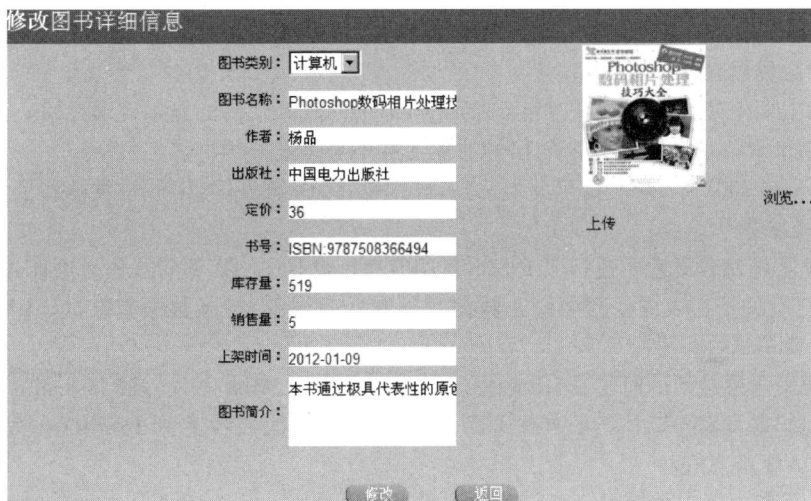

图 6 – 30　修改图书详细信息

　　本存储过程实现的功能是:根据输入参数"@ name"(图书名称)、"@ author"(作者)、"@ pub-lisher"(出版社)、"@ libId"(类别)、"@ price"(定价)、"@ ISBN"(书号)、"@ synopsis"(图书简介)、"@ inventory"(库存量)、"@ topcarrigeTime"(上架时间)、"@ imgUrl"(图片)和"@ id"(图书编号)的值修改图书表中相应记录。

任务 6.3　触发器

一　任务说明

1. 任务描述

　　利用前面学过的 T – SQL 语句,重点掌握触发器程序的编写。触发器是一类特殊的存储过程,但它不能被执行,只能当事件发生时被触发。本任务是当用户表的消费金额发生变化时,查询用户等级表,根据情况确定是否修改用户表的用户等级。

2. 任务目标

通过学习触发器的基础知识,完成网上书店中用户等级等模块的编写。掌握触发器的创建、管理和删除。

二 基本知识

1. 创建触发器

(1)触发器的基本概念

触发器是特殊类型的存储过程,它能在任何试图改变表中由触发器保护的数据时执行。触发器主要通过事件进行触发而被执行,触发器不能直接调用执行,也不能被传送和接受参数,而存储过程可以通过存储过程名直接调用。

触发器与表或视图是不能分开的,触发器定义在一个表或视图中,当在表或视图中执行插入(INSERT)、修改(UPDATE)和删除(DELETE)操作时触发器被触发自动执行。当表或视图被删除时与它关联的触发器也一同被删除。

触发器的主要好处在于它们可以包含使用 Transact – SQL 代码的复杂处理逻辑。因此,触发器可以支持约束的所有功能;但它在所给出的功能上并不总是最好的方法。

在 SQL Server 2008 中,触发器可分为三类,分别是:DML 触发器、DDL 触发器和登录触发器。

① DML 触发器

DML 触发器是对表或视图进行了 INSERT、UPDATE 或 DELETE 语句操作之后而被激活的触发器,该类触发器有助于在表或视图中修改数据时强制业务规则、扩展数据完整性。DML 触发器又有以下两种分类方式:

a. 根据触发器被激活的时机,DML 触发器分为两种类型:After 触发器和 Instead of 触发器。

b. 根据引起触发器自动执行的操作不同,DML 触发器分为三种类型:INSERT 触发器、DELETE 触发器和 UPDATE 触发器。

当向触发器表中插入数据时,INSERT 触发器将触发执行,新的记录会增加到触发器表和 INSERTED 表中;当删除触发器表中的数据时,DELETE 触发器将触发执行,被删除的记录会存放到 DELETED 表中;当更新触发器表中的数据时,相当于插入一条新记录和删除一条旧记录,此时 UPDATE 触发器将触发执行,表中原有的记录存放到 DELETED 表中,修改后的记录插入到 INSERTED 表中。其中,INSERTED 表和 DELETED 表是两个逻辑表,由系统来维护,不允许用户直接对这两个表进行修改。它们存放于内存中,不存放在数据库中。这两个表的结构总是与被该触发器作用的表的结构相同。这两个表主要用于在触发器以下操作中使用。

具体来看:

DELETED 表用于存储 DELETE 和 UPDATE 语句所影响的行的复本。在执行 DELETE 或 UPDATE 语句时,行从触发器表中删除,并传输到 DELETED 表中。DELETED 表和触发器表通常没有相同的行。

INSERTED 表用于存储 INSERT 和 UPDATE 语句所影响的行的副本。在一个插入或更新事务处理中,新建行被同时添加到 INSERTED 表和触发器表中。INSERTED 表中的行是触发器表中新行的副本。

更新事务类似于在删除之后执行插入:首先旧行被复制到 DELETED 表中,然后新行被复制到触发器表和 INSERTED 表中。

② DDL 触发器

像 DML 触发器一样,DDL 触发器通过激发存储过程来响应事件。它们会被多种数据定义(DDL)语句激发。这些语句主要是以"CREATE""ALTER"和"DROP"开头的语句。DDL 触发器可用于管理任务,如审核和控制数据库的操作。执行以下操作时,可以使用 DDL 触发器:

a. 要记录数据库架构中的更改或事件。

b. 防止用户对数据库架构进行某些更改。

c. 希望数据库对数据库架构的更改做出某种相应。

DML 与 DDL 的相似之处如下所述:

a. 两者可以使用相似的 Transact - SQL 语法来创建、修改和删除,它们都可以嵌套运行。

b. 两者可为同一个 Transact - SQL 语句创建多个触发器,同时,触发器和激发它的语句运行在相同的事务中,并可从触发器中回滚此事务。

c. 两者均可运行在 Microsoft. NET Framework 中创建的以及在 SQL Server 中上载的程序集中打包的托管代码。

③登录触发器

登录触发器在遇到 LOGON 事件时触发。登录触发器将在登录的身份验证完成之后且用户会话实际建立之前触发。如果身份验证失败,将不激发登录触发器。登录触发器可从任何数据库创建,在服务器级注册,并驻留在 master 数据库中。用户可以使用登录触发器来审核和控制服务器会话。

(2) 创建触发器

① 触发器的优点

a. 触发器可通过数据库中的相关表实现级联更改;不过,通过级联引用完整性约束可以更有效地执行这些更改。

b. 触发器可以强制比用 CHECK 约束定义的约束更为复杂的约束。

c. 与 CHECK 约束不同,触发器可以引用其他表中的列。

d. 触发器也可以评估数据修改前后的表状态,并根据其差异采取对策。

e. 一个表中的多个同类触发器(INSERT,UPDATE 或 DELETE)允许采取多个不同的对策以响应同一个修改语句。

② 创建触发器

在 SQL Server 2008 中创建触发器有两种方法:一种是使用 SQL Server Management Studio 管理器创建,另一种是使用 Transact - SQL 命令创建。使用 SQL Server Management Studio 管理器容易理解,较为简单;使用 Transact - SQL 命令较为快捷。下面分别介绍这两种方法。

A. 使用 Transact - SQL 命令创建触发器。

语法格式如下:

CREATE TRIGGER 触发器名
ON 表名或视图名
[WITH ENCRYPTION}
{FOR |After |Instead of}{ [DELETE][,][INSERT][,][UPDATE]}
AS
触发器将要执行的 SQL 语句

【例 6 - 23】 当"在线书店"数据库订单表中订单状态发生变化时,若变成了"完成"状态,订单金额字段的值累加进用户表的消费金额。

具体代码如下：

```
USE 在线书店
GO
CREATE TRIGGER T_消费总金额 ON 订单
AFTER UPDATE
AS
IF UPDATE (订单状态)
IF (SELECT 订单状态 FROM INSERTED) LIKE '%完成%'
        AND ((SELECT 订单状态 FROM DELETED) NOT LIKE '%完成%')
BEGIN
DECLARE @用户账号 VARCHAR(20)
SELECT @用户账号 = 用户账号 FROM INSERTED
UPDATE 用户
SET 消费金额 = 消费金额 + (SELECT 总金额 FROM INSERTED)
WHERE 用户账号 = @用户账号
END
GO
```

【例 6-24】 为用户表创建一个名为"del_tr"的 Delete 触发器,该触发器作用是禁止删除用户表中的记录。

具体代码如下：

```
USE 在线书店
GO
CREATE TRIGGER del_tr
ON 用户
INSTEAD OF DELETE
AS
BEGIN
RAISERROR ('不能删除记录! ',16,2)
ROLLBACK TRANSACTION
END
```

B. 使用 SSMS 创建【在线书店】数据库中【图书】表的触发器。

实现步骤如下：

a. 打开 SQL 的【对象资源管理器】窗口,依次展开各结点到数据库【在线书店】的【图书】表结点。

b. 展开【图书】表,右击【触发器】,选择【新建触发器】命令,如图 6-31 所示。

c. 在右边弹出的查询窗口中显示【触发器】模板,输入触发器的文本后执行触发器语句,语句执行成功后则创建好触发器。

触发器 reminder 的脚本如下：

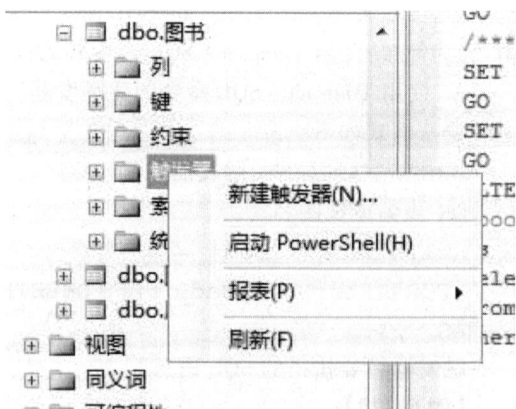

图 6-31　选择【新建触发器】

```
CREATE TRIGGER reminder
ON 图书
INSTEAD OF INSERT
AS
PRINT '数据不一致,不能插入'
GO
```

以上是在图书表中创建的一个插入触发器,每当有新纪录插入时,则自动执行以上代码。

2. 管理触发器

（1）查看触发器

触发器被创建之后,可以进行查看浏览。既可以通过 SQL Server 管理平台查看用户建的存储过程,也可以使用系统存储过程来查看用户创建的存储过程。

① 使用系统存储过程查看触发器信息

SQL Server 2008 中提供了"Sp_helptrigger"系统存储过程来查看用户创建的触发器的相关信息。

具体语法格式如下:

```
Sp_helptrigger 表名[,insert][,][delete][,][update]
```

② 使用 SQL Server Management Studio 管理器查看触发器信息

具体实现步骤如下:

a. 启动 SQL Server Management Studio,并连接。

b. 依次展开【在线书店】→【表】→【触发器】,如图 6 - 32 所示。

图 6 - 32　创建触发器

c. 用鼠标右击要查看的触发器名,在弹出的快捷菜单中选择【查看依赖关系】命令,打开【对象依赖关系】窗口,如图 6 - 33 所示。

（2）修改触发器

在 SQL Server 2008 中使用 ALTER TRIGGER 命令可以修改已存在的触发器。

其语法格式如下:

```
ALTER TRIGGER 触发器名
ON 表名或视图名
[WITH ENCRYPTION}
{FOR |AFTER |INSTEAD OF}{[DELETE][,][INSERT][,][UPDATE]}
AS
触发器将要执行的 SQL 语句
```

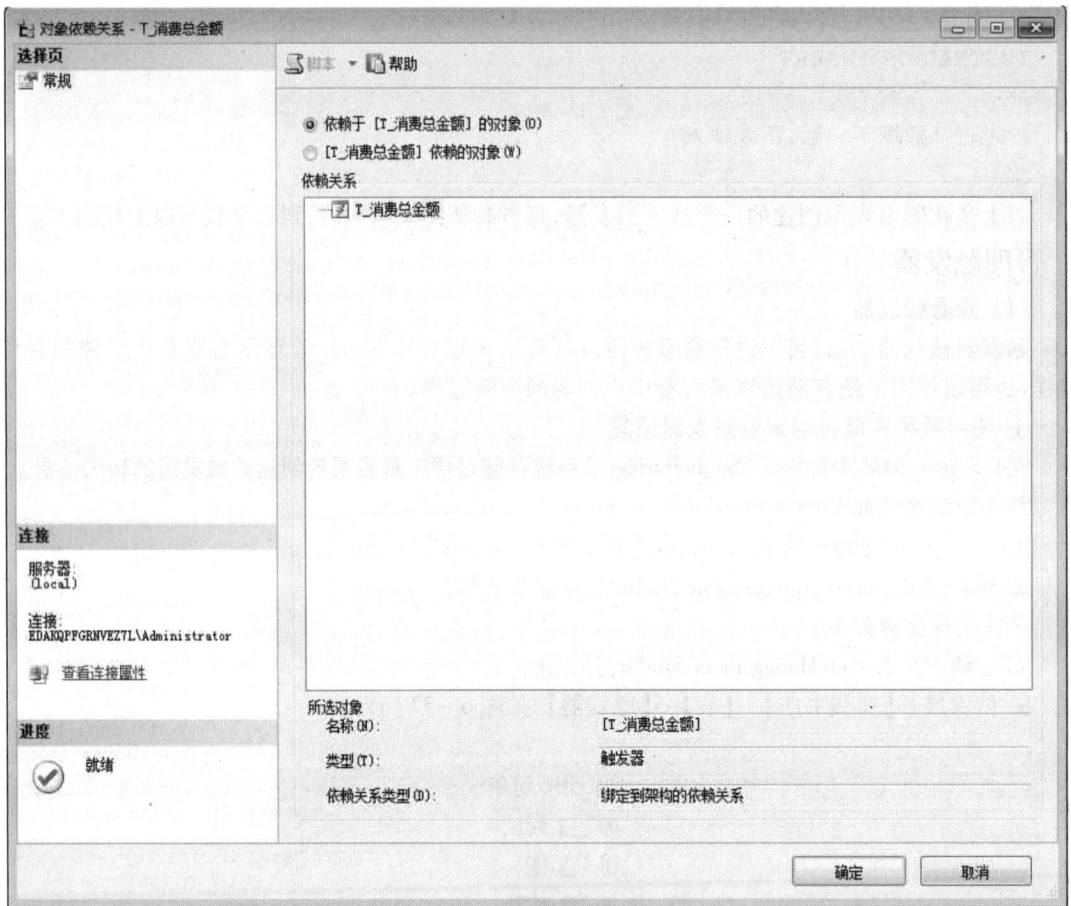

图6-33 "对象依赖"窗口

（3）禁止、启用和删除触发器

所创建的触发器如果暂时不用时,可以执行禁止操作。当触发器被禁止执行时,对表进行数据操作不会激活与数据相关的触发器。若需要使触发器生效,可以重新启用它。如果触发器不再使用时,可以将其删除。

① 禁止或启用触发器

语法格式如下：

ALTER TABLE 表名 { ENABLE |DISABLE } TRIGGER {ALL |触发器名 [,⋯n]}

在使用触发器的时候,可以采用修改表的方式来启用或禁用触发器。

② 删除触发器

使用 DROP trigger 语句可永久地删除触发器。语法格式如下：

Drop trigger {trigger_name}[,...n]

③ 使用 SQL Server Management Studio 禁止、启用和删除触发器

用户也可在 SQL Server Management Studio 管理器中删除触发器,其方法是：

在 SQL Server Management Studio 管理器的左窗格中选择对应的数据库的表中的触发器,然后右击需要修改的触发器,选择相应的命令即可。

三　任务实施

a. 用户表的消费金额发生变化时，查询用户等级表，根据情况确定是否修改用户表的用户等级。

具体代码如下：

```
USE 在线书店
GO
CREATE TRIGGER T_用户级别 ON 用户
AFTER UPDATE
AS
IF UPDATE(消费金额)
BEGIN
DECLARE @ 消费金额 FLOAT,@ 用户账号 VARCHAR(20)
SELECT @ 消费金额 = 消费金额,@ 用户账号 = 用户账号 FROM INSERTED
UPDATE 用户
SET 用户. 用户等级 =
    (SELECT 等级 FROM 用户等级
    WHERE @消费金额 > = 用户等级. 消费金额下限 AND @消费金额 < 用户等级. 消费金额上限)
WHERE 用户. 用户账号 = @ 用户账号
END
GO
```

b. 订单细目添加记录的时候,根据数量字段的值,到图书表中改库存量和销售量。

具体代码如下：

```
USE 在线书店
GO
CREATE TRIGGER T_Salestore ON 订单细目
AFTER INSERT
AS
DECLARE @图书编号 INT,@数量 SMALLINT
SELECT @图书编号 = 图书编号,@数量 = 数量 FROM INSERTED
UPDATE 图书
SET 销售量 = 销售量 + @数量,库存量 = 库存量 - @数量
WHERE 图书编号 = @图书编号
GO
```

四　任务拓展训练

在在线书店的图书表中创建一个触发器"tr_book",实现在图书表中插入或更新数据时如果类别不存在,要求取消操作并返回一条错误信息。

数据库的日常维护与安全管理

在设计完整个系统之后,安全性管理对于数据库管理系统而言是至关重要的。我们需要允许那些具有相应数据访问权限的用户登录到 SQL Server 2008,访问数据以及对数据库对象实施各种权限范围内的操作,并拒绝所有非授权用户的非法操作。一旦数据遭到破坏,可通过数据库还原已备份文件来进行恢复。

任务 7.1　数据库的备份与还原

一　任务说明

1. 任务描述

数据库的备份与恢复是数据库管理中一项十分重要的工作。采用适当的备份策略能将数据损失控制在最小。在线书店系统中,非常注重数据的备份和恢复。我们可通过数据库备份和恢复来防止非法登录者或非授权用户对 SQL Server 数据库或数据造成破坏,并可以应对合法用户的数据操作不当或存储媒体受损及系统运行的服务出现崩溃性出错等现象。通过日常进行的完整备份和差异性备份,可使系统正常运行。

2. 任务目标

掌握数据库备份与恢复的基本概念、类型及方法。重点了解各种不同数据库备份方法的异同点,学会根据不同实际情况制定相应的备份与恢复策略。

二　基本知识

1. 备份基础

备份是指制作数据库结构、对象和数据的复制,以便在数据库遭到破坏的时候能够及时修复数据库;恢复则是指将数据库备份加载到服务器中的过程。SQL Server 提供了一套功能强大的数据备份和恢复工具,在系统发生错误的时候,可以利用数据的备份来恢复数据库中的数据。

在下述情况下,需要使用数据库的备份和恢复操作:

a. 存储媒体损坏:例如存放数据库数据的硬盘损坏。

b. 用户操作错误:例如非恶意地或恶意地修改或删除数据。

c. 整个服务器崩溃:例如操作系统被破坏,造成计算机无法启动。

d. 不同的服务器之间移动数据库:把一个服务器上的某个数据库备份下来,然后恢复到另一个服务器中去。

备份是对 SQL Server 数据库或事务日志进行拷贝,数据库备份记录了在进行备份这一操作时,数据库中所有数据的状态,如果数据库因意外而受损,这些备份文件将在数据库恢复时被用来恢复数据库。但在备份过程中切勿执行以下操作:

a. 创建或删除数据库文件。

b. 创建索引。

c. 执行任何无日志记录操作。包括数据的大容量装载(bcp 和 BULK INSERT)、SELECT INTO 等语句。

d. 自动或手工缩小数据库或数据库文件大小。

倘若系统准备进行备份,而以上各种操作正在进行中,则备份处理将被终止;倘若正在备份过程中,打算执行以上任何操作,则操作将失败,而备份继续进行。

在 SQL Server 2008 中有 3 种方法备份数据库中的数据,它们彼此间的联合使用可获取较好的备份和效用,这些方法为完整数据库备份、差异数据库备份和事务日志备份。

a. 完整数据库备份。完整数据库备份是指对数据库的完整备份,包括所有的数据以及数据库对象。

b. 差异数据库备份。差异数据库备份只记录自上次数据库备份后发生更改的数据,即是指将最近一次数据库备份以来发生的数据变化备份起来,因而差异备份实际上是一种增量数据库备份。

c. 事务日志备份。该备份是自上次备份事务日志后对数据库执行的所有事务的一系列记录。

2. 备份设备介绍

备份设备是指用于存放备份数据的设备。创建备份时,必须选择备份设备。

(1) 物理设备与逻辑设备

SQL Server 2008 使用物理设备名称或逻辑设备名称来标识备份设备。

a. 物理备份设备是操作系统用来标识备份设备名称与引用管理备份设备的,如"C:\Backups\Accounting\bf. bak"。

b. 逻辑备份设备是用简单、形象的名称来有效地标识物理备份设备的别名或公用名。

逻辑设备名称永久地存储在 SQL Server 内系统表中。使用逻辑备份设备的优点是引用它比引用物理设备名称简单。例如,逻辑设备名称可以是"bf_Backup",而物理设备名称则是"C:\Backups\Accounting\bf. bak",显得相对累赘。

(2) 创建与管理备份设备

使用 SQL Server 管理平台和 Transact – SQL 语言可以方便地管理数据库备份与恢复操作。在进行数据库备份前得首先创建备份设备。

① 使用 Transact – SQL 创建备份设备

在 SQL Server 2008 中,可以使用系统存储过程"sp_addumpdevice"实现创建数据库备份设备,其语法格式为:

```
sp_addumpdevice'device_type','logial_name','physical_name'
```

说明:

a. device_type:所创建的备份设备的类型。"Disk"表示使用磁盘文件作为备份设备,"pipe"表示使用命名管道作为备份设备;"tape"表示使用磁带作为备份设备。

b. logial_name:备份设备的逻辑名称。

c. physical_name:备份设备的物理名称,必须包括完整的路径。

例如,在"E:\SQL"文件夹中创建备份设备"bookstoreback",代码如下:

```
sp_addumpdevice 'disk','bookstoreback','E:\SQL\bookstoreback.bak'
```

② 查看备份设备

使用存储过程"sp_helpdevice"语句查看备份设备信息。其语法格式如下：

```
sp_helpdevice'name'
```

说明：

name：备份设备名称。

③ 删除备份设备

使用存储过程"sp_dropdevice"语句删除备份设备，其语法格式如下：

```
sp_dropdevice'device'
```

说明：

device：数据库设备或备份设备的逻辑名称。

3. 备份数据库

（1）使用 SQL Server 管理平台备份数据库

步骤如下：

a. 启动 SQL Server management studio，连接到 SQL Server 数据库引擎，在【对象资源管理器】中展开选定的数据库结点，右击数据库"在线书店"，然后从弹出的快捷菜单中选择【任务】→【备份】命令，如图 7-1 所示。

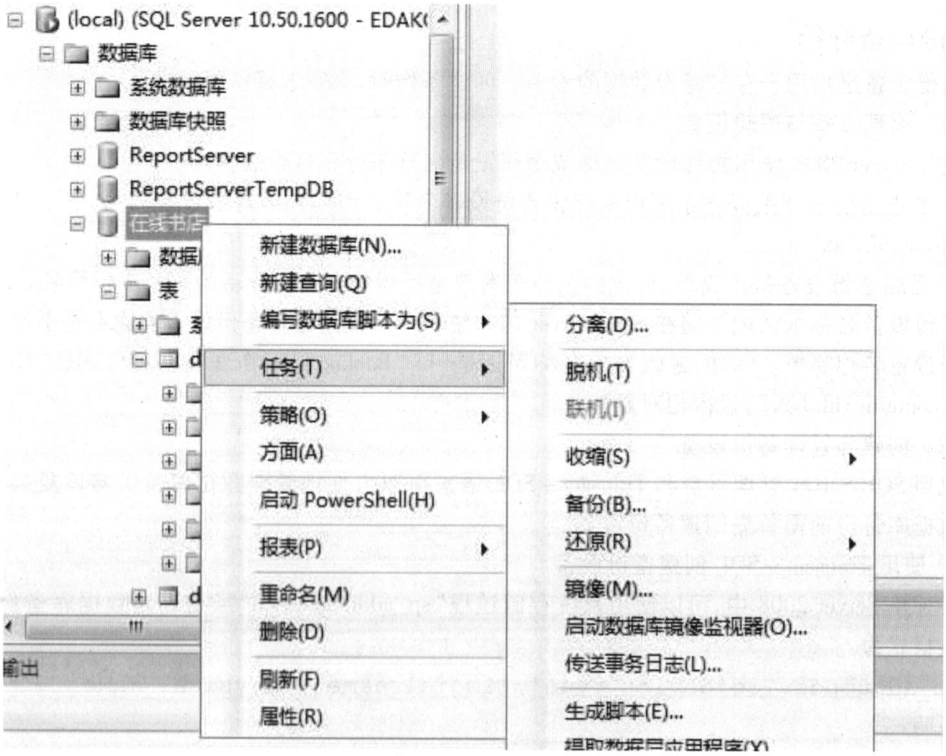

图 7-1 备份命令

b. 在弹出如图 7-2 所示的【备份数据库】对话框中，在【数据库】列表框中，选择【在线书店】数据库，验证恢复模式是否吻合（若不吻合可先退出，再右击数据库，从弹出的快捷菜单中选择【属性】命令，在【选项】卡的恢复模式中选择：完整、大容量日志和简单中的一项，此处为

"完整")。

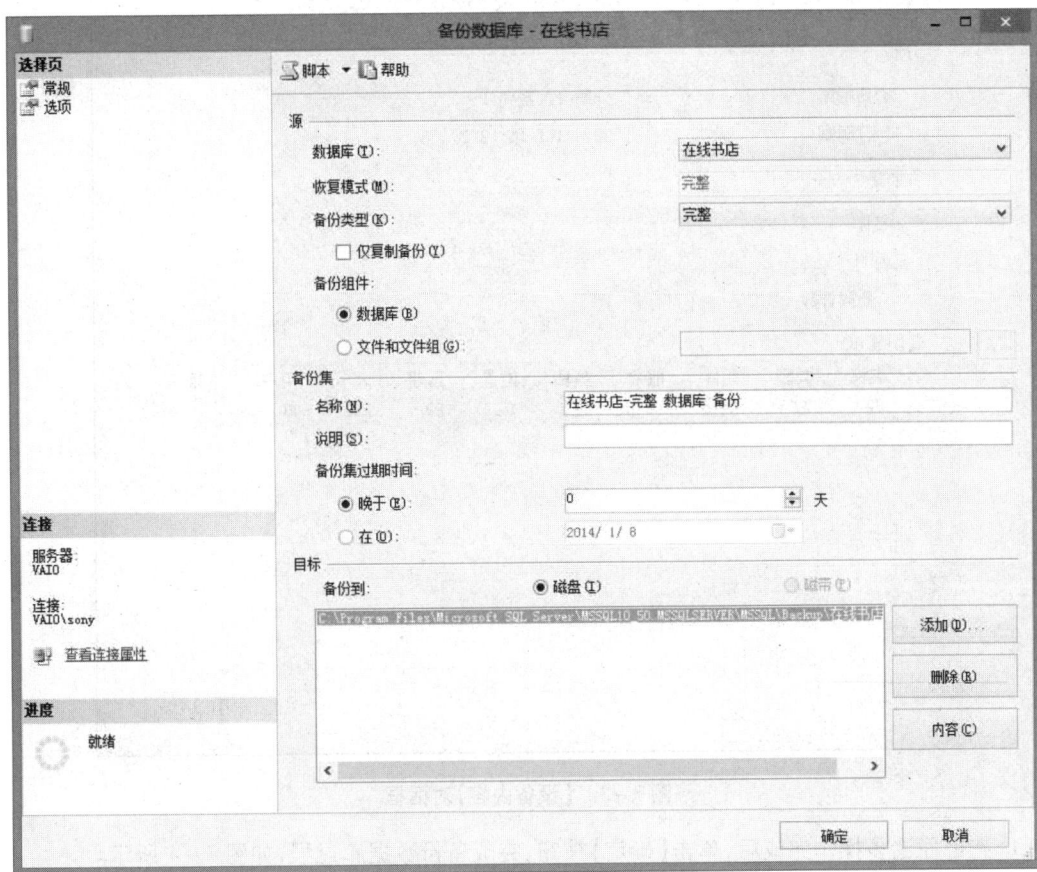

图 7 - 2　【备份数据库】对话框

　　c. 然后在【备份类型】列表框中,选择完整、差异和事务日志,则可分别完成完整数据库备份或差异数据库备份和事务日志备份。创建完整数据库备份后尚可创建差异数据库备份。在【备份组件】中单击【数据库】。可以接受【名称】文本框中的默认备份集名称,也可为备份集输入其他名称。在【说明】文本框中,输入备份集的说明。

　　d. 指定备份集过期时间,若要使备份集在特定天数后过期,请单击【晚于】(默认项),若要使备份集在特定日期过期,请选择单选按钮【在】,并输入备份集具体过期日期。

　　e. 设置备份目标的类型。若要删除默认备份目标并添加自选目标文件或备份设备,可单击【删除】后再单击【添加】进行添加,从弹出的【选择设备目标】对话框中选择具体的文件或备份设备;若要查看备份目标的内容,请选择该备份目标并单击【内容】,单击后出现内容对话框,如图 7 - 3 所示;若要查看或选择高级选项,请单击对话框中【选项】页框,且完成如下操作过程:

　　● 在【覆盖介质】选项下,选择【备份到现有介质集】,可设置:【追加到现有备份集】或【覆盖所有现有备份集】,完成初始化新设备或覆盖现有设备。

　　● 或在【覆盖介质】选项下,选择【备份到新介质集并清除所有现有备份集】,并在【新建介质集名称】文本框中输入名称(可选)及其后的相关说明。

　　● 在【可靠性】中可根据需要选择:【完成后验证备份】复选框或【写入介质前检查校验】复选框等,来核对实际数据库与备份副本,并保持备份后的一致性。

225

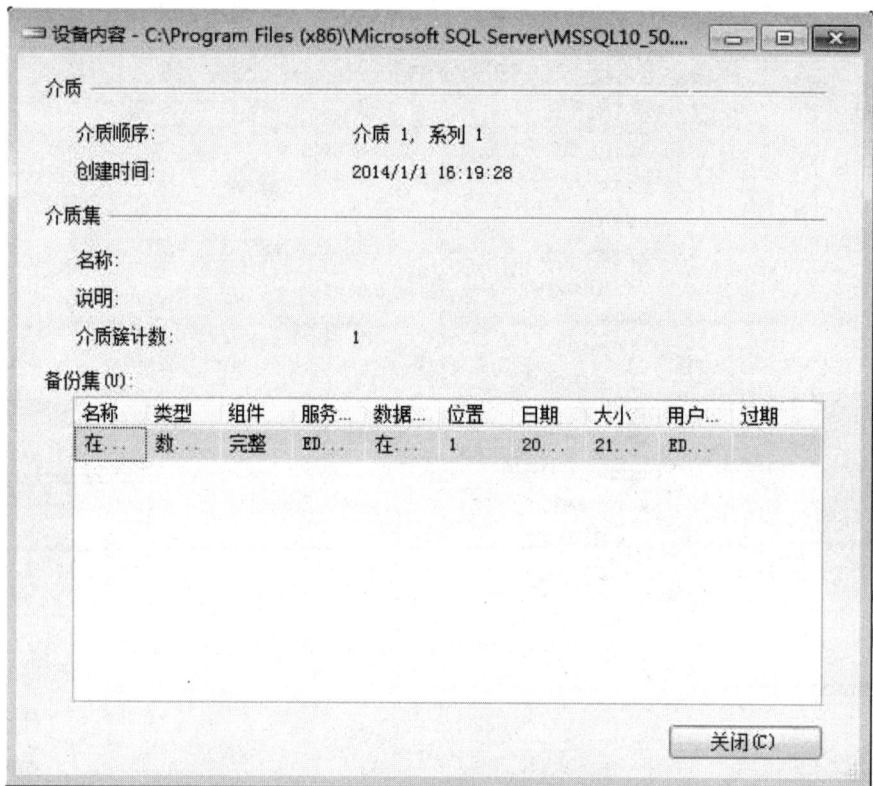

图 7 - 3　【设备内容】对话框

f. 在上面诸多操作完成后,单击【确定】按钮,完成备份数据库过程,如图 7 - 4 所示。

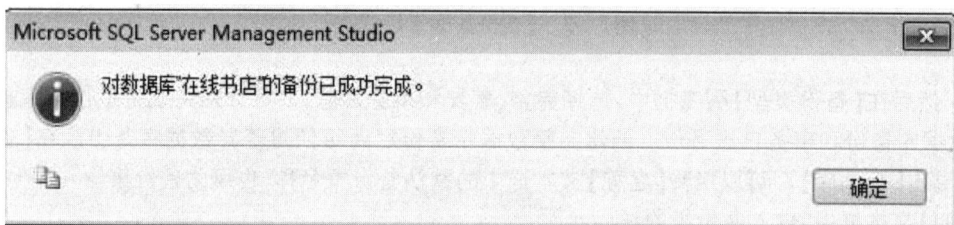

图 7 - 4　备份完成

(2) 使用 Transact - SQL 备份数据库

在 SQL Server 2008 中,也可以使用 Transact - SQL 下的 BACKUP 命令来进行数据库备份。

① 数据库备份

用于数据库备份的 BACKUP 命令的语法格式如下:

BACKUP DATABASE 数据库名 to 备份设备(逻辑名)

　　[WITH [NAME = '备份的名称'][, INIT |NOINIT]]

参数说明:

a. 备份设备:是由 sp_addumpdevice 创建的备份设备的逻辑名称,不要加引号。

b. 备份的名称:指定生成的备份包的名称。

c. INIT:表示新的备份数据将覆盖备份设备上原来的备份数据。

　　d. NOINIT:表示新备份的数据将追加到备份设备上已备份数据的后面。

　　以上是数据库完全备份的格式,对于数据库差异备份则在 WITH 子句中加限定词"DIFFEREN-TIAL"。

　　② 事务日志备份

　　对于事务日志备份采用如下的语法格式:

BACKUP LOG 数据库名 TO 备份设备(逻辑名 |物理名)

　　[WITH [NAME = '备份的名称'][,INIT | NOINIT]]

　　③ 文件和文件组备份

　　对于文件和文件组备份则采用如下的语法格式:

BACKUP DATABASE 数据库名

FILE = '数据库文件的逻辑名' |FILEGROUP = '数据库文件组的逻辑名'

TO 备份设备(逻辑名 |物理名)

　　[WITH [NAME = '备份的名称'][,INIT |NOINIT]]

　　【例 7 - 1】使用"BACKUP DATABASE"对在线书店数据库进行差异备份和日志备份。备份到物理文件"E:\SQL\bookstoreback. bak"上,备份名为"differbak"。

　　具体代码如下:

```
BACKUP DATABASE 在线书店 To DISK = 'E:\SQL\bookstoreback.bak'
WITH DIFFERENTIAL,INIT,NAME = 'differbak'    -- 进行数据库差异备份
BACKUP LOG 在线书店 TO DISK = 'E:\SQL\bookstore.bak'
WITH NOINIT,NAME = 'differbak'               -- 进行事务日志备份
```

运行结果如图 7 - 5 所示。

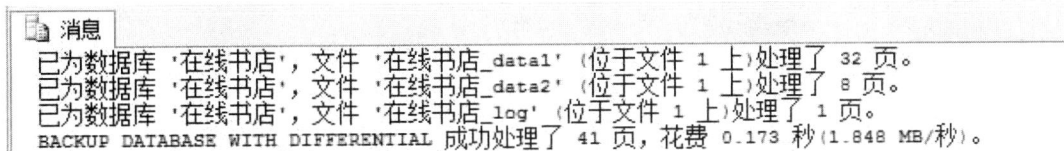

图 7 - 5　差异备份和日志备份结果

4. 恢复

　　恢复是将遭受破坏、丢失的数据或出现错误的数据库恢复到原来的正常状态。这一状态是由备份决定的,但是为了维护数据库的一致性,在备份中未完成的事务并不进行恢复。

　　进行备份和恢复的工作主要是由数据库管理员来完成的。实际上,数据库管理员日常比较重要和频繁的工作就是对数据库进行备份和恢复。

　　在 SQL Server 2008 中有 3 种数据库恢复模式,它们分别是简单恢复、完全恢复和大容量日志记录恢复。

　　a. 简单恢复:指在进行数据库恢复时仅使用了完全数据库备份或差异备份,而不涉及事务日志备份。简单恢复模式可使数据库恢复到上一次备份的状态。

　　b. 完整恢复:通过使用完全数据库备份和事务日志备份,将数据库恢复到发生失败的时刻,因此几乎不造成任何数据丢失。这是对付因存储介质损坏而数据丢失的最佳方法。

　　c. 大容量日志记录恢复:在性能上要优于简单恢复和完全恢复模式。它能尽最大努力减少批操作所需要的存储空间。

　　三种恢复模式的比较如表 7 - 1 所示。

表7-1 3种恢复模式的比较

参　数	特　点	恢复态势	工作损失状况
简单恢复模型	允许高性能大容量复制操作,可收回日志空间	可恢复到任何备份的尾端,随后需重做更改	必须重做自最新的数据库或差异备份后所发生的更改
完整恢复模型	数据文件损失不导致工作损失,可恢复到任意即时点	可恢复到任意即时点	正常情况下无损失。若日志损坏则需重做自最新的日志备份后所发生的更改
大容量日志记录恢复模型	允许高性能大容量复制操作,大容量操作使用最小的日志空间	可恢复到任何备份的尾端,随后需重做更改	若日志损坏或自最新的日志备份后发生操作则需重做自上次备份后所做的更改,否则将丢失工作数据

5. 恢复数据库

（1）使用 SQL Server 管理平台恢复数据库

SQL Server 管理平台恢复数据库步骤如下：

a. 启动 SQL Server 管理平台,连接到 SQL Server 数据库引擎,在对象资源管理器中展开并右击数据库结点,从弹出的快捷菜单中选择【任务】→【还原】→【数据库】命令（如图7-6所示）。

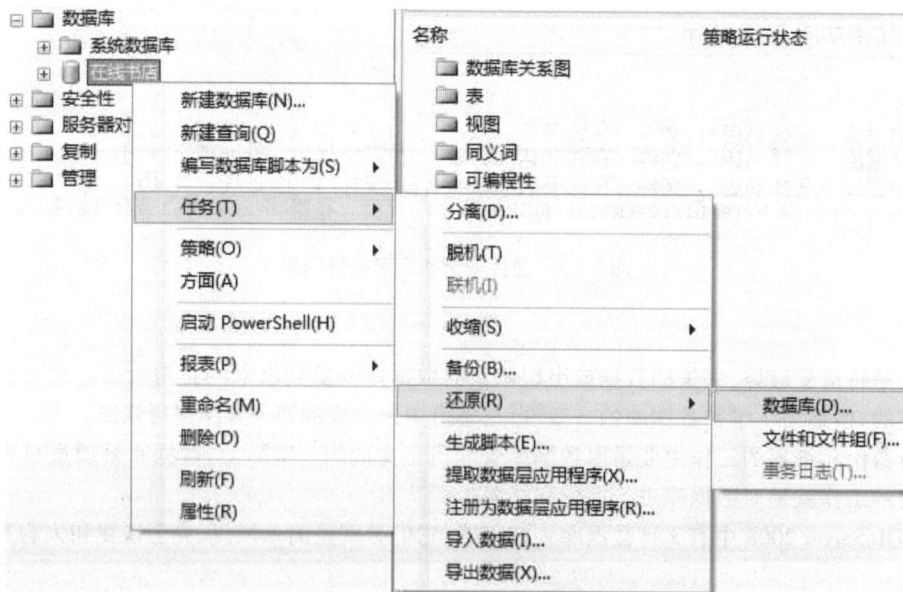

图7-6 还原数据库

b. 在弹出如图7-7所示的【还原数据库】对话框的【常规】页上,从还原目标的【目标数据库】列表框中选择所需还原的数据库,在【目标时间点】文本框中,可保留默认值"最近状态",也可单击【浏览】按钮打开"时点还原"对话框,选择具体日期和时间。

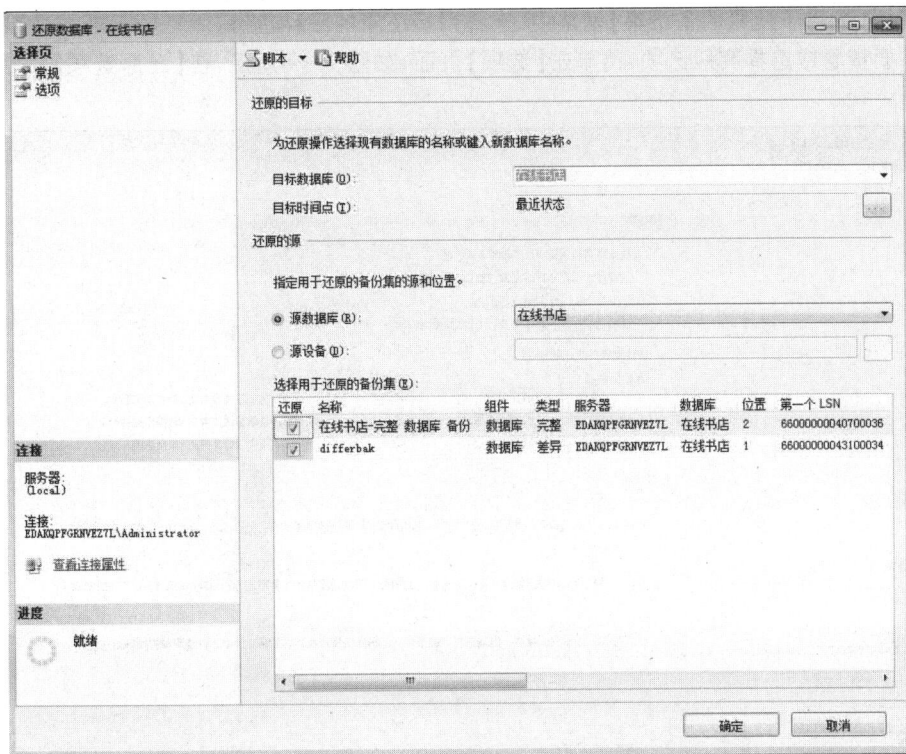

图 7-7　【还原数据库】对话框

c. 然后指定要还原的备份集的源和位置,若选择【源数据库】则在列表框中输入数据库名称;若选择【源设备】则单击【浏览】按钮,打开【指定备份】对话框,如图 7-8 所示,在【备份介质】列表框中选择一种。若要为【备份位置】列表框选择或删除设备,可单击【添加】或【删除】按钮,选择备份设备,完成后单击【确定】按钮返回到【还原数据库】对话框。

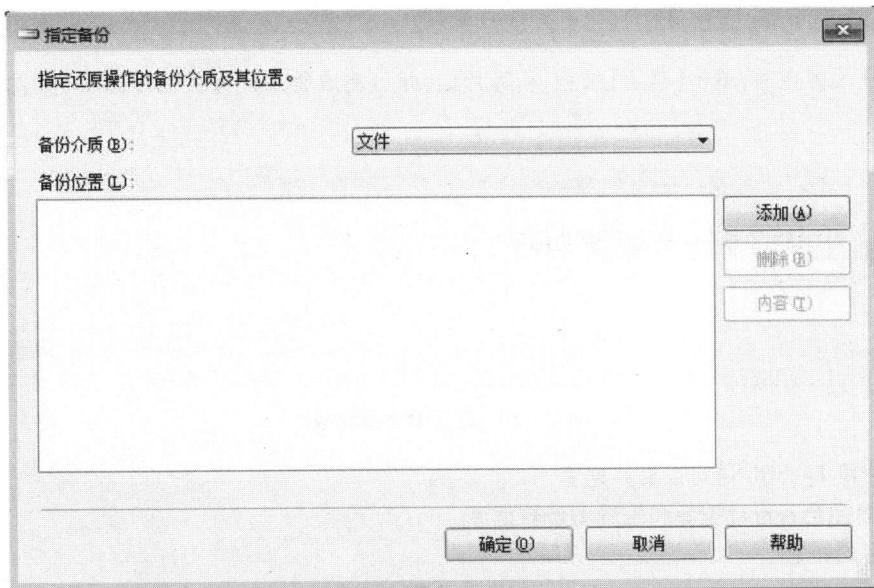

图 7-8　【指定备份】对话框

d. 在【选择用于还原的备份集】网格中,选择用于还原的三种备份。

e. 若要查看或选择高级选项,请单击【选项】页面,如图7-9所示,在【还原选项】中按需选择设置。

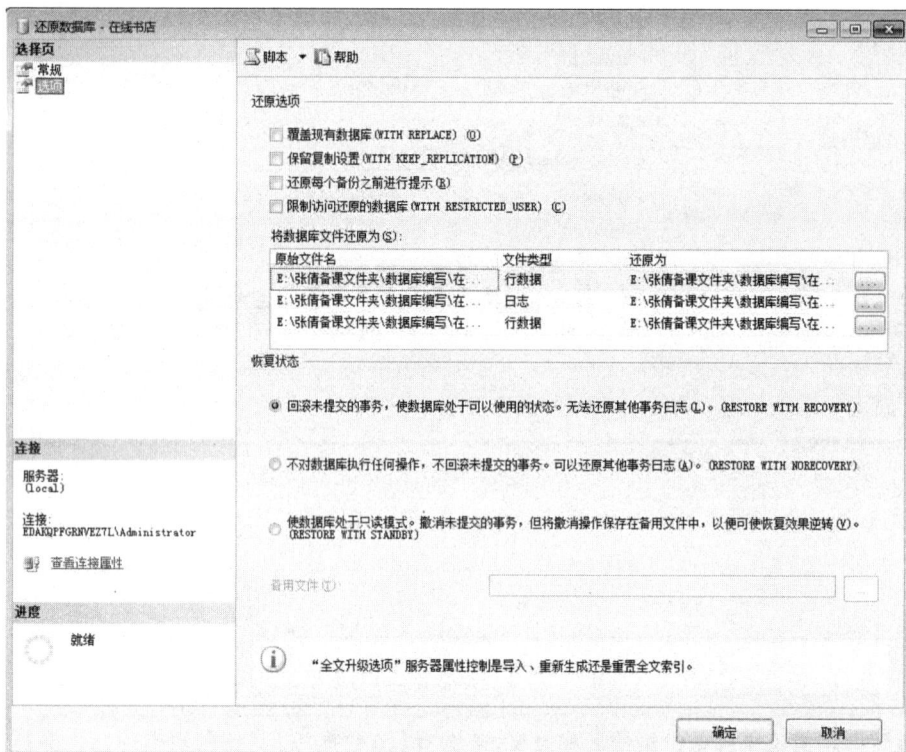

图7-9 【还原数据库】选项页面

f. 在【恢复状态】选项中,可指定还原操作后的数据库状态,选择"回滚未提交的事务,使数据库处于可以使用的状态。无法还原其他事务日志。(RESTORE WITH RECOVERY)",或可按需设置。

g. 上述设置完后,单击【确定】按钮,稍等片刻,即可完成整个还原数据库过程(如图7-10所示)。

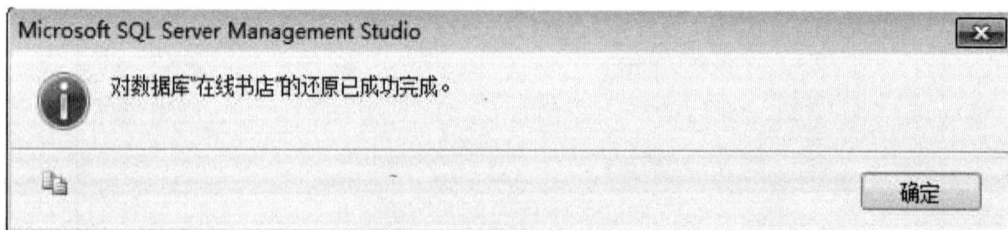

图7-10 还原数据库完成

(2) 使用T-SQL语句恢复数据库

① 恢复完全备份数据库和差异备份数据库

语法格式如下:

RESTORE DATABASE 数据库名 FROM 备份设备

　　[WITH[FILE =n][,NORECOVERY |RECOVERY],[REPLACE]]

说明：

a. FILE = n：指出从设备上的第几个备份中恢复。

b. RECOVERY：表示在数据库恢复完成后 SQL 回滚被恢复的数据库中的所有未完成的事务，以保持数据库的一致性。

c. REPLACE：表示要创建一个新的数据库，并将备份还原到这个新的数据库，如果服务器上存在一个同名的数据库，则原来的数据库将被删除。

② 恢复事务日志

语法格式如下：

RESTORE LOG 数据库名 FROM 备份设备

　　[WITH [FILE = n][, NORECOVERY |RECOVERY]]

三　任务实施

a. 用 T - SQL 语句对"在线书店"数据库进行一次完整备份。

具体代码如下：

```
ACKUP DATABASE 在线书店 To DISK = 'E:\SQL\bookstoreback.bak'
WITH INIT, NAME = 'differbak'        -- 进行数据库完整备份
BACKUP LOG 在线书店 TO DISK = 'E:\SQL\bookstore.bak'
WITH NOINIT, NAME = 'differbak'      -- 进行事务日志备份
```

b. 用 T - SQL 语句还原数据库"在线书店"。

具体代码如下：

```
RESTORE DATABASE 在线书店 FROM DISK = 'E:\SQL\bookstoreback.bak'
WITH FILE = 1, NORECOVERY, REPLACE
GO
```

四　任务拓展训练

a. 对"在线书店"数据库进行一次差异备份。

b. 使用 T - SQL 语句创建逻辑名称为"store2"的备份设备，将物理文件存放在系统默认路径。要求完整的 T - SQL 语句。

c. 使用 T - SQL 语句进行一次完整备份，备份到备份设备"store2"中，要求完整的 T - SQL 语句。

📖 任务 7.2　数据库的导入与导出

一　任务说明

1. 任务描述

在一个信息处理系统中，经常会涉及来源于不同地点、以不同格式并隶属于不同数据库的数据信息的情形。因此需要将自己存储在 SQL Server 数据库中的数据转换到别的数据库管理系统中去或导入别的数据源。本任务涉及 ACCESS 数据库或 EXCEL 表格与在线书店内数据的导入或导出。

2. 任务目标

掌握数据库的导入与导出。

二 基本知识

导入和导出是 SQL Server 数据库管理系统与外部系统之间进行数据交换的手段。通过导入和导出操作,可以轻松地实现 SQL Server 和其他异类数据源(如电子表格 Excel 或 Oracle 数据库)之间的数据传输。

导入是指将数据从数据文件加载到 SQL Server 表,导出是指将数据从 SQL Server 表复制到数据文件。SQL Server 2008 为用户提供了多种导入和导出数据的方法,其中,导入和导出向导是一种从数据源向目标数据复制数据最简便的方法,可以在 SQL Server、文本文件、Access、Excel 和其他 OLE DB(是一种数据技术标准接口)访问接口数据格式之间进行转换,还可以创建目标数据库和插入数据表。

1. 导入数据

在 SQL Server 2008 的 SSMS 中,使用导入和导出向导工具可以完成从其他数据源向 SQL Server 数据库导入数据的操作。

a. 启动 SQL Server 管理平台 SQL Server Management Studio,连接到 SQL Server 数据库引擎,在【对象资源管理器】中展开选定的数据库结点,右击具体的数据库,然后从弹出的快捷菜单中选择【任务】下【导入数据】选项,弹出如图 7 - 11 所示的【欢迎使用 SQL Server 导入和导出向导】对话框。

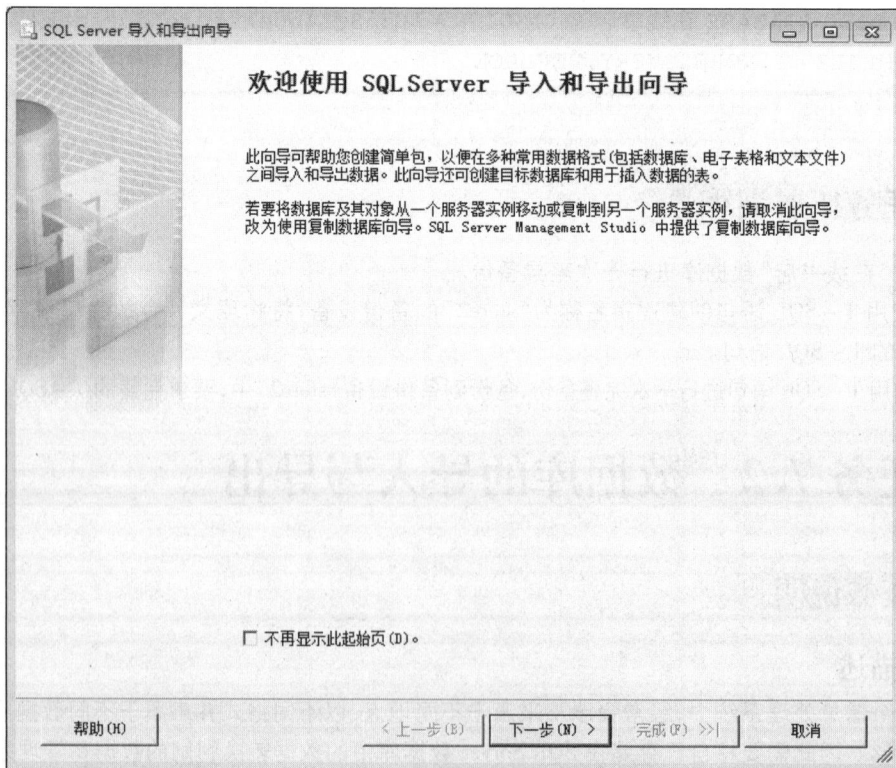

图 7 - 11 【SQL Server 导入和导出向导】窗口

b. 单击【下一步】按钮,进入如图7-12所示的【选择数据源】对话框,选择要从中导入的数据源数据库类型。在【数据源】列表中选择要导入的数据源为【Microsoft Excel】,单击【浏览】按钮,选择导入数据文件的路径与文件名,选择"首行包含列名称"复选框,单击【下一步】按钮,弹出如图7-13所示的【选择目标】数据对话框。

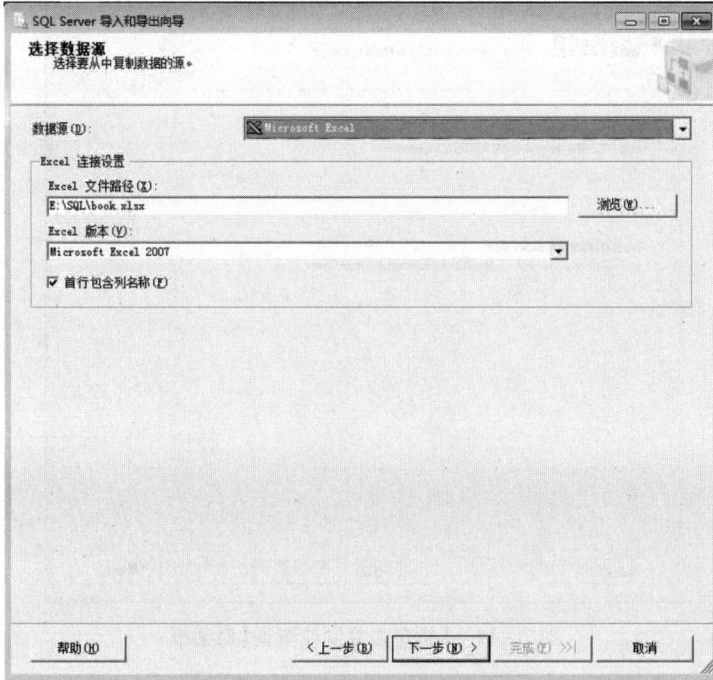

图7-12　【选择数据源】对话框

图7-13　【选择目标】对话框

233

c. 在图7-13的【选择目标】数据对话框中,指定将数据复制到何处,选择【SQL Server Native Client 10.0】,服务器列表中选择具体的服务器及身份验证方法。若身份验证为【使用 SQL Server 身份验证】,则要输入用户名和密码。在数据库列表中选择具体的数据库,倘若无反应,单击【刷新】即可选择,如【在线书店】,单击【下一步】按钮,进入如图7-14所示的【指定表复制或查询】对话框。

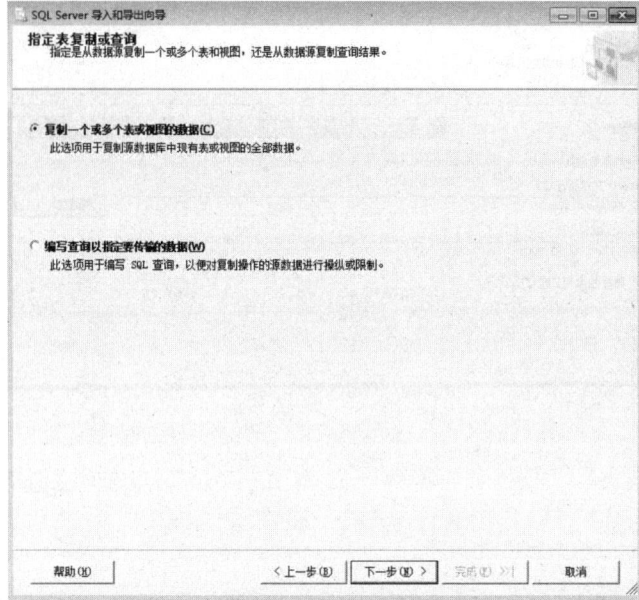

图7-14 【指定表复制或查询】对话框

d. 在该对话框中指定表复制还是从数据源在复制查询结果,单击【下一步】按钮,在弹出的如图7-15所示的【选择源表和源视图】对话框中,选择一个或多个所列要复制的源表或源视图,单击【下一步】按钮,进入如图7-16所示的【保存并运行包】对话框。

图7-15 【选择源表和源视图】对话框

e. 在【保存并运行包】对话框中指示是否保存 SSIS 包或立即运行,既可选择时间为【立即运行】复选框,也可按需选择另一复选框(保存 SSIS 包)。当保存 SSIS 包选择,则会弹出包保护级别对话框,可按提示执行并单击【完成】按钮。然后单击【下一步】按钮,弹出【完成该向导】对话框。

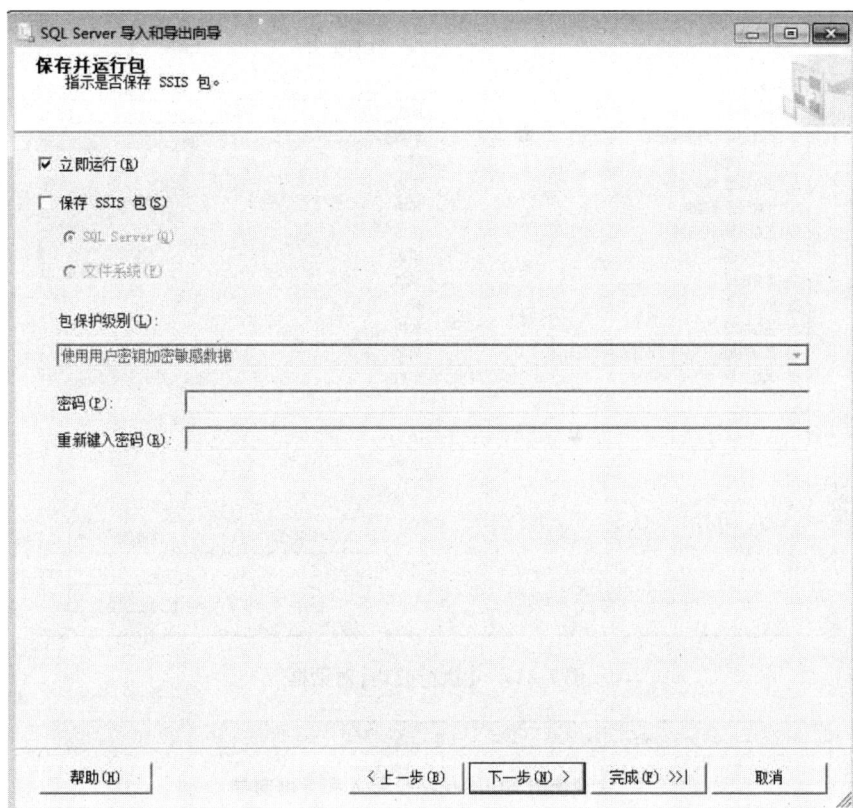

图 7 – 16　【保存并运行包】对话框

f. 在【完成该向导】对话框中验证向导选择的选项,单击【完成】按钮。在此过程中,可以看到系统将会运行导入过程成功的信息(若错则有出错提示信息),系统通过操作、状态和消息三列来提示具体信息。完成后的【执行成功】界面如图 7 – 17 所示。单击【关闭】即可结束整个导入数据过程。

2. 导出数据

数据导出是将数据库中数据表或视图中的数据,导出为其他数据格式。同样,在此将通过一个将 SQL Server 2008 系统数据库导出至 Excel 文件的实例,来描述整个数据导出过程。SQL Server 2008 导出数据的过程如下:

a. 启动 SQL Server 管理平台 SQL Server Management Studio,连接到 SQL Server 数据库引擎,在【对象资源管理器】中展开选定的数据库结点,右击具体的数据库,然后从弹出的快捷菜单中选择【任务】下【导出数据】选项弹出如图 7 – 18 所示的【欢迎使用 SQL Server 导入和导出向导】对话框。

b. 单击【下一步】按钮,进入如图 7 – 19 所示的【选择数据源】对话框,选择要从中导入的数据源数据库类型。在【数据源】列表中选择要导出的数据源为【SQL Server Native Client 10.0】数据库,在选择服务器列表中选择具体的服务器及身份验证方法。若身份验证为【使用 SQL Server 身份验证】,则要输入用户名和密码。在数据库列表中选择具体的数据库,倘若无反应,单击【刷新】即可

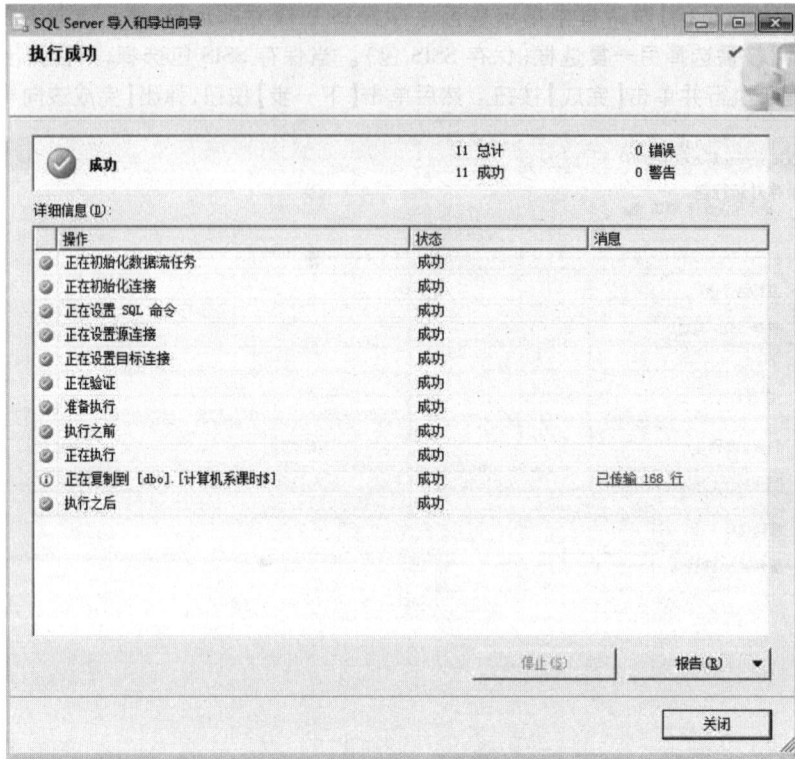

图 7 – 17 【执行成功】对话框

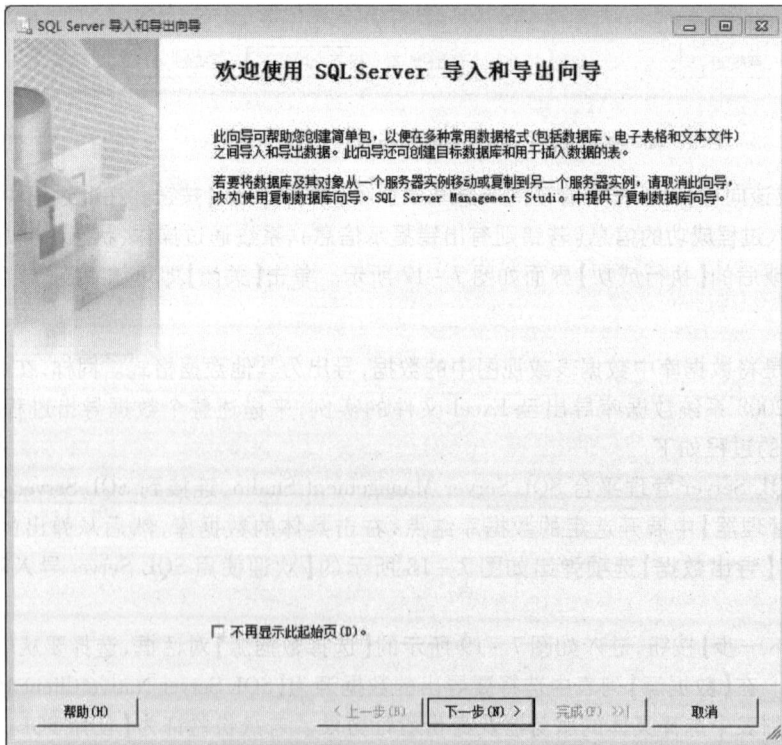

图 7 – 18 【欢迎使用 SQL Server 导入和导出向导】对话框

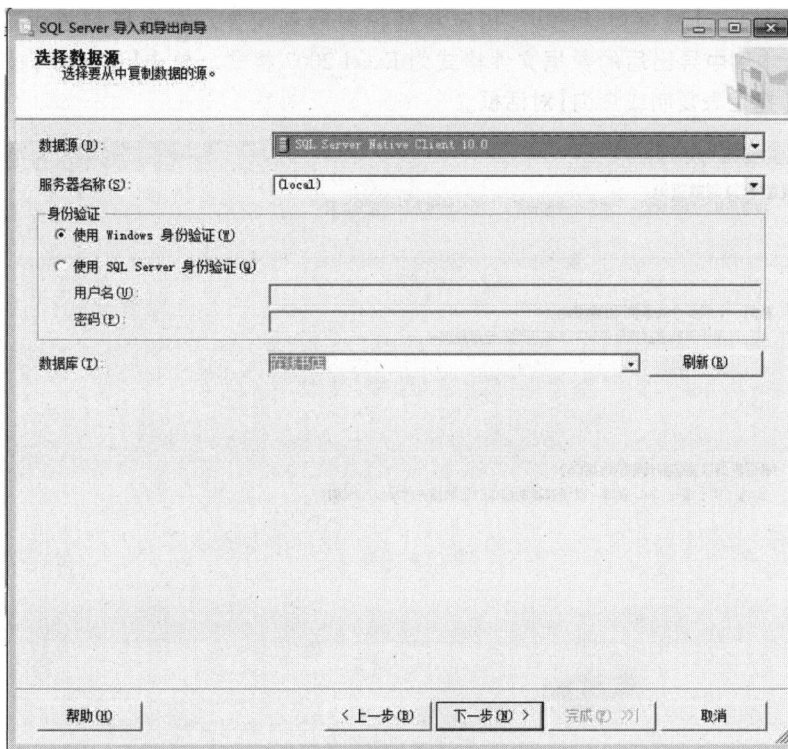

图 7-19　【选择数据源】界面

选择,单击【下一步】按钮,弹出如图 7-20 所示的【选择目标】数据对话框。

图 7-20　【选择目标】界面

c. 在【选择目标】数据对话框中,指定将数据复制到何处。在目标列表中选择【Microsoft Excel】数据库,本例中导出后的数据文件格式为 Excel 2007 格式。单击【下一步】按钮,进入如图 7-21 所示的【指定表复制或查询】对话框。

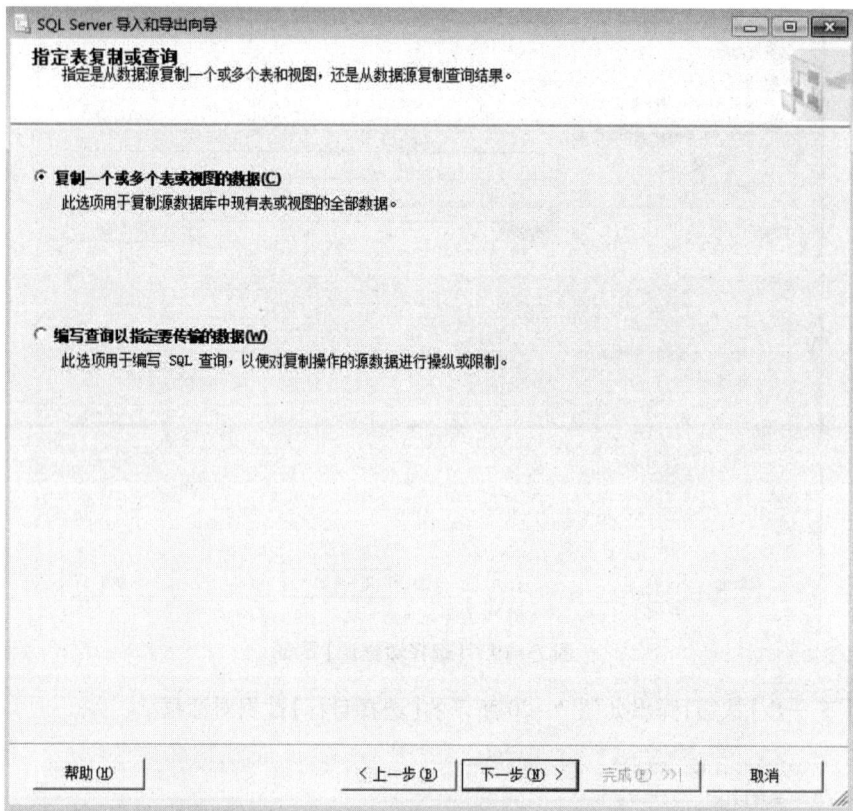

图 7-21 【指定表复制或查询】对话框

d. 在该对话框中指定表复制还是从数据源复制查询结果,单击【下一步】按钮,在弹出的如图 7-22 所示的【选择源表和源视图】对话框中,选择一个或多个所列要复制的源表或源视图,此地选择了图书数据表,单击【预览】按钮,可浏览详细信息,单击【下一步】按钮,进入如图 7-23 所示的【查看数据类型映射】对话框。

e. 在【查看数据类型映射】对话框中,将表中相应的字段的数据类型转换成 Excel 表中相应的数据类型。如果出错,我们选择忽略。单击【下一步】按钮,进入如图 7-24 所示的【保存并运行包】对话框。

f. 在【保存并运行包】对话框中指示是否保存 SSIS 包或立即执行。即可选择时间为【立即执行】复选框,或可按需选择另一复选框,当选择【保存 SSIS 包】,则会弹出包保护级别对话框,可按提示执行并单击【完成】按钮。

g. 单击【下一步】按钮,在【完成该向导】窗口显示设置的导出参数,单击【完成】按钮,开始执行导出进程,数据导出成功后,显示如图 7-25 所示的【执行成功】对话框。单击【关闭】按钮即可结束整个导出数据过程。

图7-22　【选择源表和源视图】对话框

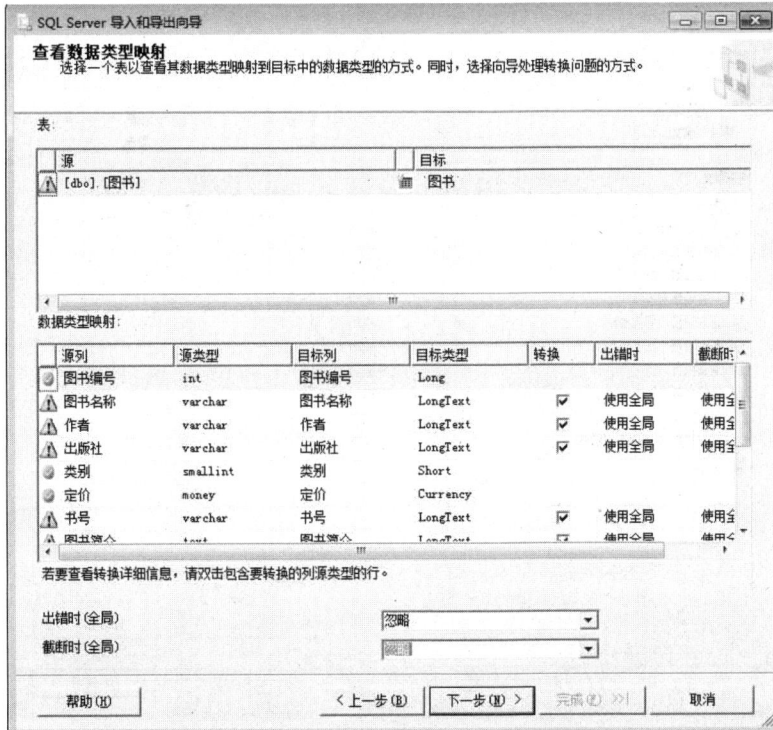

图7-23　【查看数据类型映射】对话框

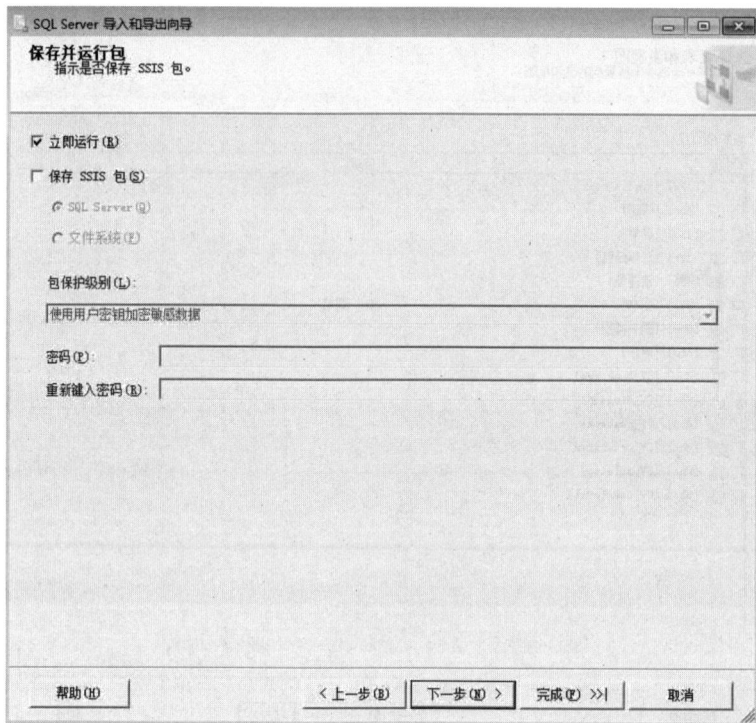

图7-24 【保存并运行包】对话框

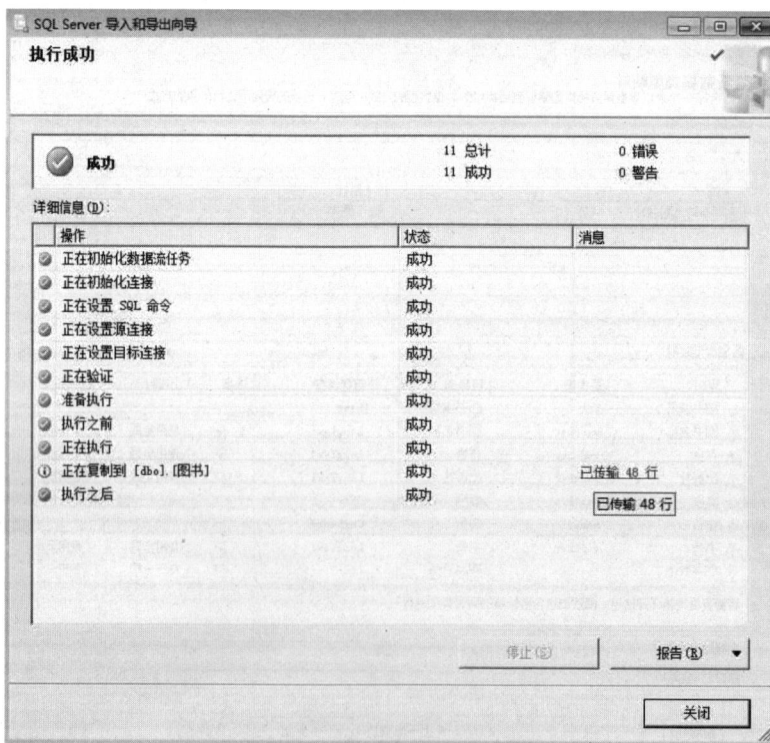

图7-25 【执行成功】对话框

三 任务实施

SQL Server 2008 的导入与导出向导工具支持那些数据源的连接与转换？

SQL Server 2008 及其兼容版的数据库与 Oracle 系列数据库、ODBC Date 数据源、Microsoft Access 数据库、Microsoft Excel 电子表格和平面文件源等的数据传输。

四 任务拓展训练

a. 简述导入向导的运作过程。
b. 简述导出向导的运作过程。

任务 7.3   安全管理

一 任务说明

1. 任务描述

安全管理对于 SQL Server 2008 数据库管理而言是至关重要的。SQL Server 2008 系统提供了内置的安全性和数据保护机制,可通过数据库备份和恢复来防止非法登陆或非授权用户对 SQL Server 数据库或数据造成破坏,并可以应对合法用户的数据操作不当或存储媒体受损及系统运行的服务出现崩溃性出错等现象。安全性设置包括两个方面:一是允许具有访问权限的人访问数据库,对数据库对象实施各种权限范围内的操作;二是拒绝非授权用户的非法操作,防止数据库信息资源遭到破坏。在线书店系统作为一个网上书店,其安全性也是不容回避的问题。怎样保护用户的数据不被泄密,是我们要解决的问题。

2. 任务目标

本任务主要介绍了 SQL Server 的安全性、SQL Server 用户账号、用户角色和权限的管理等。应重点了解数据库安全机制的基本概念,理解角色、权限、用户等概念和设定。

二 基本知识

1. SQL Server 2008 安全机制

（1）SQL Server 2008 安全基础

SQL Server 2008 数据安全性提供了完善的管理机制和便捷而完善的操作手段,可通过创建用户登录、配置登录权限和分配角色完成安全性设置。

① 安全性

数据的安全性是指保护数据以防止因不合法的使用而造成数据的泄密和破坏。在数据库中,系统用检查口令等手段来验证用户身份,合法的用户才能进入数据库系统,当用户对数据库执行操作时,系统会自动检查用户是否具有执行这些操作的相关权限。

② 主体

主体是可以请求 SQL Server 2008 资源的个体、组或过程,一个请求服务器、数据库或架构资源的实体称为安全主体。安全主体也有层次结构,如表7-2所示。主体的影响范围取决于主体定义的范围(Windows、SQL Server 或数据库)和主体的可分与否以及集合性。在 SQL Server 2008 中,"主体"就是可以访问受保护资源且能获得访问资源所需权限的任何个人、组或流程。与旧版 SQL Server 一样,可以在 Windows 中定义主体,也可将没有对应 Windows 主体的 SQL Server 登录作为其基础。表7-2显示了 SQL Server 2008 主体的层次结构,但不包括固定服务器和数据库角色,还显示了将登录和数据库用户映射为安全对象的方法。主体的影响范围取决于它的定义范围,这样 Windows 级别的主体就比 SQL Server 级别的主体拥有更大的影响范围,而后者的影响范围又大于数据库级别的主体。每个数据库用户都会自动隶属于固定的 public 角色。

③ 安全对象

安全对象是 SQL Server 2008 数据库引擎授权系统管理者可通过权限进行保护控制的实体分层集合,是 SQL Server 数据库所能访问的资源。安全对象范围有服务器、数据库和架构。

④ 加密机制

SQL Server 2008 内置的加密机制不是简单的提供一些加密函数,而是把日臻完善的数据安全技术引进到 SQL Server 数据库中,形成了一个清晰的内置加密层次结构,根据数据加密密钥和解密密钥是否相同,可以把加密方式分为对称密钥加密法(单密钥加密)和非对称密钥加密法(双密钥加密)两种形式。

表7-2 SQL Server 2008 管理中的主体及安全对象层次结构

SQL Server 主体		SQL Server 安全对象	
主体级别	所含主体	安全对象范围	所含安全对象
Windows	Windows 域登录名	服务器	端点、登录账户和数据库
	Windows 本地登录名		
	Windows 组	数据库	用户、角色、应用程序角色、程序集、消息类型、路由、服务、远程服务绑定、全文目录、证书、非对称密钥、对称密钥、约定和架构
SQL Server	SQL Server 登录名		
	SQL Server 角色		
数据库	数据库用户		
	数据库角色		
	应用程序角色	架构	类型、XML 架构集合和对象
	数据库组		

(2) SQL Server 2008 安全等级

在合理实施安全性管理前,用户先需了解 SQL Server 的安全等级。迄今为止,SQL Server 2008 和绝大多数数据库管理系统(DBMS)一样,都还是运行在某一特定操作系统平台下的应用程序,因而 SQL Server 安全性机制尚脱离不了操作系统平台。据此,SQL Server 2008 安全机制可分为如下4个等级:

a. 操作系统的安全性。

b. SQL Server 2008 的安全性。

c. 数据库访问的安全性。

d. 数据库对象的安全性。

每个安全等级都可视作一扇沿途设卡的"门",若该门未上锁(没有实施安全保护),或者用户拥有开门的钥匙(有相应的访问权限),则用户可通过此门进入下一个安全等级,倘若通过了所有门,用户即可实现访问数据库中相关对象及其所有的数据了。

(3) SQL Server 2008 验证模式

在数据和服务器都需要保护,而且不想承受如今互联网上常见的无情攻击之际,Microsoft 开发了 SQL Server 2000。基本的验证问题依然存在:您是谁? 您如何证明自己的身份? 但是,SQL Server 2008 提供了更健壮的验证特性,对服务器的安全便捷有着更好的支持,放行好人并阻止坏人。

有了 SQL Server 2008,口令策略强制特性被内置到服务器中。作为 Windows Server 2003 NetA-PI32 库的一部分,SQL Server 利用 NetValidatePasswordPolicy( ) API 根据 Windows 的口令强度、过期日和帐户锁定状态策略,在验证以及口令设置、重置期间验证口令的有效性。

用户在使用 SQL Server 2008 时,需要经过两个安全性阶段:身份验证和权限验证。首先是身份验证阶段,该阶段系统(Windows 2000/2003 Server) 将对登录 SQL Server 用户的账户进行验证,判断该用户是否有连接 SQL Server 2008 实例的权力。如果账户身份验证成功了,表示用户可以连接 SQL Server 2008 实例,否则系统将拒绝用户的连接。然后步入权限验证阶段,对登录连接成功的用户检验是否有访问服务器上数据库的权限,为此需授予每个数据库中映射到用户登录的账户访问权限,权限验证可以控制用户在数据库中进行的操作。

① 身份验证

身份验证阶段,系统需要对用户登录进行验证。Microsoft SQL Server 2008 身份验证有两种模式:Windows 身份验证模式和 SQL Server 身份验证模式。

a. Windows 身份验证模式(集成登录模式,是默认模式),该模式使用 Windows 操作系统的安全机制验证用户身份,Windows 完全负责对客户端进行身份验证,只要用户能通过 Windows 2000/2003 Server 用户账户验证,即可连接到 SQL Server,无需再度验证。

b. SQL Server 身份验证模式(混合身份验证模式或标准登录模式),其基于 Windows 身份验证和 SQL Server 身份混合验证。在该模式下,SQL Server 2008 会首先自动通过账户的存在性和密码的匹配性来进行验证,若成功地通过验证则进行服务器连接;否则判定用户账号在 Windows 操作系统下是否可信及连接到服务器的权限,对于具有权限的可信连接用户,系统直接采用 Windows 身份验证机制进行服务器连接;若上述两者都不行,系统则将拒绝该用户的连接请求。

无论采用何种验证方式,在用户连接到 SQL Server 服务器后,它们的操作都是相同的。比较起来 Windows 身份验证模式和混合身份验证模式各有千秋。

总之,Windows 身份验证是默认模式,而对于应用程序开发人员或数据库管理人员而言,更青睐于 SQL Server 混合模式。

② 权限验证

验证完成后,就该考虑已验证登录可以执行的操作了。在这个方面,SQL Server 2008 和 SQL Server 2005 比旧版更灵活。权限的粒度更细,这样即可授予必要的特定权限,而不是授予固定角色的成员,以免其权限超出需要。现在有了更多的实体和安全实体,因此可为其分配粒度更细的权限。除了增强对用户数据的保护,与特定安全实体有关的结构信息和元数据现在只能供拥有访问该安全实体权限的主体使用。

进一步而言,可以利用某种机制创建定制的权限集,该机制允许定义可运行存储过程的安全上下文。此外,SQL Agent 利用灵活地代理方案允许工作步骤运行以及访问必要的资源。所有这些特性都使得 SQL Server 更加灵活、更加安全。

已连接用户可以发送各种 Transact – SQL 语句命令,但是这些操作命令在数据库中是否能够成功地执行,还取决于该用户账户在该数据库中对这些操作的权限设置。如果发出操作命令的用户没有执行该语句的权限或者没有访问该对象的权限,则 SQL Server 将不会执行该操作命令。所以没有通过数据库中的权限验证,即使用户连接到了 SQL Server 实例上,也无法使用数据库。

③细粒度权限

SQL Server 2008 和 SQL Server 2005 比旧版安全的诸多方面之一就是改进了权限的粒度。以前,管理员必须授予用户固定服务器角色或固定数据库角色的成员,以执行特定的操作,但这些角色的权限通常会远远超出简单任务的需要。"最少特权"的原则要求用户只能拥有完成工作所需的最低权限,因此为达到小目标而分配用户高级角色就违背了该原则。

从 SQL Server 2000 开始,固定服务器和数据库角色集已发生了巨大变化,当用户或应用程序需要所有或大多数已定义的权限时,仍可利用这些预定义的权限。或许最大的变化就是添加了 public 服务器角色。但是,"最少特权"的原则要求用户不能使用无法恰好提供主体完成工作所需权限的角色。虽然为发现及分配主体所需权限需要更多工作,但这会带来更加安全的数据库环境。

细粒度权限架构的一个优点就是 SQL Server 不仅保护元数据,也保护数据。在 SQL Server 2005 之前,能够访问数据库的用户可以看到数据库中所有对象的元数据,无论该用户是否可以访问其中的数据或是否能够执行存储过程。

SQL Server 2008 仔细检查数据库中主体所拥有的各种权限,仅当主体具有所有者身份或拥有对象的某些权限时,才会显示该对象的元数据。还有一种 VIEW DEFINITION 权限,即使没有该对象的其他权限,利用它也能查看元数据信息。

这种保护扩展到了某些操作返回的出错消息,这些操作试图访问或更新用户无权访问的对象。

(4) 验证模式设置

在连接 SQL Server 时,需要选择服务器的验证模式,同时,对于已经选择验证模式的服务器尚可再度进行修改。通常,可通过 SQL Server 管理平台来进行验证模式的设置。SQL Server 2008 验证模式设置步骤如下:

a. 打开 SQL Server 管理平台:SQL Server Management Studio,在其【对象资源管理器】中右击需要配置的数据库服务器,从弹出的快捷菜单中选择【属性】命令。

b. 在打开的【服务器属性】对话框中,默认是【常规】页,如图 7 – 26 所示。单击【服务器属性】对话框中的【选择页】选项栏中的【安全性】选项,在其右侧的选项页中给出了与 SQL Server 数据库服务器相关的安全属性内容,如图 7 – 27 所示。

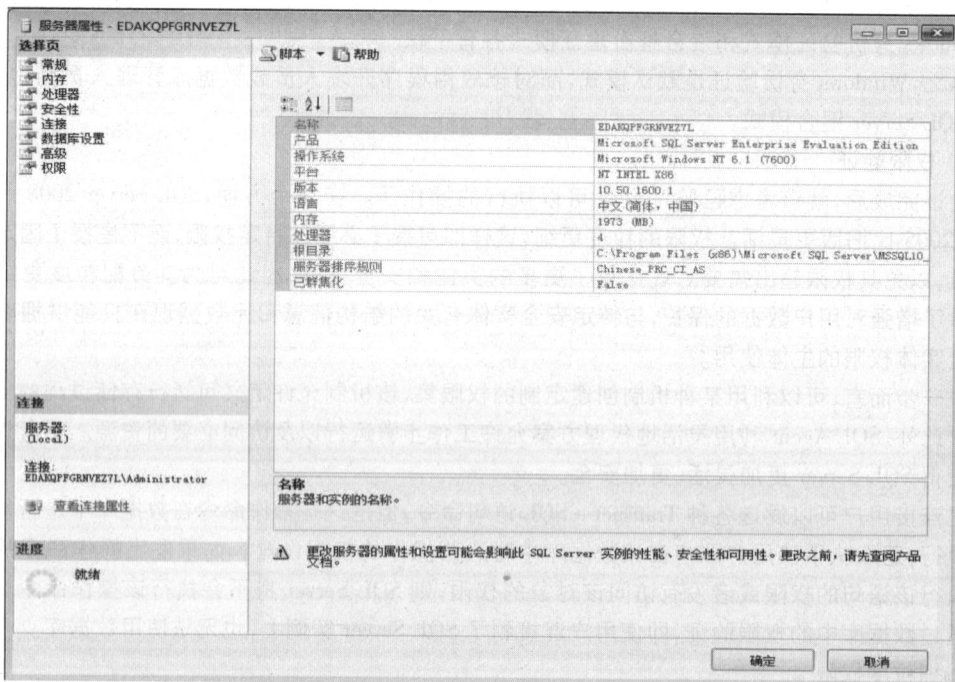

图 7 – 26 【服务器属性】对话框

c. 在【服务器身份验证】选项栏中,可以选择要设置的服务器身份验证模式:【Windows 身份验证模式】与【SQL Server 和 Windows 身份验证模式】。

d. 同时,在【登录审核】中还可以选择跟踪记录用户登录时的信息,例如登录成功或登录失败的信息等。在【服务器代理账户】选项栏中设置当启动并运行 SQL Server 2008 时的默认登录用户名称和密码。如图 7-27 所示。

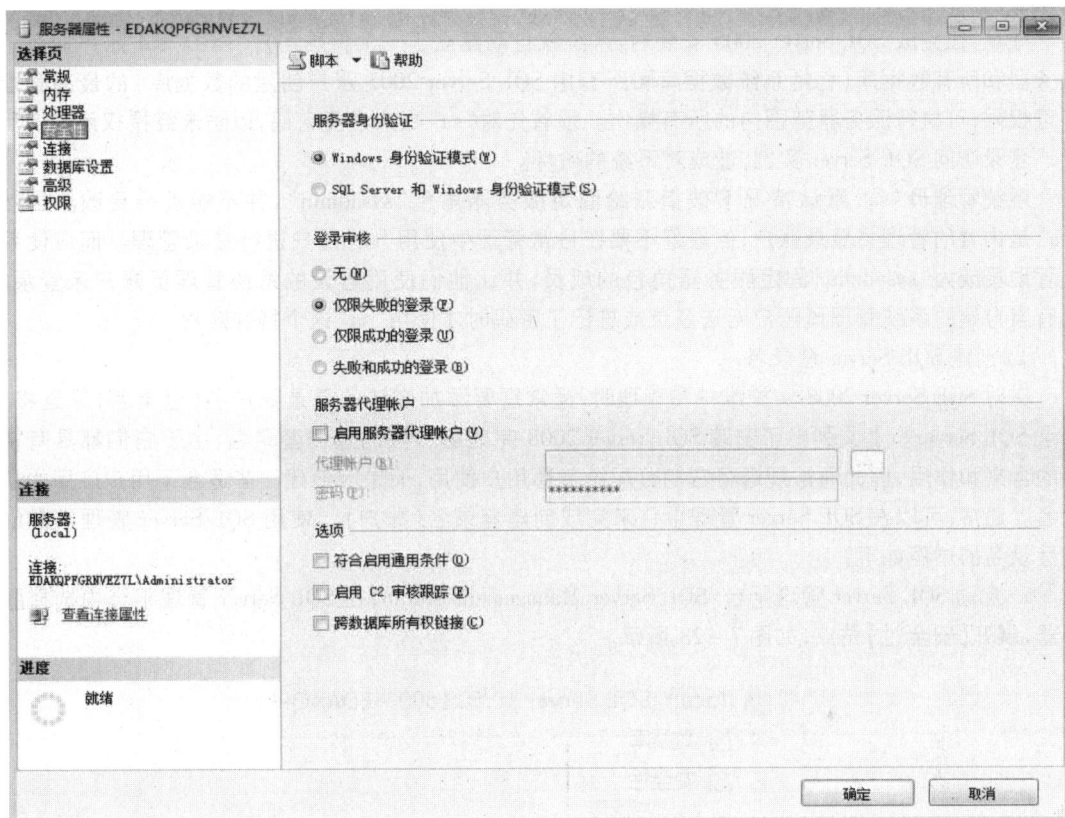

图 7-27　【服务器属性】中安全性设置

e. 单击【确定】,即可完成 SQL Server 2008 验证模式的设置。

2. 创建、管理 SQL Server 账户

（1）用户登录名管理

用户是配置 SQL Server 服务器安全中的最小单位,通过使用不同用户的登录名可以配置为不同的访问级别。SQL Server 2008 下用户必须通过登录账户建立自己的连接能力,以期获得对 SQL Server 实例的访问权限。然后该登录账户必须映射到用于控制在数据库中所执行的活动的 SQL Server 用户账户,以控制用户拥有的权限。

① 系统内置登录名

在 SQL Server 中有两种账户,一种是登录服务器的域登录账号,另一种就是使用指定唯一的登录 ID 和密码的数据库用户账户。要访问特定的数据库,还必须具有用户名。用户名在特定的数据库内创建,并关联一个登录名。通过授权给用户来指定用户可以访问的数据库对象的权限。登录账号只是让用户以登录名的方式登录到 SQL Server 中,登录名本身并不能让用户访问服务器中的数据库。

单击【对象资源管理器】下的【安全性】结点,可以看到 SQL Server 2008 默认的登录名,部分登

录名说明如下：

　　a. SYSTEM：是 SQL Server 服务器内置的的本地账户，可设置成为 SQL Server 2008 登录账户。

　　b. sa：SQL Server 2008 的系统管理员登录账户，具有最高的管理许可权限。

　　若使用系统管理员账户 sa 接到 SQL Server 2008，则必须选择 SQL Server 身份验证模式（混合模式），此时必须提供密码。至于 SQL Server 2008 内置的服务器与代理服务器均是 SQL Server 许可的内置登录账户。

　　注意：在完成 SQL Server 2005 安装后，系统就自动建立了一个特殊用户"sa"，"sa"账户拥有了服务器和所有数据库（包括系统数据库和所有由 SQL Server 2005 账户创建的数据库）的最高管理许可权限，可执行服务器范围内的所有操作。须首先对"sa"账户设置密码，以防未经授权用户使用"sa"登录访问 SQL Server 实例，造成对系统的破坏。

　　系统管理员"sa"默认情况下被指派给固定服务器角色"sysadmin"，并不能进行更改。虽然"sa"是内置的管理员登录账户，但最好不要在日常管理中使用"sa"账户进行登录管理。而应使系统管理员成为"sysadmin"固定服务器角色的成员，并让他们使用自设的系统管理员账户来登录。只有当自建的系统管理员账户无法登录或忘记了密码时才使用"sa"这个特殊账户。

　　② 创建 SQL Server 登录名

　　在对 SQL Server 2008 实施维护和管理时，通常需要添加合法的登录账户名（登录名）来连接、登录 SQL Server。上文列出了安装 SQL Server 2008 完成后一些内置的登录名，由于它们都具有特殊的含义和作用，因此通常规避将它们分配给普通用户使用，而是应创建一些适合于用户应用的登录名。通常，可以在 SQL Server 管理平台来完成创建登录名（账户）。使用 SQL Server 管理平台创建登录名的过程如下：

　　a. 启动 SQL Server 管理平台：SQL Server Management Studio，在 SQL Server 管理平台中选择服务器，展开【安全性】结点，如图 7 - 28 所示。

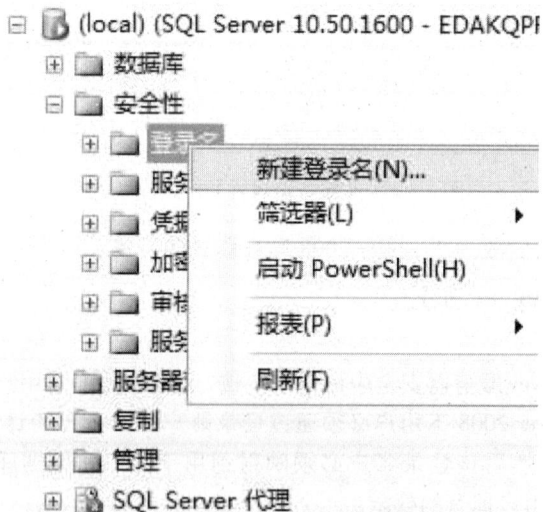

图 7 - 28　选择【新建登录名】

　　b. 右击【登录名】结点，从弹出的快捷菜单中单击【新建登录名】命令项。弹出如图 7 - 29 所示的【登录名 - 新建】对话框，在【常规】选项卡的【登录名】文本框中输入"zhang001"。

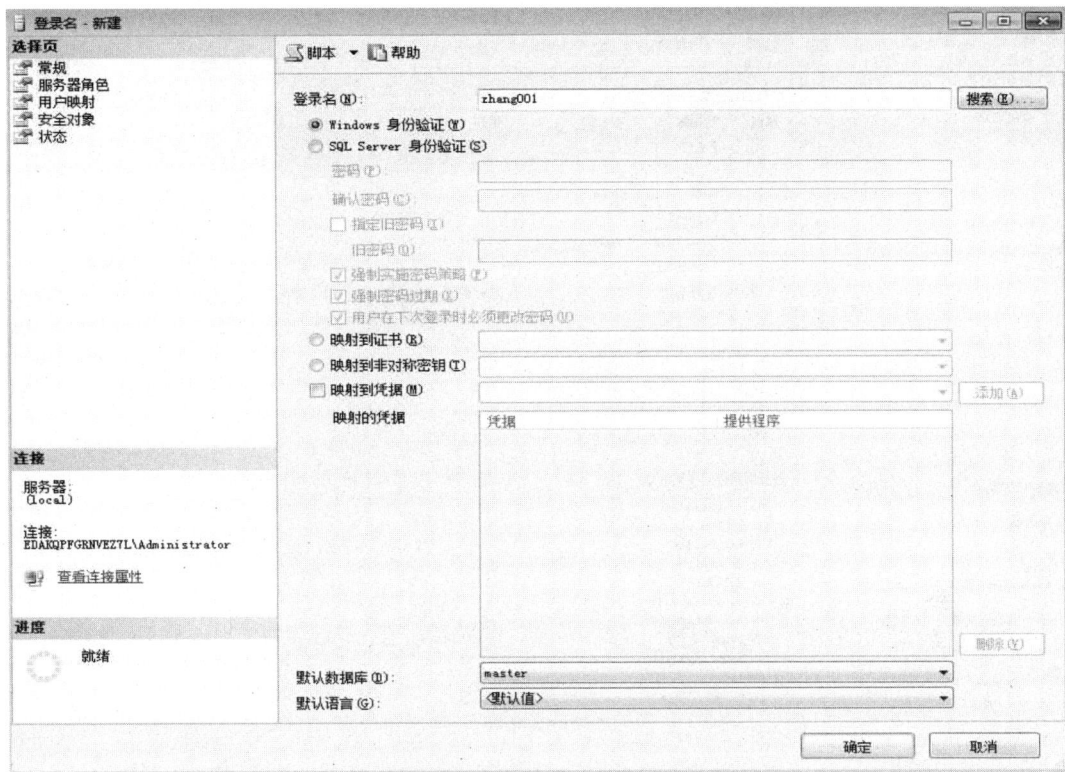

图 7 - 29 【登录名 - 新建】对话框

c. 在登录名下方选择登录身份验证模式,此处选择【SQL Server 身份验证】单选按钮和输入密码及确认密码,切勿忽略大小写。

d. 在【默认数据库】下拉列表中,选择【在线书店】数据库,也可保持默认项,同时设置相应的默认语言等。

e. 也可以在【服务器角色】选项卡中,设置登录的角色。

f. 也可以在【用户映射】选项卡中,设置使用该登录名的映射用户和相应的数据库角色,如图 7 - 30 所示。

g. 也可以在【安全对象】选项卡中,设置指定服务器范围的具体安全对象。根据所添加安全对象的不同,权限下显示的内容也略有变化。

h. 也可以在【状态】选项卡中,设置连接到数据库引擎的权限、登录的启用与否,显示登录锁定与否等状态。

(2) 数据库用户管理

在实现安全登录后,如果在数据库中并没有授予该用户访问数据库的许可,则该用户仍然不能访问数据库,所以对于每个要求访问数据库的登录,就必须使该用户账户添加为数据库用户,并授予其相应的活动访问许可等。数据库用户是数据库级的主体,是登录名在数据库中的映射,是在数据库中执行操作和活动行动者,使用数据库用户账户可限制访问数据库的范围。数据库的访问许可是通过映射数据库用户与登录账户之间的关系来实现的。数据库用户是数据库级的安全实体,就像登录账户是服务器级的安全实体一样。在 SQL Server 2008 中包含了具有特定权限和效用的特殊(默认)数据库用户,包括:数据库所有者(dbo)、guest 用户、数据库对象所有者和 sys 用户等。

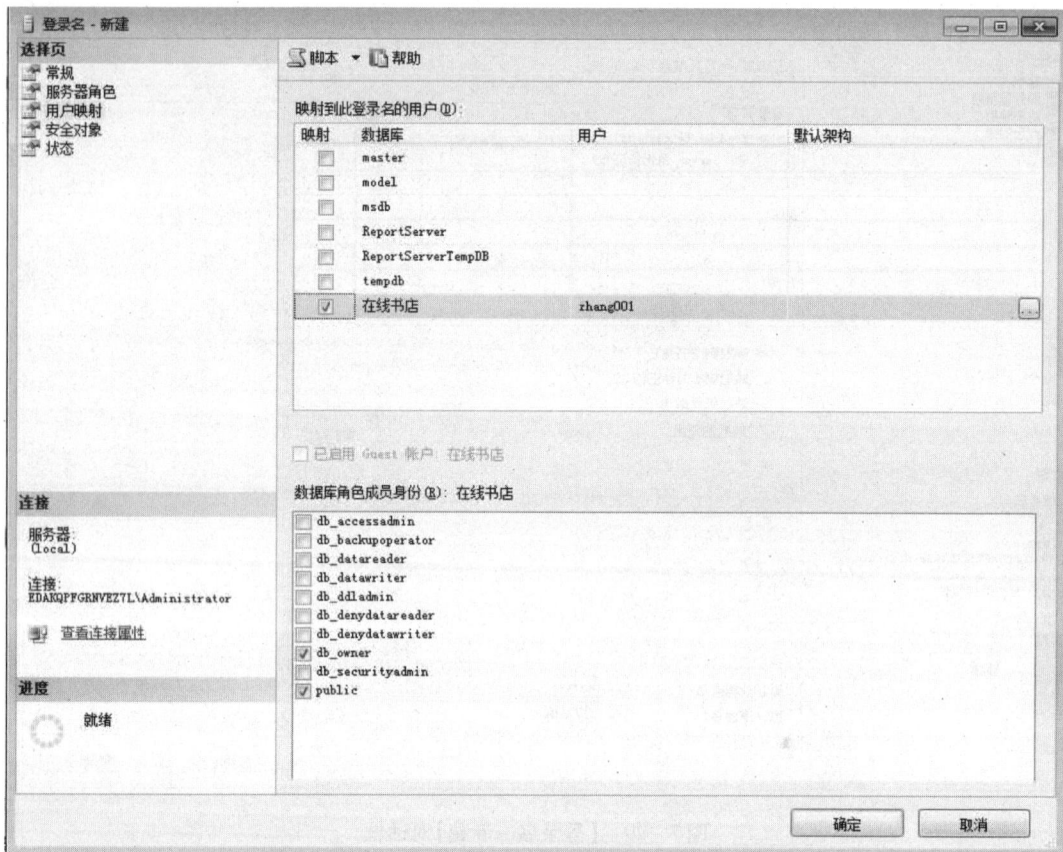

图 7-30 【用户映射】选项卡

①数据库所有者(dbo)

在 SQL Server 2008 中,数据库所有者(dbo)是数据库的隐性最高权利所有者,是个特殊类型的数据库用户,被授权特殊的权限,数据库的创建者即为数据库的所有者。在安装时 dbo 被设置到 model 数据库中,每个数据库都存在,具有所有数据库的操作权限,并可向其他用户授权,且不能被删除。固定服务器 sysadmin 角色的成员自动被映射为特殊的数据库用户,所建数据库及任何对象都自动属于 dbo,且以 sysadmin 登录可以执行 dbo 能够执行的任何任务,在 Transact - SQL 语句中限定数据库对象时,若数据库对象为 sysadmin 角色成员所建,则使用 dbo,否则使用创建者的名称限定数据库对象。

②guest 用户

guest 是 SQL Server 2008 中的一个特殊用户账户,其允许具有 SQL Server 登录账户而在数据库中没有数据库所有者访问数据库的权限。此时,SQL Server 会检索该数据库中是否有 guest 用户,若存在该用户,就允许其以 guest 用户权限访问数据库,否则拒绝之。当满足下列所有条件时,登录采用 guest 用户的标识:

a. 登录有访问 SQL Server 实例的权限,但没有通过自己的用户账户访问数据库权限。

b. 数据库中含有 guest 用户账户。

可以将权限应用到 guest 用户,就如同它是任何其他用户账户一样。可以在除 master 和 tempdb 外(在这两个数据库中它必须始终存在)的所有数据库中添加或删除 guest 用户。默认情况下,新建的数据库中没有 guest 用户账户。

③数据库对象所有者

SQL Server 2008 中数据库对象涵盖表、索引、默认、规则、视图、触发器、函数或存储过程等,数据库对象创建者(数据库用户)即为该数据库对象的所有者,同时隐含具有该数据库对象的所有操作权限。

数据库对象的权限必须由数据库所有者或系统管理员授予。在授予数据库对象这些权限后,数据库对象所有者就可以创建对象并授予其他用户使用该对象的权限。在一个数据库中,不同用户可以创建同名的数据库对象,因而用户在访问数据库对象时,必须对数据库对象的所有者进行限定。

SQL Server 通过数据库用户对数据库对象进行操作,可用来指定哪些用户可以访问哪些数据库。在一个数据库中,用户对数据的访问权限以及对数据库对象的所有关系都是通过基于数据库的用户账号来控制的,在两个不同数据库中可以有两个相同的用户账号。

在数据库中用户账号与登录账号是两个不同的概念,一个合法的登录账号只表明该账号通过了 Windows 身份验证或 SQL Server 混合身份验证,但不能表明其可以对数据库数据和数据对象进行某类操作。

注意:一个登录账号总是与多个数据库用户账号相对应,而一个数据库用户只能与一个已建的登录账号相映射。

数据库用户管理包括创建用户、查看用户信息、修改用户和删除用户等操作。通常可以通过 SQL Server 管理器平台来实施数据库用户管理。使用 SQL Server 管理平台创建及管理数据库用户的步骤如下:

a. 启动 SQL Server 管理平台,连接到本地数据库实例,在【对象资源管理器】中,展开树形目录,选取【在线书店】数据库,展开【安全性】结点。如图 7－31 所示。

b. 右击【用户】结点,从弹出的快捷菜单中单击【新建用户】命令项。弹出如图 7－32 所示的

图 7－31　选择【新建用户】

【数据库用户－新建】对话框,在【常规】选项卡的【用户名】文本框中输入要创建的数据库用户"zhang2005",通过【登录名】文本框的选择按钮等环节浏览选择登录名"zhang2005"。

c. 依此类推,可通过同样方法在【默认架构】里选择"dbo"。在下方【拥有的架构】与【数据库角色成员身份】的复选框中按需打钩。

d. 在【数据库用户－新建】的【安全对象】选项卡,或在【扩展属性】选项卡中进行相应的设置。

e. 单击【确定】按钮,即可完成数据库用户的创建。

f. 设置趋于完毕时,单击【脚本】按钮,系统将生成可以保留的体现对话过程与具体操作相对应的 Transact－SQL 语句脚本,读者不妨尝试一下。

注意:与此同时也可使用 SQL Server Management Studio 进行数据库用户的修改、浏览数据库用户的相关属性设置等。通过展开【安全性】下【用户】结点,选择并右击所需管理的数据库用户名,从弹出的快捷菜单中可以进行多种用户的维护性操作,如删除该用户、查看该用户的属性、新建数据库用户与编写用户脚本等操作。

图 7 - 32 【数据库用户 - 新建】窗口

3. 角色管理

（1）角色

角色（Role）是 SQL Server 引入的一种用来集中管理服务器或数据库的理念，不同的角色，具有不同的权限（类同于生活中的官爵）。角色是将数据库中的不同用户集中到不同的单元中去，从而以单元为单位进行权限管理。角色和权限两者之间的关系类似于 Windows 2000/2003 Server 中的用户组和用户的关系，是为了方便权限管理而设置的管理单位。

角色建立后，对一个角色授予、修改或删除权限，其中的成员则均被授予、修改或删除权限。这样对于一个类似功能的用户群体就不需要分别管理每个用户，而只需要对角色进行管理、设置就可以达到管理目的，一个用户可以属于不同的角色，这样不同的分类管理将更加方便。在 SQL Server 2008 中主要有两类角色：其一是服务器级的固定服务器角色，其二为数据库级的固定数据库角色与应用程序角色及用户定义角色。

（2）角色类型

① 服务器角色

服务器角色是服务器范围内固定的服务器角色，是 SQL Server 在安装时就预定义创建的，是用于分配服务器级的管理权限的实体，其适用在服务器范围内，权限不能被修改，它是指根据 SQL Server 的管理任务及这些任务的相对重要性分成若干等级，并通过纳取成员设置方式把具有 SQL Server 管理职能的用户划分成不同的用户及组账户（包括登录账户和数据库用户），同时赋予相应的权限。

使用 SQL Server 管理平台可查看、增加、删除服务器角色成员等，具体实施步骤如下：

a. 启动 SQL Server 管理平台,在【对象资源管理器】中,选择【安全性】结点,右击【sysadmin】选项,选择【属性】命令,如图 7 - 33 所示。

图 7 - 33　选择查看 sysadmin 属性

b. 打开如图 7 - 34 所示的【服务器角色属性】对话框,在该对话框的服务器角色成员框下可以单击【添加】或【删除】按钮,进行该服务器角色成员的管理。

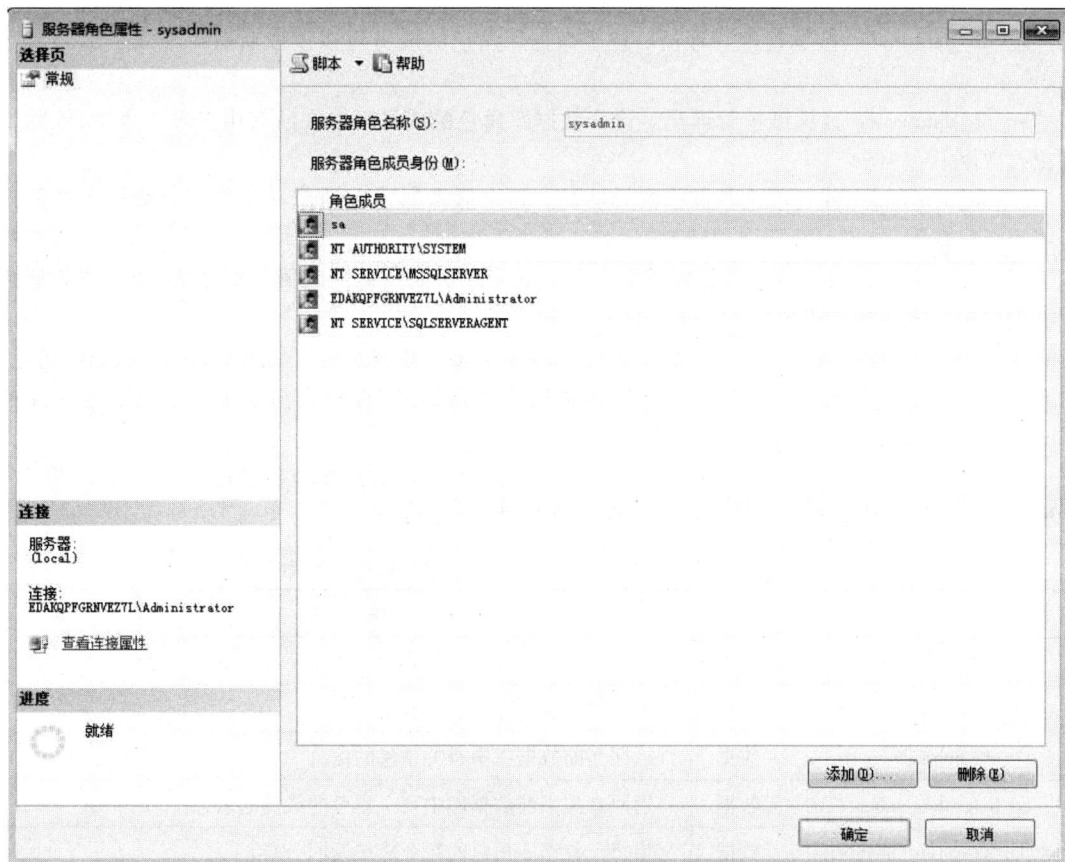

图 7 - 34　【服务器角色属性】对话框

251

c. 若单击【添加】按钮,则可在打开的对话框中添加若干个具体的服务器角色成员;若选择所列的服务器角色成员,再单击【删除】按钮,则可删除相关服务器角色成员。

d. 单击【确定】按钮,即可完成查看、增加、删除服务器角色成员等。

② 数据库级角色

SQL Server 2008 在数据库级设置了固定数据库角色来提供最基本的数据库权限的综合管理。在数据库创建时,系统默认创建了 10 个固定数据库角色。固定数据库角色存在于每个数据库中,在数据库级别提供管理特权分组。管理员可将任何有效的数据库用户添加为固定数据库角色成员。每个成员都获得应用于固定数据库角色的权限。用户不能增加、修改和删除固定数据库角色。

下面分别介绍这几个固定数据库角色:

➤ db_owner:数据库所有者。进行所有数据库角色的活动,以及数据库中的其他维护和配置活动。该角色的权限跨越所有其他的固定数据库角色。

➤ db_accessadmin:数据库访问权限管理员。这些用户有权通过添加或者删除用户来指定谁可以访问数据库。

➤ db_securityadmin:数据库安全管理员。这个数据库角色的成员可以修改角色成员身份和管理权限。

➤ db_ddladmin:数据库 DDL 管理员。这个数据库角色的成员可以在数据库中运行任何数据定义语言(DDL)命令。这个角色允许他们创建、修改或者删除数据库对象,而不必浏览里面的数据。

➤ db_backupoperator:数据库备份管理员。这个数据库角色的成员可以备份该数据库。

➤ db_datareader:数据检索管理员。这个数据库角色的成员可以读取所有用户表中的所有数据。

➤ db_datawriter:数据维护管理员。这个数据库角色的成员可以在所有用户表中添加、删除或者更改数据。

➤ db_denydatareader:禁止数据检索管理员。这个服务器角色的成员不能读取数据库内用户表中的任何数据,但可以执行架构修改(比如在表中添加列)。

➤ db_denydatawriter:禁止数据维护管理员。这个服务器角色的成员不能添加、修改或者删除数据库内用户表中的任何数据。

➤ public:特殊的公共角色。在 SQL Server 2008 中每个数据库用户都属于 public 数据库角色。当尚未对某个用户授予或者拒绝对安全对象的特定权限时,则该用户将继承授予该安全对象的 public 角色的权限。这个数据库角色不能被删除。

在 SQL Server 2008 中可以使用 Transact – SQL 语句对固定数据库角色进行相应的操作,表 7 – 3 就列出了可以对数据库角色进行操作的系统存储过程和命令等。

表 7 – 3 对数据库角色进行操作的系统存储过程和命令

功能	类型	说　明
sp_helpdbfixedrole	元数据	返回固定数据库角色的列表
sp_dbfixedrolepermission	元数据	显示固定数据库角色的权限
sp_helprole	元数据	返回当前数据库中有关角色的信息
sp_helprolemember	元数据	返回有关当前数据库中某个角色的成员的信息
sys.database_role_members	元数据	为每个数据库角色的每个成员返回一行

功能	类型	说　　明
IS_MEMBER	元数据	指示当前用户是否为指定 Microsoft Windows 组或者 Microsoft SQL Server 数据库角色的成员
CREATE ROLE	命令	在当前数据库中创建新的数据库角色
ALTER ROLE	命令	更改数据库角色的名称
DROP ROLE	命令	从数据库中删除角色
sp_addrole	命令	在当前数据库中创建新的数据库角色
sp_droprole	命令	从当前数据库中删除数据库角色
sp_addrolemember	命令	为当前数据库中的数据库角色添加数据库用户、数据库角色、Windows 登录名或者 Windows 组
sp_droprolemember	命令	从当前数据库的 SQL Server 角色中删除安全账户

例如,使用系统存储过程 sp_helpdbfixedrole 就可以返回固定数据库角色的列表,如图 7 - 35 所示。

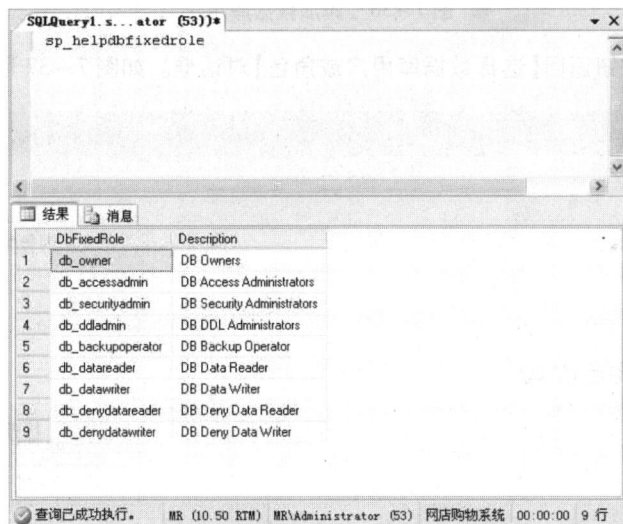

图 7 - 35　查看固定数据库角色

注意:由于所有数据库用户都自动成为 public 数据库角色的成员,因此给这个数据库角色指派权限时需要谨慎。

下面通过将用户添加到固定数据库角色中来配置它们对数据库拥有的权限,具体步骤如下所示:

a. 打开 SQL Server Management Studio,在【对象资源管理器】窗口,展开【数据库】结点,然后再展开数据库【在线书店】结点中的【安全性】结点。

b. 接着展开【角色】结点,然后再展开【数据库角色】结点,双击 db_owner 结点,打开【数据库角色属性】窗口。

c. 单击【添加】按钮,打开【选择数据库用户或角色】对话框,然后单击【浏览】按钮打开【查找对象】对话框,选择数据库用户 zhang2005,如图 7 - 36 所示。

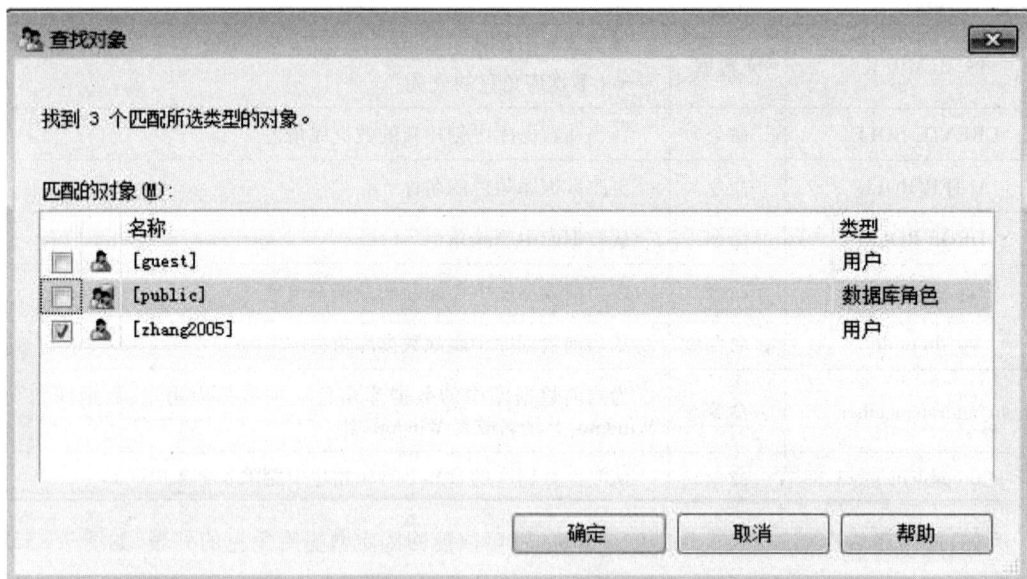

图 7 - 36 添加数据库用户

d. 单击【确定】按钮返回【选择数据库用户或角色】对话框。如图 7 - 37 所示。

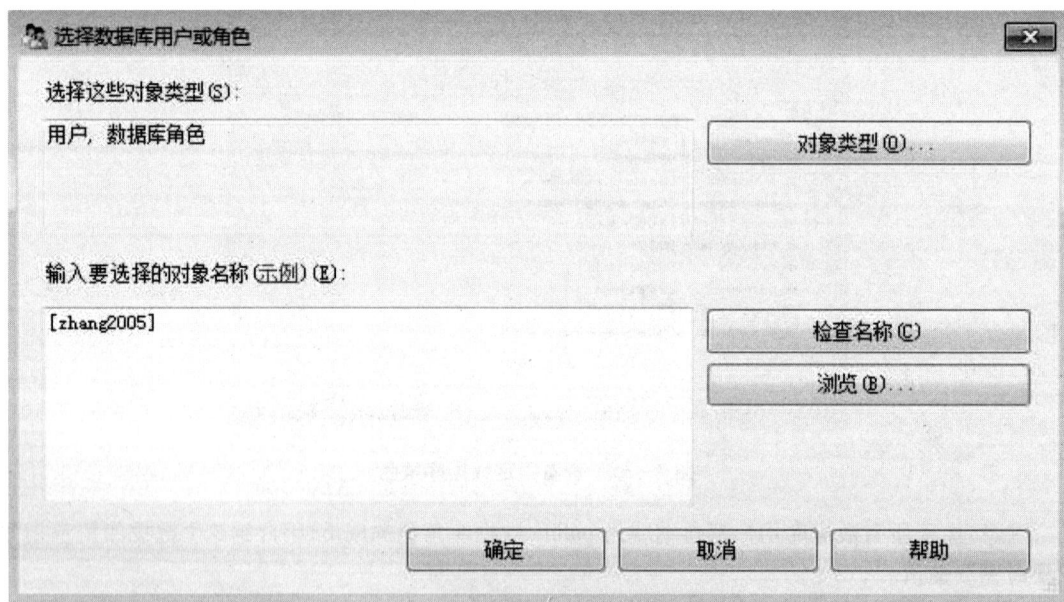

图 7 - 37 【选择数据库用户或角色】对话框

e. 单击【确定】按钮,返回【数据库角色属性】窗口,在这里可以看到当前角色拥有的架构以及该角色所有的成员,其中包括刚添加的数据库用户 zhang2005,如图 7 - 38 所示。

f. 添加完成后,单击【确定】按钮关闭【数据库角色属性】窗口。

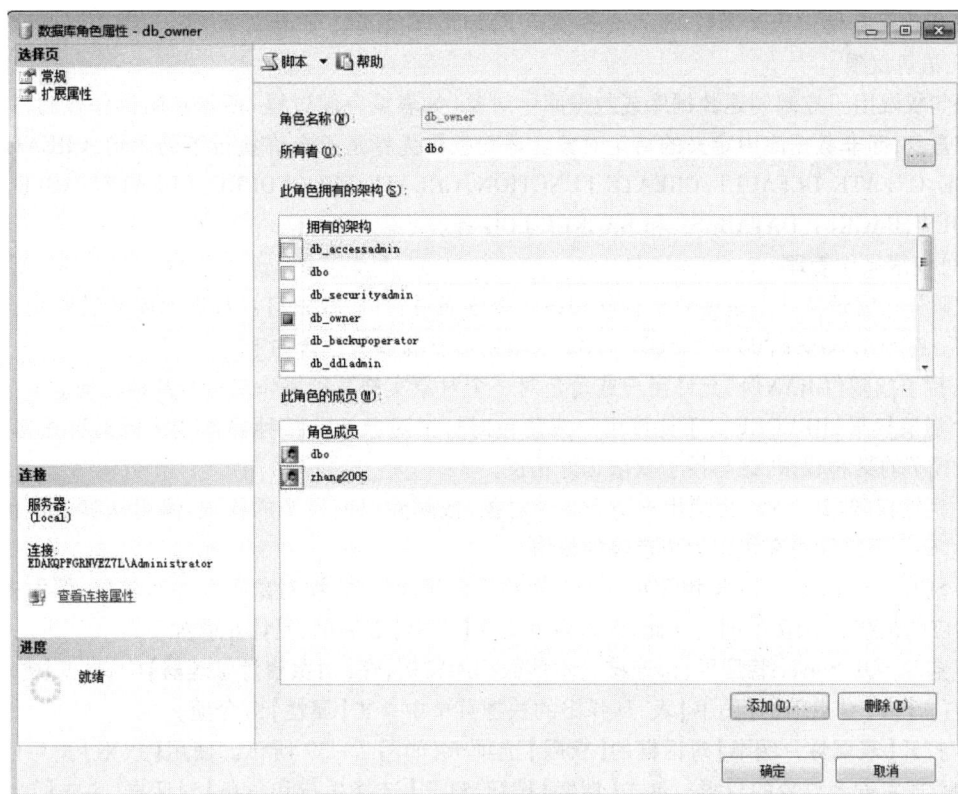

图 7 - 38　【数据库角色属性】窗口

4. 权限管理

（1）权限

SQL Server 2008 提供了权限（Permission）作为访问许可设置的最后一道屏障。权限是指用户对数据库中对象的使用和操作权利，用户若要进行任何涉及更改数据库或访问数据库及库中对象的活动，则必须首先要获得拥有者赋予的权限。

通常，权限管理的方法主要有基于 SQL Server 管理平台和使用 Transact - SQL 语句两种方法，而其所涉及的内容则涵盖了授予权限、拒绝权限和撤消权限 3 个方面。

（2）权限类型

在 SQL Server 2008 中权限分为对象权限（Object Permission）、语句权限（Statement Permission）和隐式权限（Implied Permission）。

① 对象权限

对象权限用于决定用户对特定对象、特定类型的所有对象或属于特定架构对象进行权限管理，例如，数据库对象、存储过程和角色等，对象权限是可授予的，权限的授予对象依赖于作用范围。对象权限的具体内容包括如下：

a. 作用于服务器级别：该层次可为服务器、站点、登录和服务器角色授予对象权限。

b. 作用于数据库级别：该范围可为程序集、应用程序角色、数据库角色、非对称密钥、架构、数据库、表、用户、视图、全文目录、自定义数据类型和同义词等授予权限。

c. 应用于表或视图操作：是否允许执行 SELECT，INSERT，UPDATE 和 DELETE 语句。

d. 应用于表或视图的字段（列）：是否允许执行 SELECT 和 UPDATE 语句。

e. 应用于存储过程和函数:是否允许执行 EXECUTE 语句。

② 语句权限

语句权限用于控制创建数据库或数据库中对象(如表或存储过程)所涉及的操作权利,其适用于语句自身,而非数据库中定义的特定对象。语句权限尤指是否允许执行下列语句:CREATE DATABASE,CREATE DEFAULT,CREATE FUNCTION,CREATE PROCEDURE,CREATE TABLE,CREATE VIEW,BACKUP DATABASE 和 BACKUP LOG 等。

(3) 权限操作管理

权限操作管理实际上是就对象权限和语句权限而进行的,权限可由数据库所有者和角色来进行管理。在 SQL Server 2008 中,SQL Server 权限所涉及的操作包含如下:

a. 授予权限(GRANT):允许用户或角色对一个对象实施某种操作或执行某种语句。

b. 撤消权限(REVOKE):不允许用户或角色对一个对象实施某种操作或执行某种语句,或收回曾经授予的某种权限,这与授予权限正好相反。

c. 拒绝权限(DENY):拒绝用户访问某个对象,或删除以前授予的权限,停用从其他角色继承的权限,确保不继承更高级别的角色等的权限。

在 SQL Server 2008 中,使用 SQL Server 管理平台管理权限,视对象不同略有差异,但大多数是通过相应的"属性"来实施的。在此,仅以数据库表【图书】表为例,具体步骤如下:

a. 启动 SQL Server 管理平台,连接到本地数据库实例,在【对象资源管理器】中,展开【数据库】结点,右击【表】结点下的【图书】表,从弹出的快捷菜单中单击【属性】命令项。

b. 打开【表属性-图书】对话框的【权限】选项卡,如图 7-39 所示。使用【权限】页可以查看或设置数据库安全对象的权限。单击【搜索】按钮,打开【选择用户和角色】对话框,单击【浏览】按钮,打开【查找对象】对话框,选择用户或角色,单击【确定】按钮,再单击【确定】按钮,返回【表属性-图书】窗口。

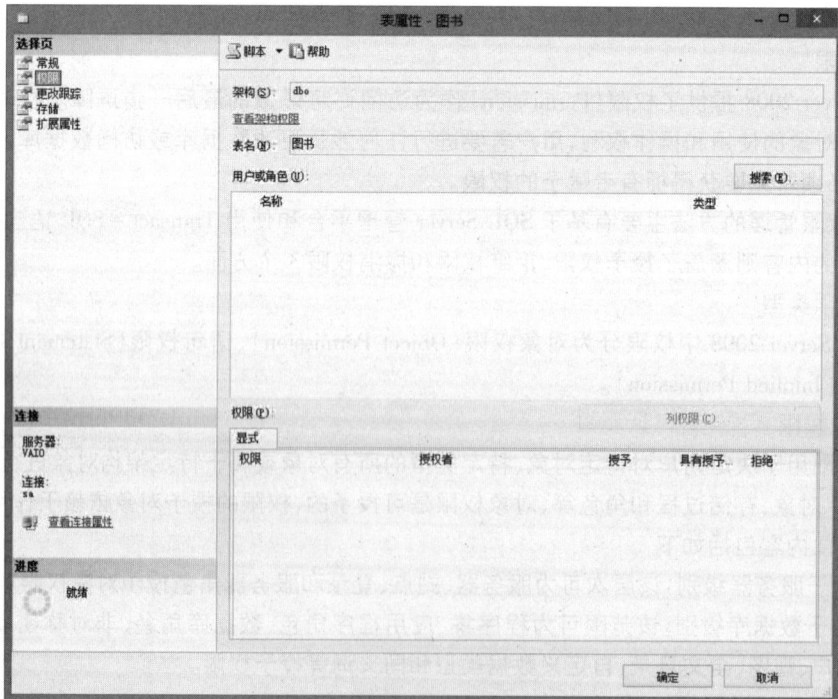

图 7-39 表的【权限】属性

c. 权限可以将各类权限设置为【授予】、【具有授予权限】和【拒绝】,或者不进行任何设置。选中【拒绝】将覆盖其他所有设置。如果未进行任何设置,将从其他组成员身份中继承权限。

d. 单击【确定】按钮,即可完成数据库表权限的设置操作。

三　任务实施

使用 SSMS 新建数据库用户"dbnewuser"。

a. 启动 SQL Server 管理平台,连接到本地数据库实例,在【对象资源管理器】中,展开树形目录,选取要建立数据库用户的【在线书店】数据库,展开【安全性】结点,如图 7－40 所示。

图 7－40　选择【新建用户】

b. 右键单击【用户】,选择【新建用户】命令,打开【数据库用户－新建】窗口,如图 7－41 所示,输入数据库用户名"dbnewuser"。

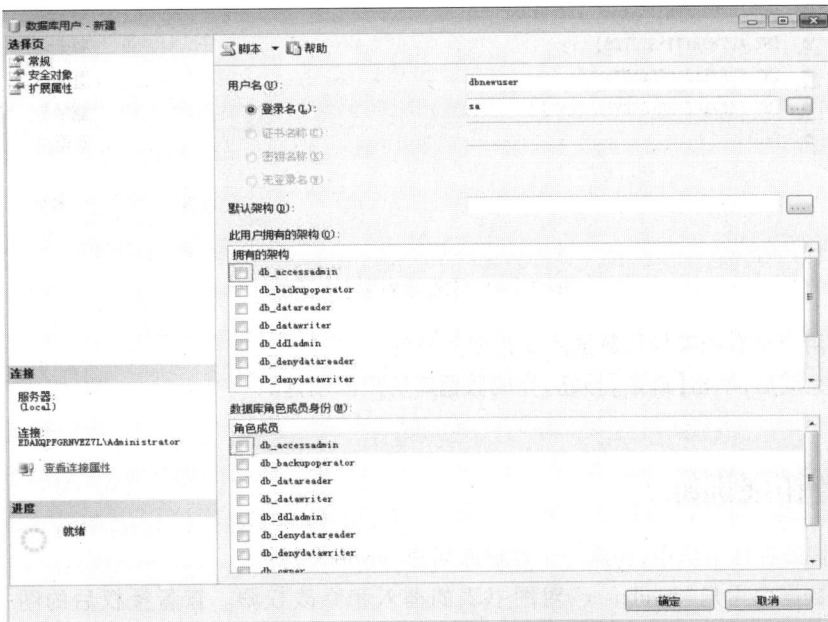

图 7－41　【数据库用户－新建】窗口

c. 指定对应的登录名"sa",单击▉按钮,打开【选择登录名】对话框,如图 7 - 42 所示。单击【浏览】按钮,打开【查找对象】对话框,选择对应的登录名"sa",如图 7 - 43 所示。

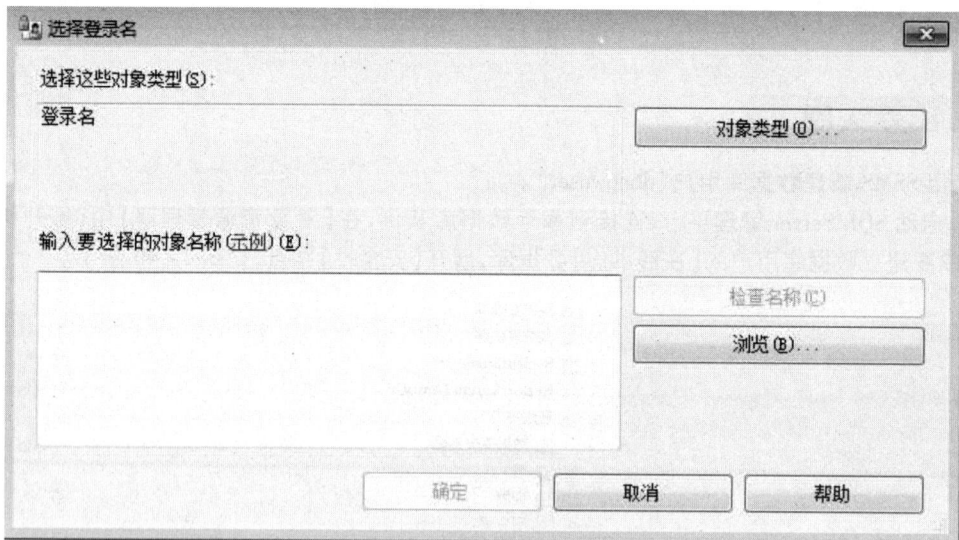

图 7 - 42 【选择登录名】对话框

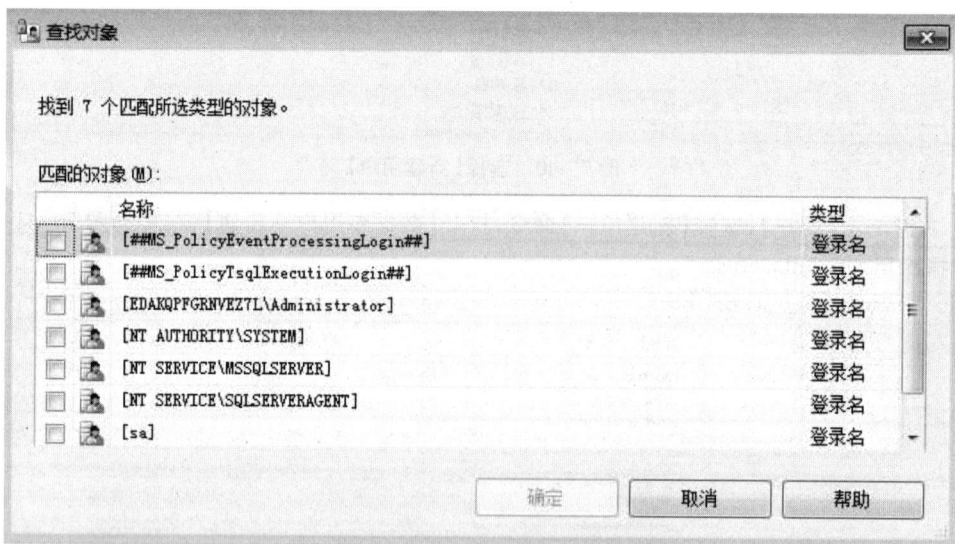

图 7 - 43 【查找对象】对话框

d. 设置用户拥有的架构和数据库角色成员身份。
e. 设置完成后,单击【确定】按钮,完成数据库用户的创建。

四 任务拓展训练

a. 在数据库在线书店中,创建一个数据库用户"mydbuser"。
b. 授予数据库用户"mydbuser"对图书表的插入和修改权限。查看授权后的图书表的权限属性。

在线书店系统的实现

本书的在线书店系统是针对中小型书店开发的 B2C 模式的电子商务网站,采用微软的 ASP. NET(C#) 和 SQL Server 2008 为开发平台。用户可以浏览书店的图书信息、查看图书详情和在线购书等,书店管理员可以对图书、用户和订单进行管理。下面将详细介绍在线书店的实现。

一 系统功能描述

在线书店网站的功能主要分两部分。第一部分是用户购书功能模块,包括用户的注册和登录、浏览图书、挑选喜欢的图书放入购物车、提交订单购买图书等。第二部分是管理员管理书店功能模块,包括图书的管理、用户的管理和订单的管理等。系统功能模块如图 8 – 1 所示。

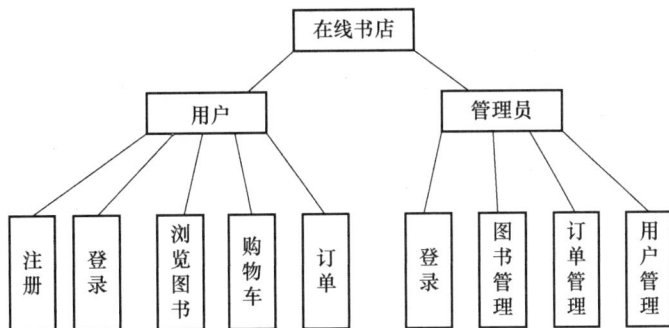

图 8 – 1　系统功能模块图

1. 用户购书功能模块

网站采用会员制。普通用户可以浏览网站首页,查看新书推介、热卖排行等,用户注册后可以登录网站购买图书、查看订单。网站对注册用户的消费金额进行累计,根据消费金额的不同,将注册用户分为金钻用户、银钻用户、VIP 用户和普通注册用户等四个不同的等级,等级不同购买图书时所享受的折扣不同。用户购书部分的具体功能如下:

a. 用户注册。

b. 用户登录。

c. 用户信息修改。

d. 浏览图书信息。

e. 图书检索。

f. 选入购物车。

g. 管理购物车。

h. 提交订单。

i. 订单查看。

2. 管理员管理书店功能模块

管理员以专用的管理员账号进行登录,进入管理员界面,可以对图书、用户和订单等进行管理。具体功能如下:

a. 图书信息的添加。

b. 图书信息的修改。

c. 图书信息的删除。

d. 用户信息的查看。

e. 用户信息的修改。

f. 用户信息的删除。

g. 订单信息的查看。

h. 订单信息的修改。

i. 管理员账户的修改。

二 系统架构

本系统采用多层结构,整体上可以划分为数据库、通用数据库连接层(DAL)、业务逻辑层(BAL)、实体层(Model)和界面表现层。系统整体架构设计如图8-2所示。

各结构层的详细描述如下:

a. 数据库是系统的最底层,它存储系统的所有数据,为系统提供数据服务。本系统采用 SQL Server 2008 存储管理"在线书店"数据库。

b. 通用数据库连接层是 ADO. NET 的封装,应用程序通过该层与数据库建立连接,并执行 T - SQL 命令、事务,同时还为业务逻辑层提供访问数据库的接口或函数等。

c. 业务逻辑层包括在线书店系统操作逻辑代码,提供界面层调用的方法,同时它又调用数据库访问层所提供的功能来访问数据库。这一层的主要功能包括用户管理相关类、订单管理相关类、图书和图书类别管理相关类及管理员相关类等。

d. 实体层是数据表结构的映射。使用 Model 层,可以为每个实体创建一个对应的类,比如为图书表创建对应的图书类,为用户表创建对应的用户类等。将表结构组织为类,既反映了表的内容和关联关系,也使表对象易于使用及维护。这些类在界面表现层与业务逻辑层相互传递。

e. 界面表现层是为客户提供用于交互的应用服务图形界面,帮助用户理解和高效地定位应用服务,呈现业务逻辑层中传递的数据,用 ASP. NET 页面来实现,如首页"index. aspx"等。

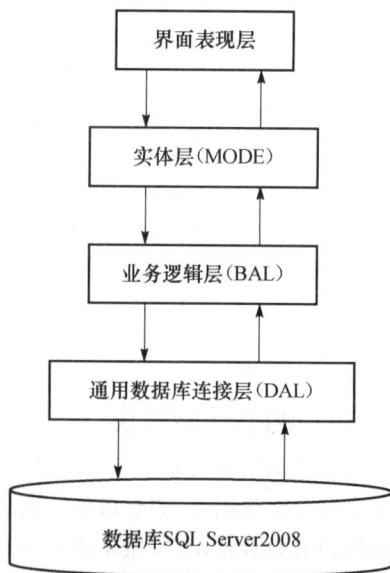

图8-2 系统架构设计图

三　数据库设计

1. 关系图

在线书店数据库的关系图如图 8 – 3 所示。订单表通过订单细目表与图书表相关联,形成订单与图书间的多对多关系,订单表又通过用户账号字段与用户表相关联。图书表通过类别编号与图书类别表相关联,用户表通过等级编号与等级表相关联。

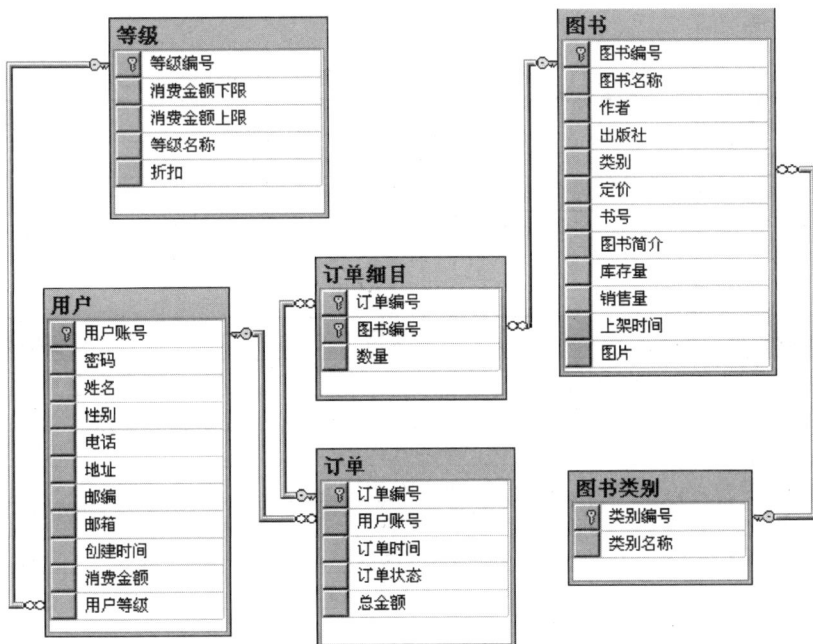

图 8 – 3　关系图

2. 表说明

在线书店数据库中各表的表结构如表 8 – 1 ~ 表 8 – 7 所示。

（1）用户表

表 8 – 1　用户表

字段名称	字段类型	字段说明
用户账号	varchar(20)	主键
密码	varchar(20)	
姓名	varchar(10)	
性别	char(2)	
电话	varchar(20)	
地址	varchar(50)	
邮编	char(6)	
邮箱	varchar(30)	
创建时间	smalldatetime	
消费金额	float	默认值 0
用户等级	tinyint	外键、默认值 1

（2）等级表

表8-2　等级表

字段名称	字段类型	字段说明
等级编号	tinyint	主键
消费金额上限	int	
消费金额下限	int	
等级名称	varchar(10)	
折扣	numeric(3,1)	

（3）管理员表

表8-3　管理员表

字段名	字段类型	字段说明
管理员账号	varchar(20)	主键
密码	varchar(20)	

（4）图书表

表8-4　图书表

字段名称	字段类型	字段说明
图书编号	int	主键、标识列(1,1)
图书名称	varchar(50)	
作者	varchar(20)	
出版社	varchar(50)	
类别	smallint	外键
定价	numeric(5,2)	
书号	varchar(30)	
图书简介	text	
库存量	smallint	
销售量	smallint	
上架时间	smalldatetime	
图片	varchar(50)	

（5）图书类别表

表8-5　图书类别表

字段名称	字段类型	字段说明
类别编号	smallint	主键、标识列(1,1)
类别名称	varchar(20)	

（6）订单表

表8-6　订单表

字段名称	字段类型	字段说明
订单编号	int	主键、标识列(1,1)
用户账号	varchar(20)	外键
订单时间	smalldatetime	
订单状态	varchar(10)	
总金额	float	

(7) 订单细目表

表 8 - 7 订单细目表

字段名称	字段类型	字段说明
订单编号	int	主键
图书编号	int	主键
数量	smallint	

3. 视图设计

考虑在线书店网站的实际情况和数据库教学的需要,我们针对网站首页的新品推荐和热卖排行两个板块在数据库中分别设计了相应的视图,具体介绍如下。

(1) 新品推荐"CV_newbook"视图

实现功能:查找最新上架的前十本图书,并得到图书的详细信息。具体代码如下:

USE 在线书店

GO

SELECT TOP(10)图书编号,图书名称,作者,出版社,类别,定价,书号,图书简介,库存量,
    销售量,上架时间,图片

FROM 图书

ORDER BY 上架时间 DESC

GO

新品推荐"CV_newbook"视图将在网站代码的业务逻辑层(BAL)中引用。业务逻辑层的图书和图书类别管理相关类"BookInfo. cs"中的"SearchNewBooks()"方法引用了"CV_newbook"视图,实现新书的搜索。

"SearchNewBooks()"方法的具体代码如下:

```
public List < Book > SearchNewBooks()
    {
        String strSql = "SELECT *  FROM CV_newbook";
        DataTable dtBooks = SqlHelper. ExecuteDataTable(strSql);
        if (dtBooks ! = null && dtBooks. Rows. Count >0)
        {
            List < Book >bookList = new List < Book > ();
            for(Int32 i = 0; i < dtBooks. Rows. Count; i + +)
            {
                DataRow rowBook = dtBooks. Rows[i];
                Book book = new Book();
                book. ID = Convert. ToInt32 (rowBook["图书编号"]);
                book. Inventory = Convert. ToInt32 (rowBook["库存量"]);
                book. Price = Convert. ToSingle(rowBook["定价"]);
                book. BookName = rowBook["图书名称"]. ToString();
                book. Author = rowBook["作者"]. ToString();
                book. Publisher = rowBook["出版社"]. ToString();
                book. ISBN = rowBook["书号"]. ToString();
```

```
            book.Synopsis = rowBook["图书简介"].ToString();
            book.ImgUrl = rowBook["图片"].ToString();
            bookList.Add(book);
        }
        return bookList;
    }
    return null;
}
```

有关业务逻辑层(BAL)的详细说明请参考本情境的逻辑层设计部分。

(2) 热卖排行"CV_saletop"视图

实现功能:查找销售量最高的前六本图书,并得到图书的详细信息。具体代码如下:

```
USE 在线书店
GO
CREATE VIEW CV_saletop
AS
SELECT TOP(6) 图书编号,图书名称,作者,出版社,类别,定价,书号,图书简介,库存量,销
        售量,上架时间,图片
FROM 图书
ORDER BY 销售量 DESC
GO
```

热卖排行"CV_saletop"视图将在网站代码的业务逻辑层(BAL)中引用。业务逻辑层的图书和图书类别管理相关类"BookInfo. cs"中的"SearchHotBooks()"方法引用了"CV_saletop"视图,实现新书的搜索。

"SearchHotBooks()"方法的具体代码如下:

```
public List<Book>SearchHotBooks()
    {
        String strSql = "SELECT * FROM CV_saletop";
        DataTable dtBooks = SqlHelper.ExecuteDataTable(strSql);
        if(dtBooks != null && dtBooks.Rows.Count > 0)
        {
            List<Book>bookList = new List<Book>();
            for(Int32 i = 0; i < dtBooks.Rows.Count;i++)
            {
                DataRow rowBook = dtBooks.Rows[i];
                Book book = new Book();
                book.ID = Convert.ToInt32(rowBook["图书编号"]);
                book.Inventory = Convert.ToInt32(rowBook["库存量"]);
                book.Price = Convert.ToSingle(rowBook["定价"]);
                book.BookName = rowBook["图书名称"].ToString();
                book.Author = rowBook["作者"].ToString();
                book.Publisher = rowBook["出版社"].ToString();
                book.ISBN = rowBook["书号"].ToString();
```

```
book.Synopsis = rowBook["图书简介"].ToString();
book.ImgUrl = rowBook["图片"].ToString();
bookList.Add(book);
        }
    return bookList;
    }
return null;
    }
```

有关业务逻辑层(BAL)的详细说明请参考本情境的逻辑层设计部分。

4. 存储过程设计

考虑在线书店网站的实际情况和数据库教学的需要,我们在数据库中设计了以下存储过程供网站程序调用。具体介绍如下。

(1) 添加图书信息存储过程"addBook"

本存储过程实现的功能是:根据输入参数@ name(图书名称),@ author(作者),@ publisher(出版社),@ libId(类别),@ price(定价),@ ISBN(书号),@ synopsis(图书简介),@ inventory(库存量),@ topcarrigeTime(上架时间),@ imgUrl(图片)的值,向图书表中添加记录。具体代码如下:

```
SET ANSI_NULLS ON
SET QUOTED_IDENTIFIER ON
GO
-- 添加图书
CREATE procedure [dbo].[addBook]
@ name NVARCHAR(50),
@ author NVARCHAR(20),
@ publisher NVARCHAR(100),
@ libId INT,
@ price FLOAT,
@ ISBN NVARCHAR(20),
@ synopsis NVARCHAR(500),
@ inventory INT,
@ topcarrigeTime DATETIME,
@ imgUrl NVARCHAR(50)
As
INSERT INTO [dbo].[图书]([图书名称],[作者],[出版社],[类别],[定价],[书号],
[图书简介],[库存量],[上架时间],[图片])
VALUES(@ name,@ author,@ publisher,@ libId,@ price,@ ISBN,@ synop-
sis,@ inventory,@ topcarrigeTime,@ imgUrl)
GO
```

(2) 添加图书类别存储过程"addLibcategory"

本存储过程实现的功能是:根据输入参数"@ libName"(类别名称)的值向图书类别表添加记录。具体代码如下:

```
SET ANSI_NULLS ON
```

```
SET QUOTED_IDENTIFIER ON
GO
-- 添加图书类别
CREATE procedure [dbo].[addLibcategory]
@ libName NVARCHAR(50)
As
IF NOT EXISTS(SELECT [类别名称] FROM [dbo].[图书类别] WHERE [类别名称]=@
libName)
INSERT INTO [dbo].[图书类别]([类别名称]) VALUES(@ libName)
GO
```

（3）删除图书存储过程"deleteBook"

本存储过程实现的功能是：根据输入参数"@id"（图书编号）的值删除图书表的相关记录。具体代码如下：

```
SET ANSI_NULLS ON
SET QUOTED_IDENTIFIER ON
GO
-- 删除图书
CREATE procedure[dbo].[deleteBook]
@ id INT
As
DELETE FROM[dbo].[图书]WHERE[图书编号]=@ id
GO
```

（4）获取图书信息存储过程"getBookByID"

本存储过程实现的功能是：根据输入参数"@id"（图书编号）的值从图书表和图书类别表里获取图书信息。具体代码如下：

```
SET ANSI_NULLS ON
SET QUOTED_IDENTIFIER ON
GO
-- 根据图书编号获取图书信息
CREATE procedure [dbo].[getBookByID]
@ id INT
As
SELECT book.[图书编号],book.[图书名称],book.[作者],book.[出版社],book.
[类别],book.[定价],book.[书号],book.[图书简介],book.[上架时间],book.[库
存量],book.[图片],book.[销售量],c.[类别名称]
FROM[dbo].[图书]book INNER JOIN dbo.[图书类别] c ON book.[类别]=c.[类别编号]
WHERE book.[图书编号]=@ id
GO
```

（5）获取图书类别存储过程"getLibcategories"

本存储过程实现的功能是：从图书类别表里获取图书类别信息。具体代码如下：

```
SET ANSI_NULLS ON
SET QUOTED_IDENTIFIER ON
```

```
GO
-- 获取图书类别列表
CREATE procedure [dbo].[getLibcategories]
As
SELECT [类别编号],[类别名称] FROM [在线书店].[dbo].[图书类别]
GO
```

（6）修改图书信息存储过程"updateBook"

本存储过程实现的功能是：根据输入参数@ name（图书名称），@ author（作者），@ publisher（出版社），@ libId（类别），@ price（定价），@ ISBN（书号），@ synopsis（图书简介），@ inventory（库存量），@ topcarrigeTime（上架时间），@ imgUrl（图片），@ id（图书编号）的值修改图书表中相应记录。具体代码如下：

```
SET ANSI_NULLS ON
SET QUOTED_IDENTIFIER ON
GO
-- 修改图书
CREATE procedure [dbo].[updateBook]
@ name NVARCHAR(50),
@ author NVARCHAR(20),
@ publisher NVARCHAR(100),
@ libId INT,
@ price FLOAT,
@ ISBN NVARCHAR(20),
@ synopsis NVARCHAR(500),
@ inventory INT,
@ topcarrigeTime DATETIME,
@ imgUrl NVARCHAR(50),
@ id INT
As
UPDATE [dbo].[图书]
SET [图书名称]=@ name,[作者]=@ author,[出版社]=@ publisher,[类别]=@ libId,[定价]=@ price,[书号]=@ ISBN,图书简介]=@ synopsis,[库存量]=@ inventory,[上架时间]=@ topcarrigeTime,[图片]=@ imgUrl
WHERE [图书编号]=@ id
GO
```

（7）获取登录管理员信息存储过程"adminGetLogin"

本存储过程实现的功能是：根据输入参数"@ accounts"（管理员账号）、@ pwd（管理员密码）的值获取登录管理员信息。具体代码如下：

```
SET ANSI_NULLS ON
SET QUOTED_IDENTIFIER ON
GO
-- 获取登录的管理员信息
CREATE procedure [dbo].[adminGetLogin]
```

```
@ accounts varchar(50),
@ pwd varchar(50)
As
SELECT[管理员账号],[密码]
FROM[dbo].[管理员]
WHERE[管理员账号]=@ accounts AND[密码]=@ pwd
GO
```

（8）修改管理员账号和密码存储过程"adminChangePassword"

本存储过程实现的功能是：根据输入参数@ newPwd（新密码），@ newAcc（新账号），@ oldAcc（旧账号）的值修改管理员的账号和密码。具体代码如下：

```
SET ANSI_NULLS ON
SET QUOTED_IDENTIFIER ON
GO
--修改管理员账号和密码
CREATE procedure[dbo].[adminChangePassword]
@ newPwd varchar(50),
@ newAcc varchar(50),
@ oldAcc varchar(50)
As
UPDATE dbo.管理员
SET 密码=@ newPwd,管理员账号=@ newAcc
WHERE 管理员账号=@ oldAcc
GO
```

上述存储过程将在网站代码的业务逻辑层（BAL）中调用。业务逻辑层中的图书和图书类别管理相关类"BookInfo.cs"调用了前六个存储过程，实现图书的添加、修改和删除以及图书类别的添加等。业务逻辑层中的管理员账户相关类"AdminInfo.cs"调用了最后两个存储过程，实现管理员账户的修改。有关业务逻辑层（BAL）的详细介绍请参考本情境的逻辑层设计部分。

5. 触发器设计

在线书店数据库中共设计了以下三个触发器：

（1）"T_消费总金额"触发器

触发器完成的功能：订单表中订单状态发生变化时，若变成了"完成"状态，订单金额字段的值累加进用户表的消费金额。

具体代码如下：

```
USE 在线书店
GO
CREATE TRIGGER T_消费总金额 ON 订单
AFTER UPDATE
AS
IF UPDATE (订单状态)
IF(SELECT 订单状态 FROM INSERTED)LIKE '% 完成%'
    AND ((SELECT 订单状态 FROM DELETED)NOT LIKE '% 完成%')
```

```
BEGIN
DECLARE @ 用户账号 VARCHAR(20)
SELECT @ 用户账号 = 用户账号 FROM INSERTED
UPDATE 用户
SET 消费金额 = 消费金额 + (SELECT 总金额 FROM INSERTED)
WHERE 用户账号 = @ 用户账号
END
GO
```

（2）"T_用户级别"触发器

触发器完成的功能:用户表的消费金额发生变化时,查询用户等级表,根据情况确定是否修改用户表的用户等级。

具体代码如下:

```
USE 在线书店
GO
CREATE TRIGGER T_用户级别 ON 用户
AFTER UPDATE
AS
IF UPDATE(消费金额)
BEGIN
DECLARE @ 消费金额 FLOAT,@ 用户账号 VARCHAR(20)
SELECT @ 消费金额 = 消费金额,@ 用户账号 = 用户账号 FROM INSERTED
UPDATE 用户
SET 用户 . 用户等级 =
    (SELECT 等级 FROM 用户等级
    WHERE @ 消费金额 > = 用户等级 . 消费金额下限 AND @ 消费金额 < 用户等级 . 消费金额上限)
WHERE 用户 . 用户账号 = @ 用户账号
END
GO
```

（3）"T_Salestore"触发器

触发器完成的功能:订单细目添加记录的时候,根据数量字段的值,到图书表中改库存量和销售量。

具体代码如下:

```
USE 在线书店
GO
CREATE TRIGGER T_Salestore ON 订单细目
AFTER INSERT
AS
DECLARE @ 图书编号 INT,@ 数量 SMALLINT
SELECT @ 图书编号 = 图书编号,@ 数量 = 数量 FROM INSERTED
UPDATE 图书
SET 销售量 = 销售量 + @ 数量,库存量 = 库存量 - @ 数量
```

WHERE 图书编号 = @ 图书编号

GO

四　通用数据库连接层设计

通用数据库连接层（DAL）为在线书店系统提供数据库访问的方法，比如建立到数据库的连接，执行 T－SQL 命令的方法等。本层主要包括的功能如下：

a. 自定义数据命令的参数的封装，类名为"DBParameter"，实现文件"DBParameter. cs"。

b. 生成分页语句的"PagerHelper"类，实现文件"PagerHelper. cs"。

c. 封装了数据库连接、执行 T－SQL 命令的方法的"SqlHelper"类，实现文件"SqlHelper. cs"。

其中，操作 SQL 数据库的"SqlHelper"类代码具体如下：

```csharp
using System;
using System. Collections. Generic;
using System. Linq;
using System. Text;

using System. Data;
using System. Data. SqlClient;
using System. Configuration;

namespace DAL
{
    public class SqlHelper :IDisposable
    {
        #region 实例成员
        private SqlConnection _cnn;
        private SqlTransaction _trans;
        ///打开一个未关闭的数据库连接对象
        public void Open()
        {
            Open(false);
        }
        ///打开一个未关闭的数据库连接对象
        ///是否使用事务
        public void Open(Boolean trans)
        {
            if (_cnn == null)
            {
                _cnn = new SqlConnection(_strCnn);
                _cnn. Open();
            }
```

```
        else if (_cnn.State != ConnectionState.Open)
        {
            _cnn.Open();
        }

        if (trans && _trans == null)
        {
            _trans = _cnn.BeginTransaction();
        }
    }
    ///关闭已打开的连接对象
    public void Close()
    {
        if (_cnn != null && _cnn.State != ConnectionState.Closed)
        {
            _cnn.Close();
            _cnn = null;
        }
    }
    ///从挂起状态回滚事务
    public void RollBack()
    {
        if (_trans != null)
        {
            _trans.Rollback();
        }
    }
    ///提交数据库事务
    public void Commit()
    {
        if (_trans != null)
        {
            _trans.Commit();
            _trans = null;
        }
    }
#endregion
    private static String _strCnn =
        ConfigurationManager.ConnectionStrings["BookShopDataCon-
        nectionString"].ConnectionString;
    ///数据库连接字符串
    public static String StrCnn
```

```
    {
        get { return _strCnn; }
        set { _strCnn = value; }
    }


#region 静态成员
    ///创建一个命令对象
    private static SqlCommand CreateSqlCommand(String sqlTxt,SqlCon-
        nection cnn,CommandType cmdType,SqlTransaction trans,params
        DbParameter[] paras)
    {
        SqlCommand cmd = new SqlCommand(sqlTxt,cnn);
        cmd.CommandType = cmdType;
        if (trans != null)
        {
            cmd.Transaction = trans;
        }
        if (paras != null && paras.Length > 0 && paras[0] != null)
        {
            SqlParameter[] sqlParams = new SqlParameter[paras.Length];
            for (Int32 i =0;i<sqlParams.Length && paras[i]!=null;i++)
            {
                sqlParams[i] = DbParameterToSqlParameter(paras[i]);
            }
            cmd.Parameters.AddRange(sqlParams);
        }
        return cmd;
    }


    private static SqlParameter DbParameterToSqlParameter(DbParam-
        eter dbPara)
    {
        SqlParameter p = new SqlParameter(dbPara.Name,dbPara.Value);
        p.SqlDbType = dbPara.DataType;
        return p;
    }
    ///对连接执行 T-Sql 语句并返回受影响的行数
    private static Int32 ExecuteNonQuery(SqlConnection cnn,String sqlTxt,
    CommandType cmdType,SqlTransaction trans,params DbParameter[] paras)
    {
        SqlCommand cmd =CreateSqlCommand(sqlTxt,cnn,cmdType,trans,
        paras);
```

```
        return cmd.ExecuteNonQuery();
    }
///对连接执行 T - Sql 语句并返回受影响的行数
public static Int32 ExecuteNonQuery(String sqlTxt)
{
    DbParameter[] paras = new DbParameter[1];
    using(SqlConnection cnn = new SqlConnection(_strCnn))
    {
        cnn.Open();
        Int32 rlt = ExecuteNonQuery(cnn,sqlTxt,CommandType.Text,
        null,paras);
        cnn.Close();
        return rlt;
    }
}
///对连接执行 T - Sql 语句并返回受影响的行数
public static Int32 ExecuteNonQuery(String sqlTxt,CommandType
        cmdType,params DbParameter[]paras)
{
    using (SqlConnection cnn = new SqlConnection(_strCnn))
    {
        cnn.Open();
        Int32 rlt =ExecuteNonQuery(cnn,sqlTxt,cmdType,null,paras);
        cnn.Close();
        return rlt;
    }
}


///对连接执行 T - Sql 语句并返回受其影响的结果集
private static DataTable ExecuteDataTable(SqlConnection cnn,String
        sqlTxt,CommandType cmdType,params DbParameter[] paras)
{
    DataTable dtRlt = new DataTable();
    SqlCommand cmd = CreateSqlCommand(sqlTxt,cnn,cmdType,null,paras);
    SqlDataAdapter adapter = new SqlDataAdapter(cmd);
    adapter.Fill(dtRlt);
    return dtRlt;
}
///对连接执行 T - Sql 语句并返回受其影响的结果集
public static DataTable ExecuteDataTable(String sqlTxt,CommandType
        cmdType,params DbParameter[] paras)
{
```

```
    using (SqlConnection cnn = new SqlConnection(_strCnn))
{
        return ExecuteDataTable(cnn,sqlTxt,cmdType,paras);
    }
}
///对连接执行 T - Sql 语句并返回受其影响的结果集
public static DataTable ExecuteDataTable(String sqlTxt,params
        DbParameter[] paras)
{
    using (SqlConnection cnn = new SqlConnection(_strCnn))
    {
        return ExecuteDataTable(cnn,sqlTxt,CommandType.Text,paras);
    }
}


private static DataSet ExecuteDataSet(SqlConnection cnn,String
        sqlTxt,CommandType cmdType,params DbParameter[] paras)
{
    DataSet dsRlt = new DataSet();
    SqlCommand cmd = CreateSqlCommand(sqlTxt,cnn,cmdType,null,paras);
    SqlDataAdapter adapter = new SqlDataAdapter(cmd);
    adapter.Fill(dsRlt);
    return dsRlt;
}
public static DataSet ExecuteDataSet(String sqlTxt,CommandType
        cmdType,params DbParameter[] paras)
{
    using (SqlConnection cnn = new SqlConnection(_strCnn))
    {
        return ExecuteDataSet(cnn,sqlTxt,cmdType,paras);
    }
}


public static Object ExecuteScalar(SqlConnection cnn, String
        sqlText,CommandType cmdType,params DbParameter[] paras)
{
    SqlCommand cmd = CreateSqlCommand(sqlText, cnn, cmdType,
    null,paras);
    return cmd.ExecuteScalar();
}


public static Object ExecuteScalar(String sqlText, CommandType
```

```
            cmdType,params DbParameter[] paras)
        {
            using (SqlConnection cnn = new SqlConnection())
            {
                cnn.Open();
                Object objRlt = ExecuteScalar(cnn,sqlText,cmdType,paras);
                cnn.Close();
                return objRlt;
            }
        }
        ///创建一个命令参数对象
        public static DbParameter CreateDbParameter(String name,Object
                value,SqlDbType dbType)
        {
            DbParameter para = new DbParameter(name,value,dbType);

            return para;
        }
        #endregion

        #region IDisposable 成员

        public void Dispose()
        {

        }

        #endregion
    }
}
```

五 实体层设计

实体层(Model)是表结构的映射,数据库中的表对应为实体层中的一个类,表中的列对应为类的属性。数据库中表的关联关系通过类之间的引用来表现。

本层主要包括以下功能:

a. 图书表对应的图书类,类名为"Book",实现文件"Book. cs"。

b. 管理员表对应的管理员类,类名为"Adimin",实现文件"Adimin. cs"。

c. 用户表对应的用户类,类名为"User",实现文件"User. cs"。

d. 等级表对应的用户等级类,类名为"UserLever",实现文件"UserLever. cs"。

e. 订单表对应的订单类,类名为"Order",实现文件"Order. cs"。

f. 类别表对应的图书类别类,类名为"Libcategories",实现文件"Libcategories. cs"。

g. 购物车对应的购物车相关类,类名为"ShopcartUnit",实现文件"ShopcartUnit. cs"。

其中,图书类的具体代码如下:

```csharp
using System;
using System. Collections. Generic;
using System. Linq;
using System. Text;

namespace Model
{
    ///图书相关类
    public class Book
    {
        private Int32 _id;
        ///图书编号
        public Int32 ID
        {
            get { return _id; }
            set { _id = value; }
        }

        private String _bookName;
        ///图书名称
        public String BookName
        {
            get { return _bookName; }
            set { _bookName = value; }
        }

        private String _author;
        ///作者
        public String Author
        {
            get { return _author; }
            set { _author = value; }
        }

        private String _publisher;
        ///出版社
        public String Publisher
        {
            get { return _publisher; }
```

```
        set { _publisher = value; }
    }


    private Libcategories _libcategory;
    ///图书类别
    public Libcategories Libcategory
    {
        get { return _libcategory; }
        set { _libcategory = value; }
    }


    private Single _price;
    ///定价
    public Single Price
    {
        get { return _price; }
        set { _price = value; }
    }


    private String _ISBN;
    ///ISBN 号
    public String ISBN
    {
        get { return _ISBN; }
        set { _ISBN = value; }
    }


    private String _synopsis;
    ///图书简介
    public String Synopsis
    {
        get{ return _synopsis; }
        set{ _synopsis = value; }
    }


    private Int32 _inventory;
    ///库存量
    public Int32 Inventory
    {
        get { return _inventory; }
        set { _inventory = value; }
    }
```

```
      private String _imgUrl;
      ///图片地址
      public String ImgUrl
      {
          get{return _imgUrl;}
          set{_imgUrl=value;}
      }


      private Int32 _saleAmount;
      ///销售量
      public Int32 SaleAmount
      {
          get { return _saleAmount; }
          set { _saleAmount = value; }
      }


      private DateTime _topcarrigeTime;
      ///上架时间
      public DateTime TopcarrigeTime
      {
          get { return _topcarrigeTime; }
          set { _topcarrigeTime = value; }
      }


      ///返回图书名称
      public override string ToString()
      {
          return this.BookName;
      }
      ///构造默认的图书类实例
      public Book(){ }
   }
}
```

六　逻辑层设计

　　业务逻辑层(BAL)用于访问数据层,从数据层取数据、修改数据以及删除数据,并将结果集转换为实体类(Model)返回给表现层。

　　本层主要包括以下功能:

　　a. 用户管理相关类,类名为"UserInfo",实现文件"UserInfo. cs"。

b. 图书和图书类别管理相关类,类名为"BookInfo",实现文件"BookInfo. cs"。

c. 订单管理相关类,类名为"OrderInfo",实现文件"OrderInfo. cs"。

d. 管理员账户相关类,类名为"AdminInfo",实现文件"AdminInfo. cs"。

其中的订单管理相关类用于完成订单查询、添加订单、修改订单状态等与业务逻辑有关的操作,具体代码如下。

```csharp
using System;
using System. Collections. Generic;
using System. Linq;
using System. Text;

using DAL;
using Model;
using System. Data;

namespace BAL
{
    ///订单管理相关类
    public class OrderInfo
    {
        ///订单查询
        public List < Order > SearchOrders (DateTime dtStart, DateTime dtEnd,
                Int32 orderNo, String userAccounts, String orderState, String
                bookName, Int32 curPage, Int32 pageSize, out Int32 pageCount)
        {
            ///sql 语句
            StringBuilder sqlBuilder = new StringBuilder();
            sqlBuilder. Append("SELECT odr. [订单编号], odr. [用户账号], odr.
                [订单时间], odr. [订单状态], odr. [总金额], u. [姓名], book. [图书编
                号], book. [图书名称] FROM [dbo]. [订单] odr ");
            sqlBuilder. Append("INNER JOIN [dbo]. [用户] u ON odr. [用户账号]
                = u. [用户账号] ");
            sqlBuilder. Append("INNER JOIN [dbo]. [订单细目] details ON de-
                tails. [订单编号] = odr. [订单编号] ");
            sqlBuilder. Append("INNER JOIN [dbo]. [图书] book ON book. [图书
                编号] = details. [图书编号] ");
            sqlBuilder. Append("WHERE odr. [订单编号] IN (SELECT odr. [订单编
                号] FROM [dbo]. [订单] odr ");
            sqlBuilder. Append("INNER JOIN [dbo]. [用户] u ON odr. [用户账号]
                = u. [用户账号] ");
            sqlBuilder. Append("INNER JOIN [dbo]. [订单细目] details ON de-
                tails. [订单编号] = odr. [订单编号] ");
            sqlBuilder. Append("INNER JOIN [dbo]. [图书] book ON book. [图书
```

```
            编号] = details. [图书编号] ");
    sqlBuilder. Append("WHERE 1 = 1 ");
    List <DbParameter> paraList = new List <DbParameter>();
    if (dtStart ! = DateTime. MinValue && dtEnd ! = DateTime. MaxValue)
        {
            sqlBuilder. Append("AND odr. [订单时间] BETWEEN @ dtStart AND
                @ dtEnd ");
            paraList. Add (SqlHelper. CreateDbParameter ("@ dtStart", dt-
                Start, SqlDbType. DateTime));
            paraList. Add (SqlHelper. CreateDbParameter (" @ dtEnd", dt-
                End, SqlDbType. DateTime));
        }
    if (orderNo > 0)
        {
            sqlBuilder. Append("AND odr. [订单编号] = @ no ");
            paraList. Add (SqlHelper. CreateDbParameter ("@ no", orderNo,
                SqlDbType. Int));
        }
    if (! String. IsNullOrEmpty (userAccounts))
        {
            sqlBuilder. Append("AND odr. [用户账号] = @ accounts ");
            paraList. Add (SqlHelper. CreateDbParameter (" @ accounts",
                userAccounts, SqlDbType. NVarChar));
        }
    if (! String. IsNullOrEmpty (orderState))
        {
            sqlBuilder. Append("AND odr. [订单状态] = @ state ");
            paraList. Add (SqlHelper. CreateDbParameter ("@ state", orde-
                rState, SqlDbType. NVarChar));
        }
    if (! String. IsNullOrEmpty (bookName))
        {
            sqlBuilder. Append("AND book. [图书名称] = @ bookname ");
            paraList. Add (SqlHelper. CreateDbParameter (" @ bookname",
                bookName, SqlDbType. NVarChar));
        }
    sqlBuilder. Append(")");
    String sql = PagerHelper. CreatePagedSql (curPage, pageSize,
            sqlBuilder. ToString(), "[订单编号]");
    ///查询结果
    DataSet dsRlt = SqlHelper. ExecuteDataSet (sql, CommandType. Text,
            paraList. ToArray());
```

```
pageCount = 1;
List <Order> orderList = new List <Order> ();
if (dsRlt ! = null && dsRlt. Tables. Count = = 2)
{
    DataTable dtOrders = dsRlt. Tables[0];
    if (dtOrders. Rows. Count > 0)
    {
        for (Int32 i = 0; i < dtOrders. Rows. Count; i + +)
        {
            DataRow rowOrder = dtOrders. Rows[i];
            Order order = null;
            ///如果当前列表不存在该订单,创建一个,否则找到那个订单,在其
                中添加图书信息
            if ((order = orderList. Find(o = >o. ID = =Convert. ToInt32
                (rowOrder["订单编号"]))) = = null)
            {
                order = new Order();
                order. ID = Convert. ToInt32 (rowOrder["订单编号"]);
                order. Amount = Convert. ToSingle (rowOrder["总金额"]);
                order. OrderStatus = rowOrder["订单状态"]. ToString();
                order. OrderTime = Convert. ToDateTime (rowOrder["
                    订单时间"]);
                User oUser = new User (rowOrder["用户账号"]. ToString
                    (), rowOrder["姓名"]. ToString());
                order. OrderUser = oUser;
                Book oBook = new Book();
                oBook. ID = Convert. ToInt32 (rowOrder["图书编号"]);
                oBook. BookName = rowOrder["图书名称"]. ToString();
                order. OrderProducts = new List <Book> ();
                order. OrderProducts. Add(oBook);
                orderList. Add(order);
            }
            else
            {
                Book oBook = new Book();
                oBook. ID = Convert. ToInt32 (rowOrder["图书编号"]);
                oBook. BookName = rowOrder["图书名称"]. ToString();
                order. OrderProducts. Add(oBook);
            }
        }
    }
```

```
            DataTable dtCount = dsRlt.Tables[1];
            if (dtCount.Rows.Count > 0)
            {
                pageCount = Convert.ToInt32(dtCount.Rows[0][0]);
                pageCount = pageCount / pageSize + (pageCount % pageS-
                    ize == 0 ? 0 : 1);
            }
        }

        return orderList;
    }

    ///添加订单
    public void AddOrder(String userAcct, List<ShopcartUnit> cart)
    {
        StringBuilder sqlBuilder = new StringBuilder();
        sqlBuilder.Append("BEGIN TRANSACTION; ");
        sqlBuilder.Append("DECLARE @odrID INT; ");
        sqlBuilder.AppendFormat("INSERT INTO dbo.订单(用户账号,订单状态,订
            单时间,总金额) VALUES ('{0}','订单生成','{1}','{2}'); ",
            userAcct, DateTime.Now.ToString("yyyy-MM-dd HH:mm:00"),
            cart.Sum(u => u.Count * u.ActualPrice).ToString("F2"));
        for (Int32 i = 0; i < cart.Count; i++)
        {
            ShopcartUnit unit = cart[i];
            sqlBuilder.Append("SELECT @odrID = MAX(订单编号) FROM dbo.订单; ");
            sqlBuilder.AppendFormat("INSERT INTO dbo.订单细目(订单编号,
                图书编号,数量) VALUES (@odrID,{0},{1}); ", unit.BookID,
                unit.Count);
        }
        sqlBuilder.Append("COMMIT TRANSACTION");

        SqlHelper.ExecuteNonQuery(sqlBuilder.ToString());
    }
    ///获取订单状态列表
    public List<String> GetOrderStatus()
    {
        List<String> orderStatus = new List<String>();
        orderStatus.Add("订单生成");
        orderStatus.Add("已付款");
        orderStatus.Add("已发货");
        orderStatus.Add("确认收货");
```

```
        orderStatus.Add("订单完成");
        return orderStatus;
    }
    ///修改订单状态
    public void EditOrder(Int32 odrID,String odrStatus)
    {
        String strSql = "UPDATE dbo.[订单] SET [订单状态] = @ status
                WHERE [订单编号] = @ odrId";
        SqlHelper.ExecuteNonQuery(strSql,CommandType.Text,
          SqlHelper.CreateDbParameter ( " @ status ", odrStatus,
SqlDbType.NVarChar),
            SqlHelper.CreateDbParameter("@ odrId",odrID,SqlDbType.Int));
    }
  }
}
```

七　界面层设计

　　网站页面分三个部分:前台页面、网站登录用户页面和后台管理员页面,如图 8 – 4 所示。每个部分的首页都是"index. aspx"。其他的网页页面(aspx 文件)以 iframe 形式嵌在对应部分的首页(index 页面)中。

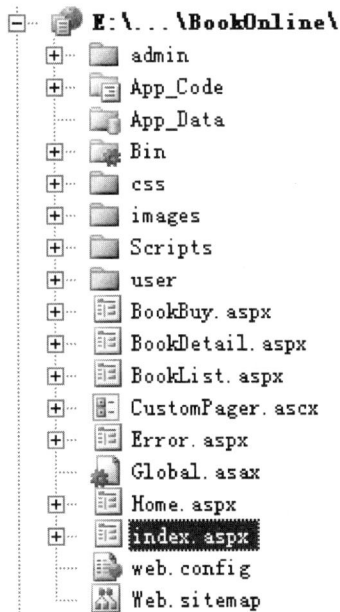

图 8 – 4　网站页面程序

1. Web. config 配置文件

　　网站配置文件(XML 格式),其中数据库连接字符串放在结点"connectionStrings"中:

```
<configuration>
  <appSettings/>
  <connectionStrings>
    < add connectionString = " Data Source = myServerAddress; Initial
    Catalog =在线书店;Integrated Security =true;" name = "BookShopData-
    ConnectionString"/>
  </connectionStrings>
```

其中,"myServerAddress"使用"服务器名\实例名"作为连接指定 SQL Server 实例的数据源。

2. App_Code 文件夹

用户登录网站的操作称为一次会话(Session),在程序表现层中要处理会话中的一些逻辑(如购物车信息保存在会话中),这些处理放在了"App_Code"文件夹下。内容包括会话的一些公用方法、公用字段和购物车相关逻辑代码。具体功能如下:

a. 存放系统界面公用常量的"ConstName"类,实现文件为"ConstName. cs"。
b. 存放系统界面公用方法的"Common"类,实现文件为"Common. cs"。
c. 存放购物车相关操作的"ShopCartInfo"类,实现文件为"ShopCartInfo. cs"。

其中,购物车相关操作的"ShopCartInfo"类具体代码如下:

```
using System;
using System. Collections. Generic;
using System. Linq;
using System. Web;

using Model;
using BAL;
using System. Web. UI;
using System. Web. UI. WebControls;

///购物车相关操作

public class ShopCartInfo
{
    public ShopCartInfo()
    {

    }
    ///根据图书 ID 查看购物车中已买的数量
    public static Int32 GetShopcartUnit(Int32 bookID)
    {
        List<ShopcartUnit> cart =
                HttpContext. Current. Session[ConstName. SESSION_CART] as
                List<ShopcartUnit>;
        if (cart ! = null)
```

```
      {
         ShopcartUnit unit = cart.Find(u = > u.BookID = = bookID);
         if (unit ! = null)
         {
            return unit.Count;
         }
      }
      return 0;
}
///向购物车中添加图书
public static void AddBook(Book book,Int32 num)
{
      HttpContext curCtx = HttpContext.Current;
      User curUser = curCtx.Session[ConstName.SESSION_USER] as User;
      if (curUser ! = null)
      {
         if (curCtx.Session[ConstName.SESSION_CART] = = null)
         {
            curCtx.Session[ConstName.SESSION_CART] = new List < Shopc-
                  artUnit > ();
         }
         List < ShopcartUnit > cart = curCtx.Session [ Const-
                  Name.SESSION_CART] as List < ShopcartUnit >;
         if (cart ! = null)
         {
            ShopcartUnit unit = cart.Find(u = > u.BookID = = book.ID);
            if (unit ! = null)
            {
               unit.Count = num;
            }
            else
            {
               unit = new ShopcartUnit();
               unit.BookID = book.ID;
               unit.BookName = book.BookName;
               unit.ISBN = book.ISBN;
               unit.Price = book.Price;
               unit.ActualPrice = book.Price * curUser.Level.Discount;
               unit.Count = num;
               cart.Add(unit);
            }
         }
```

```
        }
    }
///根据图书编号从购物车中删除图书
public static void DelBookByID(Int32 bookId)
{
    HttpContext curCtx = HttpContext.Current;
    User curUser = curCtx.Session[ConstName.SESSION_USER] as User;
    if (curUser != null)
    {
        List<ShopcartUnit> cart = curCtx.Session[ConstName.SESSION_
                CART] as List<ShopcartUnit>;
        if (cart != null)
        {
            ShopcartUnit unit = cart.Find(u => u.BookID == bookId);
            if (unit != null)
            {
                cart.Remove(unit);
            }
        }
    }
}
///将购物车中商品提交为订单
public static void CommitCart()
{
    HttpContext curCtx = HttpContext.Current;
    User curUser = curCtx.Session[ConstName.SESSION_USER] as User;
    if (curUser != null)
    {
        List<ShopcartUnit> cart = curCtx.Session[ConstName.SESSION_
                CART] as List<ShopcartUnit>;
        if (cart != null)
        {
            new OrderInfo().AddOrder(curUser.Accounts, cart);
            cart.Clear();
        }
    }
}
///当前购物车信息
public static List<ShopcartUnit> CurCart
{
    get
    {
```

```
HttpContext curCtx = HttpContext.Current;
if (curCtx.Session[ConstName.SESSION_CART] = = null)
{
    curCtx.Session[ConstName.SESSION_CART] = new
            List < ShopcartUnit > ();
}
List < ShopcartUnit > cart = curCtx.Session[ConstName.SESSION_
        CART] as List < ShopcartUnit >;
    return cart;
    }
  }
}
```

3. 网站首页

网站首页运行情况如图 8 - 5 所示。

图 8 - 5   网站首页

在网站首页中,有热卖排行、新书推介等图书信息,用户可以单击查看详细介绍。在首页左侧和上方的导航栏用户可以按照图书分类来浏览图书,也可以利用搜索和高级搜索功能检索自己喜欢的图书。非注册用户只能浏览图书信息,如果需要购买图书并查看订单,则要成为网站的注册用户并登录网站。

首页由网站项目根目录下的页面文件"index.aspx"实现,"index.aspx.cs"为其代码文件,其中"Page_load"事件的主要代码如下:

```
protected void Page_Load(object sender,EventArgs e)
    {
        User curUser = null;
```

```
        Admin curAdmin = null;
        if (! IsPostBack)
        {
            ///验证用户信息
            if ((curUser = Session[ConstName.SESSION_USER] as User)! = null)
            {
                this.ltUser.Text = curUser.Name;
                this.spanOut.Visible = false;
                this.spanOn.Visible = true;
            }
            if ((curAdmin = Session[ConstName.SESSION_ADMIN] as Admin)! =
            null)
            {
                this.ltUser.Text = curAdmin.Accounts;
                this.spanOut.Visible = false;
                this.spanOn.Visible = true;
            }
            ///绑定图书类别
            Common.BindLibcategory(this.rLib);
            Common.BindLibcategory(this.rNav);

            ///绑定热门图书
            this.rHot.DataSource = new BookInfo().SearchHotBooks();
            this.rHot.DataBind();

            ///如果在 url 传入了 Iframe 的链接,将 iframe 的地址设为该地址
            if (! String.IsNullOrEmpty ( Request.QueryString [ Const-
                    Name.URL_PARA_SETCHILDURL]))
            {
                fMain.Attributes["src"] = this.Request.Url.Query.Substring(3);
            }
        }
    }
```

4. 用户注册界面

用户注册界面由 user 文件夹下的"Regist. aspx"页面文件实现,"Regist. aspx. cs"为其代码文件。运行结果如图 8 - 6 所示。

其中,注册事件"btnRegist_Click"的主要代码如下:

```
protected void btnRegist_Click(object sender,EventArgs e)
    {
        User registUser = new User();
        registUser.Accounts = this.tbAccounts.Text;
```

```
registUser. Address = this. tbAddr. Text;
registUser. Consumption = OF;
registUser. CreateDate = DateTime. Now;
registUser. Gender = this. rbtnFemale. Checked ? '女' : '男';
registUser. Mail = this. tbMail. Text;
registUser. Name = this. tbName. Text;
registUser. Password = this. tbPwd. Text;
registUser. PostalCode = this. tbPostal. Text;
registUser. TelNo = this. tbTel. Text;
if (new UserInfo(). RegistUser(registUser))
{
    Session[ConstName. SESSION_USER] = registUser;
    Common. SetMainPageUrl(this,"index. aspx");
}
}
```

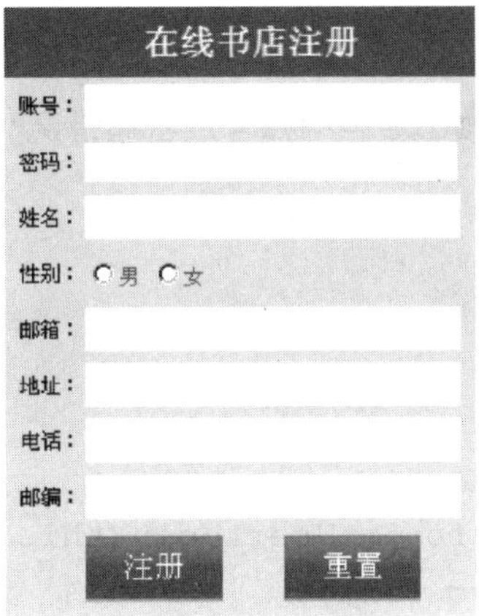

图 8 - 6　注册界面

5. 登录界面

登录界面实现用户和管理员的登录,如图 8 - 7 所示。普通用户登录的是前台网站首页,管理员登录的是后台管理界面。登录界面由"user"文件夹下的"Login. aspx"页面文件实现,"Login. as-px. cs"为其代码文件。

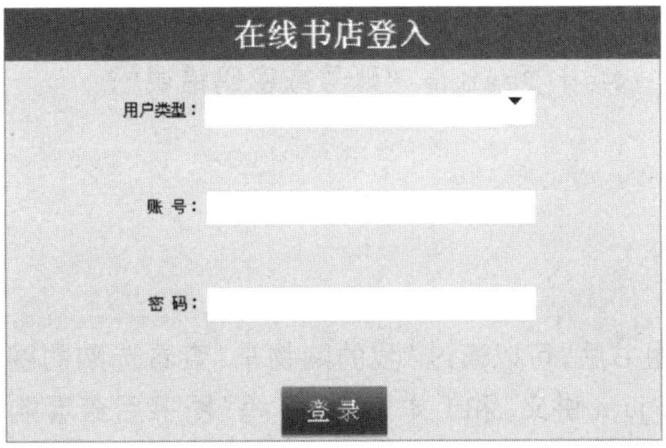

图 8 - 7　登录界面

289

登录的主要代码如下：

```
private void Login()
    {
        String loginType = this.tbType.Text;
        ///管理员登录
        if (loginType = = "管理员")
        {
            AdminInfo info = new AdminInfo();
            Admin admin = info.GetUserLogin(this.tbAccounts.Text,
                    this.tbPwd.Text);
            if (admin ! = null)
            {
                Session[ConstName.SESSION_ADMIN] = admin;
                Common.SetMainPageUrl(this,".../admin/index.aspx");
            }
            else
            {
                this.lbMsg.Text = "账号或密码错误";
            }
        }
        ///用户登录
        else
        {
            UserInfo info = new UserInfo();
            User user = info.GetUserLogin(this.tbAccounts.Text,
                    this.tbPwd.Text);
            if (user ! = null)
            {
                Session[ConstName.SESSION_USER] = user;
                Common.SetMainPageUrl(this,"index.aspx");
            }
            else
            {
                this.lbMsg.Text = "账号或密码错误";
            }
        }
    }
```

5. 购物车

用户登录网站并选购图书后，可以通过"我的购物车"查看选购的图书情况，如图 8 - 8 所示为用户"lrj"选购了 2 本"疯狂 java 讲义"和 1 本"幸福了吗"图书后查看购物车信息。购物车界面由"user"文件夹下的"Shopcart.aspx"页面文件实现，"Shopcart.aspx.cs"为其代码文件。

欢迎，lrj 退出

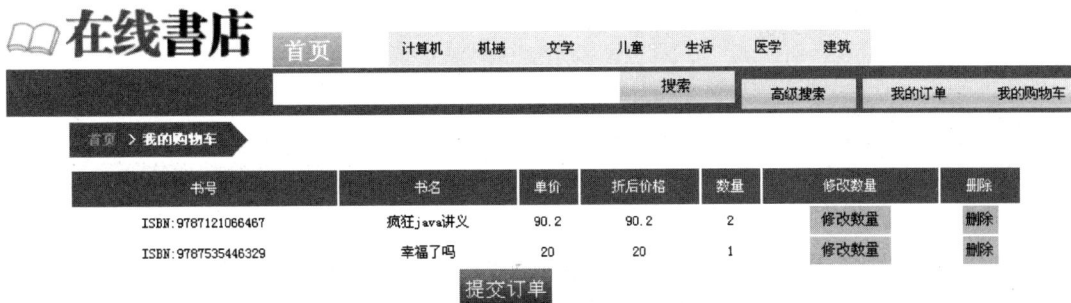

图 8 - 8　购物车

其中，"Page_Load"事件和提交单击事件的主要代码如下：

```
protected void Page_Load(object sender,EventArgs e)
  {
      User curUser = Session[ConstName.SESSION_USER] as User;
      if (curUser ! = null)
      {
         if (! IsPostBack)
         {
            BindShopcart();
         }
      }
      else
      {
         Common.SetMainIframeUrl(this,"Login.aspx");
      }
  }
///提交订单按钮
   protected void btnCommit_Click(object sender,EventArgs e)
   {
      ShopCartInfo.CommitCart();
      BindShopcart();
   }
///绑定购物车列表
   private void BindShopcart()
   {
      this.rShopcart.DataSource = ShopCartInfo.CurCart;
      this.rShopcart.DataBind();
   }
```

6. 我的订单

　　用户登录后，可以通过首页中"我的订单"进入订单页面查看自己的订单详情。页面运行情况如图 8 - 9 所示。在该页面，用户可以查看自己的所有订单，也可以根据订单的时间、状态、编号和商品名称等来搜索相应的订单。"我的订单"页面由"user"文件夹下的"MyOrders. aspx"页面文件实现,"MyOrders. aspx. cs"为其代码文件。

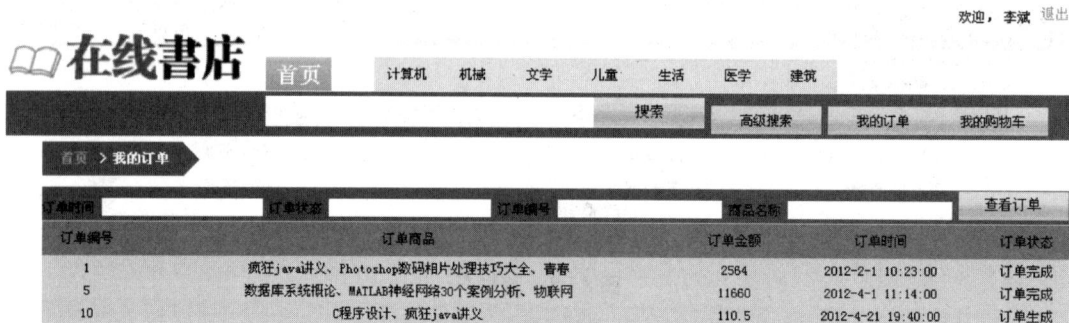

图 8-9　我的订单

其中,查看订单的"SearchOrders"方法具体代码如下:

```
private void SearchOrders(Int32 curPage)
    {
        User curUser = Session[ConstName. SESSION_USER] as User;
        if (curUser ! = null)
        {
            DateTime orderDate;
            Int32 orderNo = -1;
            String bookName = this. tbBookName. Text;
            String status = this. tbOrderStatus. Text;
            DateTime. TryParse(this. tbDate. Text,out orderDate);
            Int32. TryParse(this. tbOrderID. Text,out orderNo);

            Int32 pageCount = 0;
            OrderInfo info = new OrderInfo();
            List < Order > orderList = info. SearchOrders(orderDate,order-
            Date. AddDays(1),orderNo,curUser. Accounts,status,bookName,
            curPage,CustomPager1. PageSize,out pageCount);
            this. dlOrders. DataSource = orderList;
            this. dlOrders. DataBind();

            CustomPager1. PageCount = pageCount;
        }
    }
```

7. 后台管理界面

管理员以专用的管理员账号和密码登录后,就进入了后台管理界面,可以进行图书管理、用户管理以及订单的管理等。

（1）图书管理

图书管理页面运行情况如图 8-10 所示。管理员可以单击"查看按钮"查看所有图书的详细资料,也可以通过图书类别、出版社和书号等查看相应的图书。"添加"按钮用于添加新的图书,当然图书信息如果有变动则可以单击图书信息后的"修改"进行改动,下架的图书可以"删除"。"图书管理"页面由"admin"文件夹下的"BookMgr. aspx"页面文件实现,"BookMgr. aspx. cs"为其代码文件。

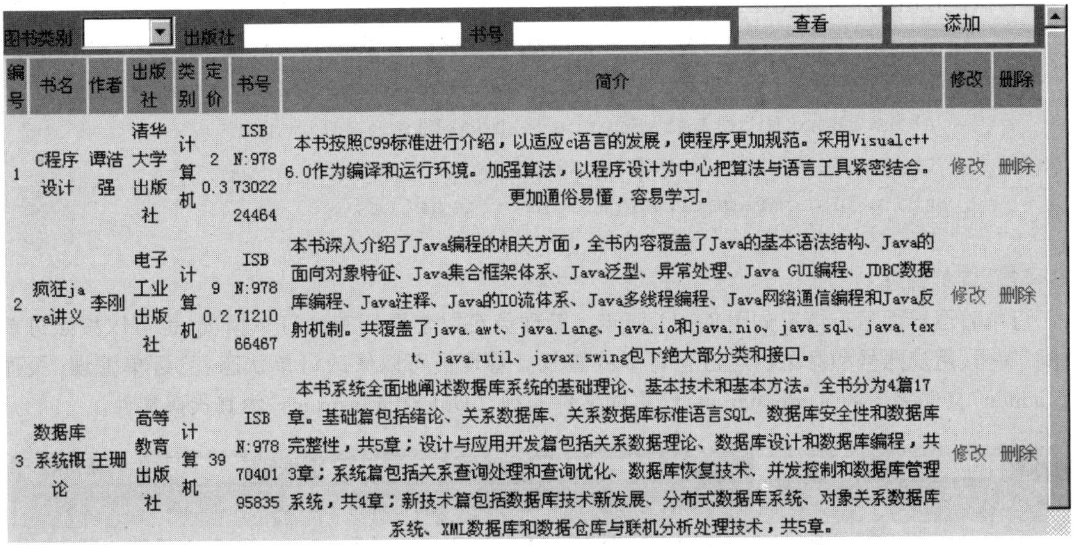

图 8 - 10　图书管理

其中,"查看"和"删除"按钮的代码具体如下:

```
///删除按钮
protected void btnDel_Click(object sender,EventArgs e)
    {
        Button btnDel = sender as Button;
        if (btnDel ! = null)
        {
            Int32 bookID = 0;
            if (Int32. TryParse(btnDel. CommandArgument,out bookID))
            {
                new BookInfo(). DelBookByID(bookID);
                SearchBooks(1);
            }
        }
    }
///查看
protected void btnQuery_Click(object sender,EventArgs e)
    {
        SearchBooks(1);
    }
private void SearchBooks(Int32 pageIdx)
    {
        String lib = this. ddlLibcategory. SelectedItem. Text,
```

```
        publisher = this.tbPublisher.Text,
        ISBN = this.tbISBN.Text;

    Int32 pageCnt = 1;
    List <Book> bookList = new BookInfo().SearchBooks(lib,publisher,
        ISBN,this.CustomPager1.PageSize,pageIdx,out pageCnt);
    this.rBookList.DataSource = bookList;
    this.rBookList.DataBind();
    this.CustomPager1.PageCount = pageCnt;
}
```

（2）订单管理

订单管理界面运行情况如图 8-11 所示。管理员可以查看所有的订单情况,也可以按照订单时间、编号、用户账号和订单状态进行订单的查找。管理员可以修改订单状态。"订单管理"页面由"admin"文件夹下的"OrderMgr.aspx"页面文件实现,"OrderMgr.aspx.cs"为其代码文件。

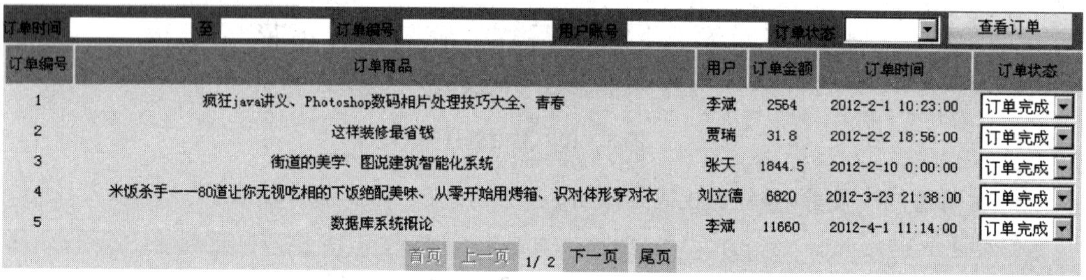

订单时间		至		订单编号		用户账号		订单状态		查看订单
订单编号	订单商品					用户	订单金额	订单时间		订单状态
1	疯狂java讲义、Photoshop数码相片处理技巧大全、青春					李斌	2564	2012-2-1 10:23:00		订单完成 ▼
2	这样装修最省钱					贾瑞	31.8	2012-2-2 18:56:00		订单完成 ▼
3	街道的美学、图说建筑智能化系统					张天	1844.5	2012-2-10 0:00:00		订单完成 ▼
4	米饭杀手——80道让你无视吃相的下饭绝配美味、从零开始用烤箱、识对体形穿对衣					刘立德	6820	2012-3-23 21:38:00		订单完成 ▼
5	数据库系统概论					李斌	11660	2012-4-1 11:14:00		订单完成 ▼

首页 上一页 1/2 下一页 尾页

图 8-11 订单管理

其中,"查看订单"按钮的详细代码如下:

```
///查看订单按钮
protected void btnOrder_Click(object sender,EventArgs e)
{
    SearchOrders(1);
}
public void PageChanged()
{
    Int32 curPage = CustomPager1.CurrentPage;
    SearchOrders(curPage);
}
///查看订单
private void SearchOrders(Int32 curPage)
{
    DateTime dtStart = DateTime.MinValue,
        dtEnd = DateTime.MaxValue;
    Int32 orderNo = -1;
    String userAccouts = this.tbUserAcc.Text;
```

```
String status = this.ddlOdrStatus.Text;
DateTime.TryParse(this.tbDtStart.Text,out dtStart);
DateTime.TryParse(this.tbDtEnd.Text,out dtEnd);
Int32.TryParse(this.tbOrderID.Text,out orderNo);

Int32 pageCount = 0;
OrderInfo info = new OrderInfo();
List <Order > orderList = info.SearchOrders(dtStart,dtEnd,orderNo,
    userAccouts, status, null, curPage, CustomPager1.PageSize, out
    pageCount);
this.rOrderList.DataSource = orderList;
this.rOrderList.DataBind();

CustomPager1.PageCount = pageCount;
}
```

（3）用户管理

用户管理界面运行情况如图 8 – 12 所示。管理员可以单击"查看用户"按钮查看所有用户的详细信息,也可以通过用户账户、姓名或级别等关键字查找相应用户。用户详细信息之后设计了"修改"和"删除"按钮,管理员拥有修改用户信息或是删除用户的权限。"用户管理"页面由"ad-min"文件夹下的"UserMgr.aspx"页面文件实现,"UserMgr.aspx.cs"为其代码文件。

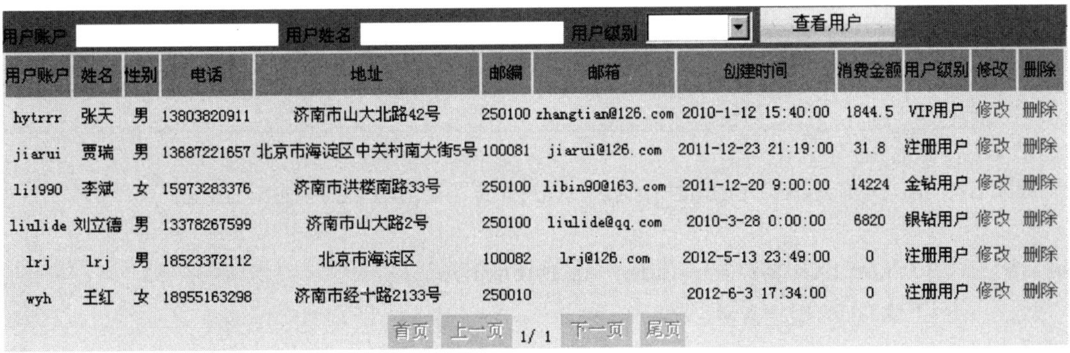

用户账户			用户姓名			用户级别		查看用户			
用户账户	姓名	性别	电话	地址	邮编	邮箱	创建时间	消费金额	用户级别	修改	删除
hytrrr	张天	男	13803820911	济南市山大北路42号	250100	zhangtian@126.com	2010-1-12 15:40:00	1844.5	VIP用户	修改	删除
jiarui	贾瑞	男	13687221657	北京市海淀区中关村南大街5号	100081	jiarui@126.com	2011-12-23 21:19:00	31.8	注册用户	修改	删除
li1990	李斌	女	15973283376	济南市洪楼南路33号	250100	libin90@163.com	2011-12-20 9:00:00	14224	金钻用户	修改	删除
liulide	刘立德	男	13378267599	济南市山大路2号	250100	liulide@qq.com	2010-3-28 0:00:00	6820	银钻用户	修改	删除
lrj	lrj	男	18523372112	北京市海淀区	100082	lrj@126.com	2012-5-13 23:49:00	0	注册用户	修改	删除
wyh	王红	女	18955163298	济南市经十路2133号	250010		2012-6-3 17:34:00	0	注册用户	修改	删除

首页　上一页　1/ 1　下一页　尾页

图 8 – 12　用户管理

该界面相关代码具体如下:

```
using System;
using System.Collections.Generic;
using System.Linq;
using System.Web;
using System.Web.UI;
using System.Web.UI.WebControls;

using Model;
using BAL;
```

```csharp
public partial class admin_UserMgr : System.Web.UI.Page
{
    protected void Page_Load(object sender,EventArgs e)
    {
        if (Session[ConstName.SESSION_ADMIN] == null)
        {
            Common.SetMainPageUrl(this,"../user/index.aspx");
        }
        if (! IsPostBack)
        {
            CustomPager1.PageSize = 10;
            Common.BindUserLevel(this.ddlLevel);
        }
    }
    public void PageChanged()
    {
        Int32 curPage = CustomPager1.CurrentPage;
        SearchUsers(curPage);
    }
    ///查看用户
    protected void btnQuery_Click(object sender,EventArgs e)
    {
        SearchUsers(1);
    }
    ///删除用户
    protected void btnDel_Click(object sender,EventArgs e)
    {
        Button btnDel = sender as Button;
        if(btnDel! =null)
        {
            String userAcc = btnDel.CommandArgument;
            new UserInfo().DelUser(userAcc);
            SearchUsers(CustomPager1.CurrentPage);
        }
    }
    ///查询用户
    private void SearchUsers(Int32 curPage)
    {
        String account = this.tbAccounts.Text,
            name = this.tbName.Text,
            level = this.ddlLevel.SelectedItem.Text;
```

```
Int32 pageCount = 0;
UserInfo info = new UserInfo();
List < User > userList = info.SearchUser(account,name,level,
    curPage,CustomPager1.PageSize,out pageCount);
this.rUserList.DataSource = userList;
this.rUserList.DataBind();

CustomPager1.PageCount = pageCount;
}
///在绑定用户列表过程中的事件
protected void dlUsers_ItemDataBound(object sender,DataListItemEven-
tArgs e)
{
    if (e.Item.ItemIndex > = 0)
    {
        ///将用户账号添加到所在行的删除按钮的参数中
        Button btnDel = e.Item.Controls[1] as Button;
        if (btnDel ! = null)
        {
            btnDel.CommandArgument = ((User)e.Item.DataItem).Accounts;
        }
    }
}
```